特進

最 高 水 準 問 題 集

中2数学

JN092393

文英堂

本書のねらい

　いろいろなタイプの問題集が存在する中で，トップ層に特化した問題集は意外に少ないといわれます。本書はこの要望に応えて，難関高校をめざす皆さんの実力練成のための良問・難問をそろえました。

　本書を大いに活用して，どんな問題にぶつかっても対応できる最高レベルの実力を身につけてください。

本書の特色と使用法

 国立・私立難関高校をめざす皆さんのための問題集です。
実力強化にふさわしい，質の高い良問・難問を集めました。

▶ 本書は，最高水準の問題を解いていくことによって，各章の内容を確実に理解するとともに最高レベルの実力が身につくようにしてあります。
▶ 二度と出題されないような奇問は除いたので，日常学習と並行して，学習できます。もちろん，入試直前期に，ある章を深く掘り下げて学習するために本書を用いることも可能です。
▶ 各問題には［タイトル］をつけて，どんな内容の問題であるかがひと目でわかるようにしてあります。
▶ 中学での履修内容の応用として出題されることもある，難問・超難問も掲載しました。私立難関高校では頻出の項目ばかりを網羅してありますので，挑戦してください。

 各章末にある「実力テスト」で実力診断ができます。
巻末の「総合問題」で多角的に考える力が身につきます。

▶ 各章末にある実力テストで，実力がついたか点検できます。各回ごとに定められた時間内に合格点をとることを目標としましょう。
▶ 巻末の総合問題では，複数の章にまたがった内容の問題を掲載しました。学校ではこのレベルまでは学習できないことが多いので，本書でよく学習してください。

時間やレベルに応じて，学習しやすいようにさまざまな工夫
をしています。

▶ 重要な問題には < 頻出 マークをつけました。時間のないときには，この問題だけ学習すれば短期間での学習も可能です。

▶ 各問題には 1 ～ 3 個の★をつけてレベルを表示しました。★の数が多いほどレベルは高くなります。学習初期の段階では★1 個の問題だけを，学習後期では★3 個の問題だけを選んで学習するということも可能です。

▶ 特に難しい問題については 難▶ マークをつけました。果敢(かかん)にチャレンジしてください。

▶ 欄外にヒントとして 着眼 を設けました。どうしても解き方がわからないとき，これらを頼りに方針を練ってください。

 くわしい 解説 つきの別冊「解答と解説」。どんな難しい問題でも解き方が必ずわかります。

▶ 別冊の解答と解説には，各問題の考え方や解き方がわかりやすく解説されています。わからない問題は，一度解答を見て方針をつかんでから，もう一度自分 1 人で解いてみるといった学習をお勧めします。

▶ 必要に応じて *トップコーチ* を設け，他の問題にも応用できる力を養えるようなくわしい解説を載せました。

4

もくじ

別冊　解答と解説

1 式の計算

解答 別冊 *p. 1*

*1 [分数を含む多項式の加法と減法] ◀頻出

次の計算をしなさい。

(1) $\dfrac{7a-3b}{6}-\dfrac{a+2b}{3}$ （東京・墨田川高）

(2) $\dfrac{1}{9}(5x+6)-\dfrac{1}{3}(x+2)$ （神奈川県）

(3) $-\dfrac{x-7y}{4}-\dfrac{4x-y}{3}$ （和歌山・桐蔭高）

(4) $\dfrac{1}{2}\left(5x-\dfrac{11}{2}y\right)-\dfrac{1}{3}\left(\dfrac{9}{2}x+\dfrac{15}{4}y\right)$ （東京工業大附科学技術高）

(5) $x-2y-\dfrac{3x-4y}{5}$ （千葉・市川高）

(6) $\dfrac{2x-3y}{2}-3\left(\dfrac{x-y}{6}-\dfrac{x+y}{3}\right)$ （大阪・近畿大附高）

*2 [単項式の乗法と除法] ◀頻出

次の計算をしなさい。

(1) $3a\times(-4ab^2)\div6ab$ （山形県）

(2) $18xy\times x^2y\div(-3x)^2$ （新潟県）

(3) $-\dfrac{4}{5}a^8b^5\div\left(\dfrac{6}{7}a^2b\right)^3\div\left(-\dfrac{7}{3}b^3\right)^2$ （東京・芝浦工大高）

(4) $\left(-\dfrac{4}{3}ab^2\right)^2\times\left(-\dfrac{1}{2}a^3b^2\right)^3\div\dfrac{1}{9}a^5b^4$ （福岡大附大濠高）

(5) $\left\{\dfrac{1}{2}xy^2-(-2x)^2\right\}\div(-2x)$ （京都・同志社高）

(6) $\dfrac{2}{3}x^4\div\left\{-\dfrac{4}{5}(x^3)^2\right\}\times\left(-\dfrac{8}{5}x^5\right)$ （東京・日本大二高）

**3 [分数式の加法と減法]

次の計算をしなさい。

(1) $\dfrac{2x^4y^2-5x^3y^3}{3x^3y^2}-\dfrac{3x^2y-4xy^2}{2xy}$ （鹿児島・ラ・サール高）

(2) $\dfrac{4x^3y+8x^2y^2}{2xy}-\dfrac{3x^4-x^3y}{x^2}$ （東京・日本大三高）

着眼
1 分子が多項式の分数に −1 をかけるとき，分子の多項式の項ごとに −1 がかかる。
2 まず最初に，指数をまとめる。
3 約分して式を簡単にする。分子が多項式のとき項ごとに約分する。

★★**4** ［分数式の乗法と除法］

次の計算をしなさい。

(1) $\dfrac{3b}{a} \times (-a^2b)^2 \div 3ab^2$

（茨城・土浦日本大高）

(2) $(6xy^2)^2 \times \left(-\dfrac{1}{3xy^2}\right) \div \left(-\dfrac{y}{x}\right)^2$

（高知学芸高）

(3) $\left(\dfrac{3}{2}x^2y\right)^3 \div (-6xy^4) \times \left(-\dfrac{4y}{x^2}\right)^2$

（兵庫・関西学院高）

(4) $(-ab^2)^3 \div \dfrac{2}{3}a^2b \times \left(-\dfrac{6}{b^2}\right)^2$

（広島・修道高）

(5) $\left(-\dfrac{3a^3}{b^2}\right)^2 \times \left(\dfrac{9b^3}{a^2}\right)^4 \div \left(-\dfrac{27b^3}{a}\right)^3$

（東京・海城高）

(6) $-(ab^2c^2)^4 \div \left(\dfrac{b^2c^3}{a^2}\right)^2 \times \dfrac{a}{(-a)^5(-b)^3(-c)^2}$

（東京・成城学園高）

★★**5** ［文字式の空欄補充］ ◀ 頻出

次の □ にあてはまる数または式を入れなさい。

(1) $\boxed{} + (2a+1) = 7-4a$

（北海道）

(2) $\dfrac{3x-y}{3} + \dfrac{\boxed{ア}\,x + \boxed{イ}\,y}{\boxed{ウ}} = \dfrac{18x+7y}{6}$

（東京・日本大豊山女子高）

(3) $(2x^3y^4)^2 \div \left(-\dfrac{3}{2}x^2y\right)^3 \div \dfrac{2}{9}xy^2 \times \boxed{} = 48xy^4$

（北海道・函館ラ・サール高）

(4) $(-2a^2b)^3 \times (-3a^3)^2 \div \boxed{} \div (-3a^3)^3 = -\dfrac{4}{3}ab^2$

（北海道・函館ラ・サール高）

★★**6** ［指数計算］

次の □ にあてはまる数を入れなさい。

(1) $2^{\square} \times 2^5 = 2^{10}$

(2) $a^{12} \times a^7 \div a^{\square} \div a^6 = a^4$

(3) $a^{17} \div a^7 \div a^{10} = a^{\square}$

難 (4) $2^{100} - 2^{99} = 2^{\square}$

着眼
　4 単項式の乗除同様，まず指数をまとめる。
　5 できるだけ式を簡単にしてから等式を変形する。
　6 指数のある同じ数や文字の乗除は，**指数の加減**で計算ができる。

★★7 [等式の変形] ＜頻出

次の式を [ ] 内の文字について解きなさい。ただし，どの文字も 0 ではないものとする。

(1) $5a-2b=8$ $[b]$ （香川県）

(2) $c=\dfrac{a-b}{2}$ $[a]$ （鳥取県）

(3) $V=\dfrac{1}{3}Sh$ $[h]$ （富山県）

(4) $S=\dfrac{1}{2}(a+b)h$ $[b]$ （京都・立命館高）

(5) $S=\dfrac{1}{2}(a+b+c)r$ $[a]$ （東京・西高）

(6) $\dfrac{1}{a}+\dfrac{1}{b}=\dfrac{1}{c}$ $[b]$ （千葉・渋谷教育学園幕張高）

★★8 [多項式に式を代入して他の文字で表す]

次の A，B，C で表された式を x，y で表しなさい。

(1) $A=3x-2y$，$B=5x-4y$ のとき，$4A-B$ （青森県）

(2) $A=2x-3y$，$B=4x+5y$ のとき，$6B-2(A+2B)+3A$ （東京・明治学院高）

(3) $A=x+y+1$，$B=-2(x-y)$ のとき，$A+2B-3(A+B)$ （東京・國學院大久我山高）

(4) $A=3x^2-xy+2y^2$，$B=x^2-2xy+y^2$，$C=4x^2+3xy-3y^2$ のとき，

$2A-B-\dfrac{4A-(2B+C)}{3}$ （東京・早稲田実業学校高等部）

★★9 [比例式]

次の問いに答えなさい。

(1) $c=2a$，$a+3b=6c$ のとき，$a:b:c$ を最も簡単な整数の比で表せ。 （東京・明治学院高）

(2) $\left(5-\dfrac{x}{2}\right):\dfrac{3x+2}{7}=35:6$ を満たす x の値を求めよ。 （東京・桐朋高）

(3) $x:y=3:1$ のとき，分数式 $\dfrac{x^2+5xy-6y^2}{(2x+3y)^2}$ の値を求めよ。 （長崎・青雲高）

着眼

7 (6) 通分して式をまとめる。$\dfrac{1}{b}$ の逆数をとって，$b=\sim$ の式にする。

8 A，B，C についての文字式を簡単にしてから代入する。

9 (1) $c=2a$ を $a+3b=6c$ に代入して，b を a の式で表す。

*10 ［式の値］ ＜頻出

次の式の値を求めなさい。

(1) $a=4$, $b=-2$ のとき, $2a^2 \div \left(-\dfrac{1}{3}ab^2\right) \times \left(\dfrac{1}{6}ab\right)$ の値 　　　　　（茨城県）

(2) $x=\dfrac{2}{3}$, $y=-\dfrac{1}{2}$ のとき, $\dfrac{3x-y+1}{2}-\dfrac{5x-3y-2}{4}$ の値 　　　　（長崎・青雲高）

(3) $x=-1$, $y=-\dfrac{1}{3}$ のとき, $\dfrac{1}{2}x^2y^3 \div \left(-\dfrac{2}{3}x^3y^2\right)^3 \times (-2x^2y)^4$ の値

（千葉・渋谷教育学園幕張高）

11 ［条件式のある式の値］

次の式の値を求めなさい。

(1) a, b は 0 ではなく, $3a=2b$ のとき, $\dfrac{(a-b)^2}{a^2-ab+b^2}$ の値 　　　（東京・巣鴨高）

(難)▶(2) $x+y+z=0$ のとき, $x\left(\dfrac{1}{z}+\dfrac{1}{y}\right)+y\left(\dfrac{1}{z}+\dfrac{1}{x}\right)+\dfrac{x+z}{x}+\dfrac{y+z}{y}$ の値

（京都・立命館高）

(3) $12a-7b=4$ のとき, $\dfrac{3a-b}{2}-\dfrac{2b-1}{3}-\dfrac{3-2a}{4}$ の値 　　　（広島・修道高）

(難)▶(4) $\dfrac{1}{x}-\dfrac{1}{y}=2$ のとき, $\dfrac{x-y}{2xy-x+y}$ の値 　　　　（茨城・江戸川学園取手高）

12 ［式の利用・文字を使っての証明］

a を 0 より大きく 180 より小さい数, c, d, r, ℓ, m を
正の数, $c>d$ とする。

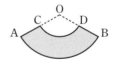

右の図で, ▨ で示した図形は, 半径が c cm, 中心角
が $\angle AOB=a°$ のおうぎ形 OAB から, 半径が d cm, 中心
角が $\angle COD=a°$ のおうぎ形 OCD を除いた残りの図形を表している。▨ で
示した図形の面積を Q cm² とする。

$CA=r$ cm, $\overset{\frown}{CD}=\ell$ cm, $\overset{\frown}{AB}=m$ cm とするとき, $Q=\dfrac{1}{2}r(\ell+m)$ となることを
証明しなさい。ただし, 円周率は π とする。 　　　　　　　　　　　（東京都）

着眼

11 (2) $x+y+z=0$ より $x+y=-z$, $x+z=-y$, $y+z=-x$ である。

　　(4) 条件式の両辺に xy をかける。$x-y=-(y-x)$ と考える。

12 おうぎ形の面積 $=\pi \times (\text{半径})^2 \times \dfrac{\text{中心角}}{360°}$ である。

＊13 ［式の利用・nを用いて表す］

　右の図のように，1辺に同じ個数の碁石を並べて，正五角形の形をつくる。1辺に並べる碁石を n 個とすると，碁石は全部で何個必要か，n を用いて表しなさい。

（徳島県）

＊＊14 ［式の利用・数列］

　白い碁石と黒い碁石がたくさんある。これらの碁石を，右の図のように，白，黒，黒，白，黒，黒，…と，白1個，黒2個の順で，1段目には1個，2段目には2個，3段目には3個，…を矢印の方向に規則的に置いていく。

　このとき，次の問いに答えなさい。

（愛媛県）

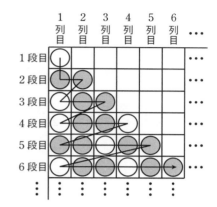

(1)　8段目に置かれている碁石のうち，白い碁石は全部で何個か。

(2)　1段目から15段目までに置かれている碁石のうち，3列目に置かれている白い碁石は全部で何個か。

(3)　n 段目から (n+2) 段目までに置かれている碁石の個数は，白と黒を合わせると全部で　ア　個であり，そのうち，白い碁石の個数は　イ　個である。ア，イにあてはまる数を，それぞれ n を使って表せ。

(4)　x 段目に置かれている碁石のうち，白い碁石の個数が全部で 20 個となるときの，x の値をすべて求めよ。

＊＊15 ［式の利用・等式をつくる］

　ある学校の本年度と昨年度の入学者数を比較したところ，本年度の男子の人数は 7% 増加，女子の人数は 2% 減少し，合計人数では 3% の増加となった。昨年度の男子と女子の入学者数をそれぞれ x, y とするとき，x:y を求めなさい。

（千葉・日本大習志野高）

（着眼）
　13 辺ごとに碁石の個数を数えると頂点の碁石は2度数えられていることに注意する。
　15 7% の増加は (1+0.07) 倍になることである。

| 第**1**回 | **実力テスト** | 時間**40**分 合格点**70**点 | 得点 /100 |

解答 別冊 *p. 6*

1 次の計算をしなさい。 (各5点×4)

(1) $\dfrac{2x-5}{3}-\dfrac{3x+2}{4}+x$ （東京・日本大三高）

(2) $\dfrac{3x-y}{2}-4\left(\dfrac{y-5x}{8}-\dfrac{x-2y}{2}\right)$ （千葉・東邦大付東邦高）

(3) $\dfrac{1}{3}a^2b^3\times\left(-\dfrac{1}{2}ab^2\right)^3\div\dfrac{3}{2}a^4b^5$ （城北埼玉高）

(4) $\left(-\dfrac{y^2}{3x}\right)^3\div\left(-\dfrac{1}{8}xy^2\right)^2\times\left(\dfrac{3}{2}x^2y\right)^4$ （東京・國學院大久我山高）

2 次の□にあてはまる整数を入れなさい。 (各5点×4，完答)

(1) $\boxed{ア}x^2y^5\div(-6xy)^{\boxed{イ}}\times(-3x)^{\boxed{ウ}}=\dfrac{1}{3}xy^2$ （埼玉・立教新座高）

(2) $\dfrac{1}{18}x^6y^2\div\left(-\dfrac{1}{3}x^2y\right)^{\boxed{エ}}\times(-4y)^{\boxed{オ}}=-24y$ （東京・法政大高改）

(3) 3つの正の数 a, b, c について，$ab=30$，$bc=18$，$ca=15$ のとき，$abc=\boxed{カ}$，$a=\boxed{キ}$，$b=\boxed{ク}$，$c=\boxed{ケ}$ （兵庫・白陵高）

(4) $3^{50}\times3^{48}-3^{96}=\boxed{コ}\times3^{96}$

3 次の式を〔 〕内の文字について解きなさい。 (各5点×2)

(1) $\dfrac{n(a+\ell)}{2}=S$ 〔ℓ〕 （ただし $n\neq0$ とする。） （東京・成城学園高）

(2) $\dfrac{1}{xy}+\dfrac{1}{yz}+\dfrac{1}{zx}=0$ 〔x〕 （ただし $xyz\neq0$ とする。） （東京・穎明館高）

4 次の問いに答えなさい。 （各5点×3）

(1) $x=\dfrac{1}{3}$, $y=2$ のとき，$(x^2y)^3\times\left(-\dfrac{5}{9}xy^2\right)\div\left(-\dfrac{5}{3}x^5y^3\right)$ の値を求めよ。

（東京・日本大二高）

(2) $a=\dfrac{2}{3}$, $b=-5$ のとき，$\left(-\dfrac{2}{3a}\right)^3\times(3ab)^4\div\left(-\dfrac{2b}{a}\right)^4$ の値を求めよ。

（東京・芝浦工大高）

(3) $A=x+2y-4$, $B=3x-y+1$ のとき，$6A-5B-3(A-2B)$ を計算せよ。

（東京・國學院大久我山高）

5 100 から $\dfrac{5}{3}$ ずつ減っていく数の並びを考える。つまり，

　　　1番目　100　　　　　　　　　　2番目　$100-\dfrac{5}{3}=\dfrac{295}{3}$

　　　3番目　$\dfrac{295}{3}-\dfrac{5}{3}=\dfrac{290}{3}$　　　　4番目　$\dfrac{290}{3}-\dfrac{5}{3}=95$ ……

この数の並びについて，次の問いに答えなさい。

（神奈川・法政大女子高） （各5点×3）

(1) 21番目の数は何か。

(2) $-\dfrac{70}{3}$ は何番目の数か。

(3) k 番目の数は何になるか，k で表せ。

6 下の図のように，1辺1cmの正方形のタイルを並べて，1番目，2番目，3番目，…と図形をつくっていく。

このとき，次の問いに答えなさい。 （石川県㉑） （各5点×4）

1番目　　　　　2番目　　　　　　3番目　　　　　　　4番目　…

  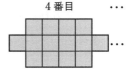

(1) 1番目の図形には，対称の軸は何本あるか，答えよ。

(2) 7番目の図形には，タイルは何枚必要か，求めよ。

(3) n 番目の図形の面積を n を用いた式で表せ。

(4) 図の太線は，図形の周を表している。n 番目の図形の周の長さは何cmになるか，n を用いた式で表せ。

2 連立方程式

解答 別冊 *p. 8*

＊16 ［連立方程式の解法・代入法］ ＜頻出

次の連立方程式を代入法で解きなさい。

(1) $\begin{cases} x=5-2y \\ 2x-3y=-4 \end{cases}$ （和歌山県）

(2) $\begin{cases} 5x+2y=-1 \\ y=3x+5 \end{cases}$ （茨城県）

(3) $\begin{cases} x-4y=6 \\ 3x+y=5 \end{cases}$ （東京都）

(4) $\begin{cases} 2x-y=8 \\ 3x+4y=1 \end{cases}$ （三重県）

(5) $\begin{cases} 2x+y=2 \\ x-5y=23 \end{cases}$ （新潟県）

(6) $\begin{cases} 3x+y=2 \\ 2x+2y=3y+3 \end{cases}$ （東京・専修大附高）

＊17 ［連立方程式の解法・加減法］ ＜頻出

次の連立方程式を加減法で解きなさい。

(1) $\begin{cases} x+2y=5 \\ x-y=-1 \end{cases}$ （埼玉県）

(2) $\begin{cases} 3x+2y=-2 \\ 6x-3y=10 \end{cases}$ （東京・青山高）

(3) $\begin{cases} 8x+3y=7 \\ 4x+y=5 \end{cases}$ （沖縄県）

(4) $\begin{cases} 4x-3y=1 \\ -2x+y=-3 \end{cases}$ （山口県）

(5) $\begin{cases} 4x-3y=5 \\ 5x-4y=-1 \end{cases}$ （東京・両国高）

(6) $\begin{cases} 3x-4y-25=0 \\ 5x+6y+9=0 \end{cases}$

＊18 ［連立方程式の解法・$A=B=C$ の形の連立方程式］

次の連立方程式を解きなさい。

(1) $3x+2y=2x-3y+13=0$ （茨城県 改）

(2) $3x-y=7x+7y=7$ （長崎県 改）

着眼
16 (1) $x=5-2y$ より，下の式は $2(5-2y)-3y=-4$ と書きかえることができる。
17 (1) 上の式から下の式を引くと，x を消去することができる。
18 $A=B=C$ の形の連立方程式は，次の 3 つのいずれかの形にして解く。
$\begin{cases} A=B \\ B=C \end{cases}$ $\begin{cases} A=B \\ A=C \end{cases}$ $\begin{cases} A=C \\ B=C \end{cases}$

☆☆ *19* ［係数が分数・小数の連立方程式］ ◁頻出

次の連立方程式を解きなさい。

(1) $\begin{cases} \dfrac{x}{2} - \dfrac{y}{3} = 2 \\ \dfrac{x+y}{2} - \dfrac{x-3y}{5} = 9 \end{cases}$ （東京・戸山高）

(2) $\begin{cases} \dfrac{2}{5}x - \dfrac{1}{3}y = \dfrac{3}{5} \\ \dfrac{3x+y}{6} = -1 \end{cases}$ （神奈川・鎌倉高）

(3) $\begin{cases} 7x - 2(x-y) = 9 \\ \dfrac{1}{2}x + \dfrac{2}{3}(x-y) = -\dfrac{1}{6} \end{cases}$ （千葉・東邦大付東邦高）

(4) $\begin{cases} \dfrac{x-1}{2} + y + 1 = 3 \\ x - \dfrac{y+2}{3} = -5 \end{cases}$ （東京・青山学院高）

(5) $\begin{cases} \dfrac{x+1}{4} - \dfrac{y-2}{3} = \dfrac{1}{2} \\ 0.02x - 0.11y = 0.05 \end{cases}$ （京都・洛南高）

(6) $\begin{cases} \dfrac{2x+7y}{3} - \dfrac{3x+4y}{2} = 6 \\ \dfrac{3x-4y}{4} - \dfrac{2x-5y}{3} = -2 \end{cases}$ （神奈川・法政大女子高）

(7) $\begin{cases} \dfrac{1-x}{2} - \dfrac{3y-1}{4} = \dfrac{x+2y+5}{6} \\ \dfrac{x+y+1}{xy} = \dfrac{3}{x} + \dfrac{2}{y} \end{cases}$ （東京・中央大附属高）

(8) $\begin{cases} \dfrac{7}{100}x - \dfrac{1}{50}y = -\dfrac{4}{25} \\ 0.2x + 0.12y = -0.28 \end{cases}$ （京都・立命館高）

☆☆ *20* ［比例式を含む連立方程式］ ◁頻出

次の連立方程式を解きなさい。

(1) $\begin{cases} x + y = \dfrac{7}{2} \\ x : y = 2 : 3 \end{cases}$ （茨城・江戸川学園取手高）

(2) $\begin{cases} (x+2) : (y-1) = 4 : 5 \\ 3x + 2y = 18 \end{cases}$ （大阪桐蔭高）

(3) $\begin{cases} 2x - y = 10 \\ (y+5) : x = 3 : 1 \end{cases}$ （東京・豊島岡女子学園高）

(4) $\begin{cases} x : y = 3 : 4 \\ \dfrac{1}{3}(x-9) = \dfrac{1}{7}(y-9) \end{cases}$ （千葉・市川高）

(5) $\begin{cases} \dfrac{2}{3}x - \dfrac{1}{4}y = \dfrac{3}{2} \\ (x+1) : y = 2 : 1 \end{cases}$ （東京・明治大付中野八王子高）

(6) $\begin{cases} 0.5x + 1.2y = 8.2 \\ (x+4) : (y-3) = 2 : 1 \end{cases}$ （兵庫・関西学院高）

着眼 *19* 与えられたそれぞれの式をできるだけ簡単にしてから代入・加減のいずれかで解く。
20 比例式 $a : b = x : y$ の内項の積と外項の積は等しいので，$bx = ay$ が成り立つ。

★★**21** ［多項式を文字でおきかえる］

次の連立方程式を解きなさい。

(1) $\begin{cases} 2(x+1)+(y+1)=7 \\ 3(x+1)-(y+1)=3 \end{cases}$

(2) $\begin{cases} 5(2x+y)+2(2x-y)=11 \\ 2(2x+y)-3(2x-y)=-7 \end{cases}$

(3) $\begin{cases} 2(x+y)-5(x-y)=9 \\ \dfrac{1}{7}(x+y)+4(x-y)=5 \end{cases}$

(4) $\begin{cases} 2\left(x+\dfrac{1}{6}\right)+3\left(y-\dfrac{1}{7}\right)=8 \\ 3\left(x+\dfrac{1}{6}\right)-2\left(y-\dfrac{1}{7}\right)=-1 \end{cases}$

(兵庫・関西学院高)

★★**22** ［分数式を文字でおきかえる］

次の連立方程式を解きなさい。

(1) $\begin{cases} \dfrac{1}{x}+\dfrac{1}{y}=3 \\ \dfrac{2}{x}-\dfrac{1}{y}=1 \end{cases}$ (東京・巣鴨高)

(2) $\begin{cases} \dfrac{1}{x}-\dfrac{3}{y}=-5 \\ \dfrac{1}{x}-\dfrac{1}{y}=1 \end{cases}$

(3) $\begin{cases} \dfrac{3}{x+y}+\dfrac{4}{x-y}=5 \\ \dfrac{6}{x+y}-\dfrac{2}{x-y}=0 \end{cases}$

(4) $\begin{cases} \dfrac{10}{3x+2y}+\dfrac{16}{2x-y}=4 \\ \dfrac{5}{3x+2y}-\dfrac{4}{2x-y}=\dfrac{1}{2} \end{cases}$

★★**23** ［不定方程式］

正の数 x, y, z について $\begin{cases} x-4y=z \\ 2x+2y-3z=0 \end{cases}$ が成り立っているとき, $x:y:z$ を最も簡単な整数の比で表しなさい。

(神奈川・法政大二高)

★★**24** ［3元1次方程式］

3つの等式 $\begin{cases} 2a+b-c=5 \\ 2b+c-a=-3 \\ 2c+a-b=0 \end{cases}$ を同時に満たす a, b, c の値は $a=$［ア］, $b=$［イ］, $c=$［ウ］である。ア，イ，ウにあてはまる数を求めなさい。

(東京・開成高)

着眼

22 (1) $\dfrac{1}{x}=A$, $\dfrac{1}{y}=B$ とおいて，A, B についての連立方程式を解く。

24 2つの等式を使って文字を1つ消去し，2文字の連立方程式にする。

★★25 ［与えられた解を使って係数を求める］ ＜頻出

次の問いに答えなさい。

(1) 連立方程式 $\begin{cases} ax+y=7 \\ x-y=9 \end{cases}$ の解が $(x,\ y)=(4,\ b)$ であるとき，a，b の値を求めよ。 （愛知県）

(2) 連立方程式 $\begin{cases} ax+5y=2 \\ 2x+by=8 \end{cases}$ の解が $\begin{cases} x=3 \\ y=-2 \end{cases}$ であるとき，a，b の値をそれぞれ求めよ。 （愛媛県）

(3) 連立方程式 $\begin{cases} ax-by=4 \\ bx+3ay=-2 \end{cases}$ の解が $\begin{cases} x=-1 \\ y=2 \end{cases}$ のとき，a，b の値を求めよ。 （千葉・市川高）

(4) x，y についての連立方程式 $\begin{cases} 3x+2y=5 \\ 2x-3y=12 \end{cases}$ の解が $ax+2y=11$ を満たすとき，a の値を求めよ。 （高知学芸高）

★★26 ［2組の連立方程式の解が一致するとき，係数を求める］

次の問いに答えなさい。

(1) x，y についての次の2組の連立方程式が同じ解をもつとき，a，b の値を求めよ。

$\begin{cases} x+y+1=0 & \cdots① \\ ax+by+1=0 & \cdots② \end{cases}$ $\begin{cases} 2ax-by+11=0 & \cdots③ \\ 3x+y=3 & \cdots④ \end{cases}$ （東京・城北高）

(2) A君は，x，y についての連立方程式 $\begin{cases} \dfrac{2x-3y}{5}=-1 \\ ax+by=19 \end{cases}$ を解き，B君も連立方程式 $\begin{cases} 3ax-2by=-33 \\ 3(x+3y)-(x+4y)=19 \end{cases}$ を解いたところ，x，y とも同じ値の正解を得た。このとき，定数 a，b の値を求めよ。 （東京・日本大二高）

着眼
25 (3) 解を代入すると a，b についての連立方程式となる。
26 (1) ①と④から連立方程式の解が求まる。

★**27** ［連立方程式の応用①・個数（人数）と代金］ ◂ 頻出

次の問いに答えなさい。

(1) 鉛筆 3 本と消しゴム 2 個の代金の合計が 500 円，鉛筆 4 本と消しゴム 5 個の代金の合計が 830 円であるとき，鉛筆 1 本と消しゴム 1 個の値段をそれぞれ求めよ。
（東京工業大附科学技術高）

(2) りんご，柿，みかんを合わせて 50 個買ったところ，合計金額が 3970 円であった。りんご 1 個は柿 1 個よりも 20 円高く，みかん 1 個は柿 1 個よりも 30 円安い。りんごと柿を合わせると 39 個であった。このとき，次の問いに答えよ。
（神奈川・法政大女子高）

　① りんごの個数を x，柿の個数を y としたとき，x と y の関係式をつくれ。

　② みかんのみの合計金額は 550 円であった。このとき，柿 1 個の値段を求めよ。

　③ りんごの個数 x と柿の個数 y を求めよ。

(3) ある展覧会の入場料は，おとな 400 円，子ども 250 円である。ある日の入場者数は 248 人で，入場料の合計金額は 82400 円であった。入場者は，おとな，子ども，それぞれ何人か。
（愛知県）

★**28** ［連立方程式の応用②・割合を含む問題］ ◂ 頻出

次の問いに答えなさい。

(1) 弁当と飲み物の値段の合計は，定価では 750 円である。弁当は定価の 10% 引き，飲み物は定価の 20% 引きで買ったら，値段の合計は 660 円であった。弁当と飲み物の定価はそれぞれ何円か。
（愛知県）

(2) 金属 A には原料 P が 60%，原料 Q が 20% 含まれていて，金属 B には原料 P が 30%，原料 Q が 60% 含まれている。原料 P を 12kg，原料 Q を 8kg 含むような合金をつくるためには，金属 A，B をそれぞれ何 kg ずつ混ぜればよいか。
（埼玉・立教新座高）

着眼
27 (1) それぞれの値段を x，y とおき，連立方程式をつくる。
28 (2) 金属 A を x kg，金属 B を y kg 混ぜると考えると，金属 A に含まれる原料 P は $\dfrac{60}{100}x$ kg（$0.6x$ kg），金属 B に含まれる原料 P は $\dfrac{30}{100}y$ kg（$0.3y$ kg）である。

★★*29* ［連立方程式の応用③・時計算］ ◀頻出

　右図のように点 O を中心とする円盤形の時計が
ある。次の問いに答えなさい。　　　（山梨・駿台甲府高）

(1)　1 時間が経過する間に短針が回る角度を求めよ。

(2)　2 時間 x 分が経過する間に短針が回る角度を $y°$
とするとき，y を x を用いて表せ。

(3)　点 P は午後 2 時ちょうどに文字盤の 9 の位置
を出発して，次の条件を満たしながら時計の周上を回る。

　条件：$\left\{\begin{array}{l}\text{回る向きは針の回る向きと逆向きである}\\\text{回る速さは長針の回る速さの半分である}\end{array}\right.$

短針と長針と線分 OP が，はじめてこの順に等しい角度の間隔で並ぶのは午
後 2 時何分か求めよ。ただし，答えは帯分数の形で答えること。

★★*30* ［連立方程式の応用④・料金問題］

　おとなと子ども合わせて 15 人のグループが 1 人につき 1 台の自転車を借り
てサイクリングに出かけた。自転車のレンタル料金は，4 時間までの基本料金
が，おとな用 1 台につき 500 円，子ども用 1 台につき 300 円である。4 時間
を超えると，1 時間ごとにおとな用 1 台につき 100 円，子ども用 1 台につき
50 円の追加料金がかかる。このグループの全員が午前 10 時に自転車を借りて
出発し，その日の午後 5 時に自転車を返したところ，支払ったレンタル料金は
総額で 9900 円であった。このとき，おとな，子どもの人数をそれぞれ求めな
さい。ただし，おとなを x 人，子どもを y 人として，x，y についての連立方
程式をつくり，答えを求めるまでの過程も書きなさい。

　　　　　　　　　　　　　　　　　　　　　　　　　　　　　　（岡山朝日高）

29 長針は 1 時間に 360° 回転するから，1 分に 360°÷60＝6° 回転する。

30 基本料金に 7−4＝3（時間）の追加料金がかかる。

★★*31* ［連立方程式の応用⑤・昨対問題］ ◀頻出

次の問いに答えなさい。

(1) ある学校では，リサイクル活動の1つとして，毎月1回，空き缶を集めている。先月は，スチール缶とアルミ缶を合わせて40kg回収した。今月は，先月と比べると，スチール缶の回収量は10%減り，アルミ缶の回収量は10%増えたので，合わせて42kg回収することができた。先月のスチール缶とアルミ缶の回収量はそれぞれ何kgか，求めよ。　　　　　　　(和歌山県)

(2) E高等学校の今年の入学生徒数は132人で，昨年度から比べると3人減少した。また，昨年度に比べて男子は8%減少し，女子は5%増加している。今年の男子および女子の人数を求めよ。　　　　　(茨城・江戸川学園取手高)

★★*32* ［連立方程式の応用⑥・食塩水］ ◀頻出

次の問いに答えなさい。

(1) 容器Aには9%の食塩水が600g，容器Bには5%の食塩水が400g入っている。容器Aの食塩水 p g と，容器Bの食塩水 q g を混ぜ合わせて，8%の食塩水を600gつくりたい。p，q の値を求めよ。

(東京・國學院大久我山高改)

(2) 濃度 a %の食塩水Aと濃度 b %の食塩水Bがある。今，AとBを1:1の割合で混ぜたところ，濃度8.1%の食塩水Cができた。さらに，AとCを1:2の割合で混ぜたところ，濃度7.2%の食塩水Dができた。このとき，a，b の値を求めよ。　　　　　　　　　　(千葉・市川高)

🔴(3) 2%，3.2%，6.4%の食塩水をそれぞれ x g，y g，z g 混ぜ合わせたら4%の食塩水が300gできた。次に3.5%，4.7%，7.9%の食塩水をそれぞれ x g，y g，z g 混ぜ合わせた。このとき何%の食塩水ができたか，答えよ。

(鹿児島・ラ・サール高改)

─────────────────────────────

(着眼)
31 (2) 昨年度をもとにしているので，昨年度の男子，女子の人数を x 人，y 人とおく。

32 (1) (溶けている食塩の量)＝$\dfrac{濃度(\%)}{100}$ ×(食塩水の量)である。

★**33** ［連立方程式の応用⑦・道のりと速さ］ ◀頻出

次の問いに答えなさい。

(1) 4km 離れた A 地点から B 地点へ行くのに，初めは時速 3km で歩き，途中の C 地点から時速 5km で歩いたところ，ちょうど 1 時間かかった。このとき，A 地点から C 地点までの道のりを x km，C 地点から B 地点までの道のりを y km とおいて x と y の値を求めよ。 (東京電機大高)

(2) A 町から B 町へ行くのに，自転車（分速 300m）を使うと歩いて行くより 54 分早く着き，走って行く（分速 180m）と歩いて行くより 42 分早く着く。このとき，A 町から B 町までの道のりと，歩いて行く速さを求めよ。ただし自転車，歩く速さ，走る速さは一定とする。 (愛知・東海高)

★★**34** ［連立方程式の応用⑧・通過算］

次の問いに答えなさい。

(1) 時速 64.8km で走っている 4 両編成の上り列車と，時速 86.4km で走っている 10 両編成の下り列車が，トンネルの両側から同時に進入した。下り列車の先頭がトンネルに進入してから，最後尾がトンネルを通り抜けるまでに 50 秒かかり，その 10 秒後に上り列車の最後尾がトンネルを通り抜けた。 (東京工業大附科学技術高)

① 上り列車は秒速何 m で走っているかを求めよ。
② 車両の長さがすべて同じとき，1 両の長さは何 m かを求めよ。
③ 両方の列車の先頭が出会うのは，トンネルに進入してから何秒後かを求めよ。

(2) 前方 50m 先を時速 90km で走っている長さ 5m の車を，時速 120km で走っている長さ 2.25m のバイクが抜き去ろうとしている。 (東京・芝浦工大高)

① バイクが前方 50m 先の車を抜き去るとき，車は x m，バイクは y m 走ったとする。距離について考えて，y を x の式で表せ。
② ①のとき，バイクと車の走行時間が等しいことを利用して，y を x の式で表せ。
③ ①のとき，バイクは何 m 走ったか求めよ。

着眼
33 (2) A 町から B 町までの道のりを x m，A 町から B 町まで歩いていくのにかかる時間を y 分とする。
34 (1) ②車両 1 両分の長さを x m，トンネルの長さを y m とする。

★35 〔連立方程式の応用⑨・整数〕

次の問いに答えなさい。

(1) 十の位が 8 である 3 けたの整数がある。一の位と百の位の数を入れかえると，もとの数の 3 倍より 79 小さくなり，一の位を十の位に，十の位を百の位に，百の位を一の位にそれぞれおきかえると，もとの数の 3 倍より 11 大きくなる。この整数を求めよ。 (兵庫・関西学院高)

(2) 2 枚のカード A ，B があり，A には 2 けたの数が，B には 1 けたの数が書かれている。A の数の 3 倍は B の数の 8 倍より 1 大きく，2 枚のカードを B A と並べて 3 けたの数として読むと，A B と並べて 3 けたの数として読んだときの 4 倍より 69 小さい数になる。

　　A に書かれている 2 けたの数を x，B に書かれている数を y とするとき，x，y の値を求めよ。 (愛媛・愛光高)

★★36 〔連立方程式の応用⑩・タンクとポンプ〕

次の問いに答えなさい。

(1) ある貯水タンクに，水が 500L 入っている。このタンクには給水口と排水口が 1 つずつある。給水量，排水量がそれぞれ毎分 a L，b L のとき，給水口，排水口を同時に開けると 40 分でちょうどタンクが空になる。また，給水量はそのままで，排水量を $\frac{4}{3}$ 倍にして同時に開けると 25 分でちょうどタンクが空になる。このとき，a，b の値を求めよ。 (兵庫・灘高)

(2) 2 種類のポンプ A ，B を利用してタンク T に給水する。T を満水にするために必要な時間と，ポンプを動かすためにかかる費用は，A を 1 台と B を 2 台利用すると，36 時間，1260 円，A を 3 台と B を 4 台利用すると，15 時間，1275 円である。このとき，次の ▢ にあてはまる数を求めよ。

　① A を 1 台利用して 12 時間給水したときと同じ量の水を，B を 1 台利用して給水すると ▢ア▢ 時間かかる。

　② A のみを数台利用して T を満水にすると，費用は ▢イ▢ 円かかる。

　③ A を ▢ウ▢ 台と B を ▢エ▢ 台利用して T を満水にするための時間と費用は，8 時間，1280 円である。 (東京・筑波大附高)

着眼

35 (1) 百の位の数を x，一の位の数を y とすると，もとの整数は $100x+80+y$

36 (2) ①タンクを満水にしたときの水の量を 1，ポンプ A ，B 1 台で 1 時間に入る水の量をそれぞれ x，y として，x，y を求める。

★★37 ［連立方程式の応用⑪・水そう問題］

幅 90cm，奥行き 40cm，高さ 50cm の直方体の
形をした空の水そうがある。その中に蛇口 A から
は，毎秒 x mL の水を入れることができ，蛇口 B か
らは，毎秒 y mL の水を入れることができる。蛇口
A からのみ水を入れると 10 分で水そうがいっぱい

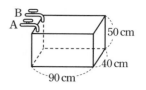

になり，蛇口 A と蛇口 B から同時に水を入れると 6 分で水そうがいっぱいに
なる。このとき，次の問いに答えなさい。ただし，水そうの板の厚みは考えな
いこととする。

（広島大附高）

(1) x，y の値を求めよ。

(2) はじめに蛇口 A からのみ水を入れ，t 分後からは蛇口 B からも水を入れる。
蛇口 A から水を入れ始めて，8 分で水そうがいっぱいになった。このとき，
t の値を求めよ。

(3) 水を入れる前に，水そうの中に1辺の長さ 10cm
の立方体の形をした木片を重ねないように n 個置く。
この木片は，水の中に入れると，右の図のように浮
くことがわかっている。蛇口 B からのみ水を入れ

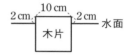

ると 5 分 30 秒で水面が水そうの底から $\dfrac{175}{9}$ cm の高さになった。このとき，
n の値を求めよ。

★★38 ［連立方程式の応用⑫・ニュートン算］

　ある遊園地の入り口前に大勢の客が開場を待っていた。入り口にはたくさんのゲートがあり，混雑を解消するために何か所か開いて客を入場させることにした。開場時刻の時点では a 人の客が待っており，その後も毎分 120 人の割合で客が増えていった。1 つのゲートを通過させる客の人数は毎分一定であるものとするとき，次の問いに答えなさい。

（青森県）

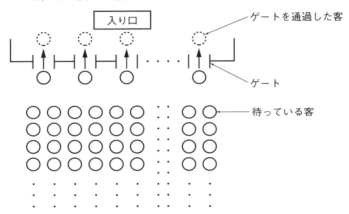

(1)　開場時刻にゲートを何か所か開いたところ 60 分後に待っている客はいなくなった。このとき，開いたゲートを通過した客の総数を a の式で表せ。

(2)　開場時刻にゲートを 5 か所開いた場合，30 分後に待っている客はいなくなり，6 か所開いた場合，20 分後に待っている客はいなくなった。1 つのゲートを通過させる客の人数を毎分 b 人としたとき，次の問いに答えよ。

　①　ゲートを 5 か所開いた場合の a, b の関係を式で表せ。

　②　a, b の値をそれぞれ求めよ。

　③　開場時刻にゲートを 8 か所開いた場合，待っている客は何分でいなくなるか求めよ。

着眼

38 (1)　60 分間で通過した客の人数は，はじめに待っていた人と 1 分あたり 120 人の割合で増えていった客の合計である。

★★*39* ［連立方程式の応用⑬・不定方程式の自然数解］

次の問いに答えなさい。

(1) 十の位の数字が 0 でない 3 けたの自然数 A があり，A の百の位の数字を x，下 2 けたの数を y とする。このとき，x と y を入れかえてできる 3 けたの自然数を B とする。例えば，$A=123$ のときは，$B=231$ となる。次の問いに答えよ。 （東京・國學院大久我山高）

① A，B を x，y を用いて表せ。

② $x+y=33$，$A-B=243$ のとき，A を求めよ。

難③ $x+y=31$，$A-B$ が正の 45 の倍数になるような A をすべて求めよ。

(2) あるお店では 1 個の定価が 30 円のお菓子を販売している。このお菓子を 2 個購入すると 2 個目は定価の 2 割引きになる。さらに 3 個目を購入すると 3 個目は定価の 4 割引きになる。ただし，1 人が購入することができる個数は 3 個までとし，消費税は考えないものとする。

　ある日，このお菓子が 10 個売れて，お菓子を購入した客は 5 人であった。このとき，この日のお菓子の売り上げ総額を調べたい。そこで，このお菓子を 1 個だけ購入した客の数を a 人，2 個購入した人数を b 人，3 個購入した人数を c 人とする。また，このお菓子の売り上げ総額を S 円とするとき，次の □ に最も適する数字を答えよ。 （神奈川・桐蔭学院高）

① 3 つの等式 $a+b+c=$ ㋐ …(i)

$a+2b+3c=$ ㋑㋒ …(ii)

$S=$ ㋓㋔$a+$ ㋕㋖$b+$ ㋗㋘c …(iii)が成り立つ。

② (i)，(ii)より $b+2c=$ ㋙ なので，(b, c) の組み合わせは ㋚ 通りある。
　したがって(iii)より，
　売り上げ総額 S は最も高くて ㋛㋜㋝ 円，最も低くて ㋞㋟㋠ 円である。

―――――――――――――――――――――――
着眼
39 (1) ③ $A-B=45n$（n は自然数）とおいて条件を満たす n を吟味する。

第**2**回 **実力テスト** 時間**45**分 合格点**70**点 得点 ／100

解答 別冊 *p. 20*

1 次の連立方程式を代入法で解きなさい。 （各5点×4）

(1) $\begin{cases} x=2y+5 \\ y=x-3 \end{cases}$ （青森県）　(2) $\begin{cases} 2x-3y=16 \\ x+2y=1 \end{cases}$ （京都府）

(3) $\begin{cases} 2x+5y=4 \\ 3x+y=-7 \end{cases}$ （三重県）　(4) $\begin{cases} 4x-2y=3x+5 \\ 2x-3y=12 \end{cases}$ （鳥取県）

2 次の連立方程式を加減法で解きなさい。 （各5点×4）

(1) $\begin{cases} 5x-y=3 \\ 3x-y=1 \end{cases}$ （広島県）　(2) $\begin{cases} \frac{2}{3}x+\frac{1}{4}y=\frac{1}{3} \\ \frac{1}{2}x-\frac{3}{8}y=\frac{5}{8} \end{cases}$ （東京学芸大附高）

(3) $\begin{cases} 3(x+y)-4(y-2)=6 \\ \frac{x}{2}+\frac{4-2y}{3}=2 \end{cases}$ （東京・成城学園高）　(4) $\begin{cases} 11x-13y=61 \\ 17x-19y=91 \end{cases}$ （東京・巣鴨高）

3 次の連立方程式を解きなさい。 （各5点×2）

(1) $\begin{cases} 9x+7y=10 \\ (x-1):(y+1)=(-1):3 \end{cases}$ 　(2) $\begin{cases} \frac{3}{x}+\frac{1}{y}=22 \\ -\frac{1}{x}+\frac{2}{y}=9 \end{cases}$

4 重さの異なる石が4個あり、この中から3個ずつはかりに載せて重さをはかった。このとき、次の4通りの重さが得られた。
189g、182g、167g、164g
4個の石の重さを求め、軽い順に書きなさい。 （京都・立命館宇治高）（10点）

5 次の問いに答えなさい。 (各5点×2)

(1) 次の x, y に関する連立方程式①, ②は同じ解をもつ。

$$\begin{cases} 2x+3y=13 \\ ax+by=2 \end{cases} \cdots① \quad \begin{cases} 4x-y=5 \\ ay-bx=16 \end{cases} \cdots②$$

このとき a, b の値を求めなさい。 (大阪桐蔭高)

(2) 2組の連立方程式 $\begin{cases} x-2y=7 \\ ax+3y=5 \end{cases} \cdots① \quad \begin{cases} 3x-5y=b \\ 2x+y=3 \end{cases} \cdots②$

で，①の解の x と y の値を入れかえると②の解になる。a, b の値を求めよ。 (千葉・昭和学院秀英高)

6 K君とO君の2人が，A地点からB地点を経由してC地点まで30.8 km を歩く。K君はA地点からB地点までを時速 x km で歩き，そこで 30分間休憩して，B地点からC地点までを時速 $1.1x$ km で歩いて休憩を含めて合計 8.7 時間かかった。O君はK君と同じようにAB間を時速 x km で歩き，45分間休憩して，BC間を時速 $1.2x$ km で歩いて休憩を含めて合計 8.45 時間かかった。次の問いに答えなさい。 (神奈川・慶應高) ((1) 10点(完答) (2) 5点)

(1) 次の空欄をうめよ。

AB間の道のりを y km として，K君とO君が歩いた時間を x と y を用いた式で表すと，K君の方は $\boxed{}$ $=8.2$，O君の方は $\boxed{}$ $=7.7$ となる。

(2) x と y の値を求めよ。

7 箱の中に x 個の球がある。まずA君が箱から球を1個取り，次にB君が箱に残った球の $\dfrac{1}{3}$ を取り，3番目にA君が箱から球を y 個取り，4番目にB君が箱に残った球の $\dfrac{1}{3}$ を取った。その結果，A君の取った球の個数の合計は，最後に箱に残った球の個数より2個少なくなり，B君の取った球の個数の合計は，A君の取った球の個数の合計の2倍より4個少なくなった。このとき，x, y の値を求めなさい。 (兵庫・灘高) (15点)

3 | 1次関数

解答 別冊 *p. 22*

40 [1次関数の式] 頻出

次の1次関数の式を求めなさい。

(1) x に対応する y の値が下の表のようになっている1次関数 （長野県）

x	…	-3	…	0	…	3	…	6	…
y	…	4	…	5	…	6	…	7	…

(2) 変化の割合が1次関数 $y=3x-4$ の変化の割合に等しく，$x=-1$ のとき $y=2$ となる1次関数 （北海道）

(3) グラフが2点 $(0, 1)$，$(2, 5)$ を通る直線である1次関数 （福岡県）

(4) $x=-6$ のとき $y=1$，$x=3$ のとき $y=7$ である1次関数 （茨城県）

41 [1次関数のグラフ] 頻出

1次関数 $y=-\dfrac{2}{3}x+6$ のグラフ上の点で，x 座標，y 座標がともに正の整数となるものがある。このような点の個数を次のア〜エのうちから1つ選び，記号で答えなさい。 （千葉県）

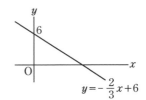

ア 1つ　　イ 2つ　　ウ 3つ　　エ 4つ

42 [直線上の3点] 頻出

次の問いに答えなさい。

(1) 3点 $(1, -1)$，$(4, 2)$，$(a, 5)$ が一直線上にあるとき，a の値を求めよ。 （東京・海城高）

(2) 2点 A$(-2, -4)$，B$(1, 3)$ を通る直線上に点 C$(2, k)$ があるとき，k の値を求めよ。 （千葉・和洋国府台女子高）

着眼

40 (1) 1次関数は $y=ax+b$ で表す。　(2) **変化の割合 $=\dfrac{y \text{の増加量}}{x \text{の増加量}}$** で，1次関数のグラフの傾きに一致する。　(4) 1次関数の式は，$y=ax+b$ に x，y の値を代入して，a，b の連立方程式を解いて求める。

42 (1) 2点 $(1, -1)$，$(4, 2)$ を通る直線上に点 $(a, 5)$ がある。

43 [1次関数の変域] <頻出

4分間に 3cm の割合で燃えていく長さ 24cm のローソクがある。このローソクに火をつけてから x 分後のローソクの長さを y cm とするとき，次の問いに答えなさい。

(1) y を x の式で表せ。

(2) y の変域を不等号で表せ。

(3) x の変域を不等号で表せ。

44 [直線の式]

次の アー～ ケ に適切な語または式を入れなさい。

「1次関数のグラフは直線だが，すべての直線が1次関数ではない。一般に直線の式は，a, b, c を定数として，2元1次方程式の形 $ax+by+c=0$ で表される。$a=0$，$b \neq 0$ のとき，y について解くと $y=\boxed{ア}$ となり，これは x 軸に平行な直線である。x 軸自身の式は $c=0$ で，$y=\boxed{イ}$ と表される。また，$b=0$，$a \neq 0$ のとき，x について解くと $x=\boxed{ウ}$ となり，これは y 軸に平行な直線である。y 軸自身の式は $c=0$ で，$x=\boxed{エ}$ と表される。$a \neq 0$，$b \neq 0$ のとき，y について解くと，$y=\boxed{オ}x-\boxed{カ}$ となり，これが1次関数の場合である。とくに，この式で $c=0$ のときが，$\boxed{キ}$ の式となる。2直線の交点は2式の連立方程式を解くことにより求められるが，$\boxed{ク}$ が等しい同一でない2直線は平行となり，この場合，連立方程式には解がない。また，$\boxed{ケ}$ が等しい2直線は y 軸上で交わることになる。」

45 [直線の式を求める] <頻出

次の問いに答えなさい。

(1) 点 (3, 3) を通り，直線 $y=2x-4$ と x 軸上で交わる直線の式を求めよ。

(東京・國學院大久我山高)

(2) 2直線 $y=-\dfrac{1}{3}x+a$ と $x+ay=1$ が平行になるような定数 a の値を求めよ。

(東京・郁文館高)

着眼

44 直線の式は $ax+by+c=0$ で表され，1次関数は，$a \neq 0$，$b \neq 0$ の場合である。

45 (2) 2直線 $y=ax+b(a \neq 0)$ と $y=mx+n(m \neq 0)$ が平行である条件は $a=m$，直交する条件は $am=-1$ である。

★**46** [2直線の交点を求める] ◁頻出

(1) 右の図の2つの直線 ℓ, m の交点Pの座標を
　求めよ。　　　　　　　　　　　　　　　　（愛媛県）

(2) 2つの直線 $y=ax+b$, $y=bx-a$ の交点の座
　標が $\left(\dfrac{1}{2},\ 5\right)$ であるとき，a, b の値を求めよ。

　　　　　　　　　　　　　　　　（東京・中央大附高）

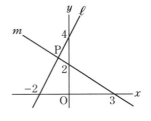

★★**47** [3直線の交点，3直線の囲む図形の面積]

(1) a を定数とする。3つの直線 $y=4x+6$, $y=-2x+12$, $y=ax+3$ が1点
　で交わるときの a の値を求めよ。　　　　　　　　　　　　　（東京・戸山高）

(2) 3つの直線 $y=\dfrac{1}{3}x+\dfrac{5}{3}$, $y=2x-5$, $y=-\dfrac{1}{2}x+\dfrac{5}{2}$ で囲まれる三角形の面積
　を求めよ。　　　　　　　　　　　　　　　　　　（茨城・江戸川学園取手高）

★★**48** [座標を文字で表して解く]

(1) 右の図のように，2点 A(3, 6)，B(a, 0) がある。
　線分ABの垂直二等分線を引き，線分ABとの交点を
　C，x 軸との交点をD とする。ただし，$a>3$ とする。

　　　　　　　　　　　　　　　　　　　　　　（広島県）

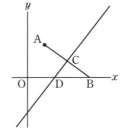

　① 2点 O，A を通る直線の式を求めよ。

　② AD⊥OB となるとき，a の値を求めよ。

(2) 4点 O(0, 0)，A(4, 6)，B(6, 4)，P(−1, 2) が
　ある。線分 OA，AB 上にそれぞれ点 Q，R をとる。

　① 2点 A，B を通る直線の式を求めよ。

　② 3点 P，Q，R が同一直線上にあり，PQ=QR となるときの点Rの座標
　を求めよ。

着眼

47 (2) 3つの交点を通り，x 軸，y 軸に平行な直線で囲んだ長方形の面積から直角三
　　　角形の面積をひく。

48 (1) ②条件より △ADB は直角二等辺三角形である。

　　　(2) ②2点 $(a,\ b)$，$(c,\ d)$ を結ぶ線分の中点の座標は $\left(\dfrac{a+c}{2},\ \dfrac{b+d}{2}\right)$

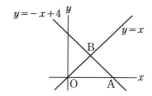

★★**49** ［三角形の面積を 2 等分する直線］ ◁頻出

(1) 直線 $y=-x+4$ と x 軸との交点を A，直線
$y=x$ との交点を B，原点を O とする。△OAB
の面積を 2 等分する直線を $y=ax$ とするとき，
a の値を求めよ。　　　（千葉・和洋国府台女子高）

(2) 平面上に 3 点 O(0, 0)，A(8, 4)，B(2, 16) がある。

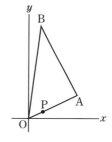

① △OAB の面積を求めよ。

② 点 A を通り △OAB の面積を 2 等分する直線の
式を求めよ。

③ 点 P(2, 1) を通り △OAB の面積を 2 等分する
直線の式を求めよ。　　　（北海道・函館ラ・サール高）

(3) 右の図において，直線 ℓ は $y=\dfrac{2}{3}x$，直線 m は
$y=-2x+8$ である。ℓ と m との交点を A，m と x
軸との交点を B，m と y 軸との交点を C とする。

（千葉・東邦大付東邦高改）

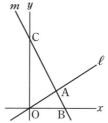

① 原点 O から m に垂線を下ろし，m との交点を
P とするとき，点 P の座標を求めよ。

② 点 A を通り，△OBC の面積を 2 等分する直線 n
を引く。この n の式を求めよ。

★★**50** ［三角形と四角形の面積が等しいとき］

2 点 A(−6, 0)，B(0, 2) を通る直線を ℓ，直線
$y=2x-8$ を m とする。また，m が x 軸と交わる点を
C とし，m，ℓ の交点を D とし，原点を O とする。

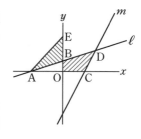

(1) 点 D の座標を求めよ。

(2) △ABE の面積と四角形 BOCD の面積が等しくな
るような点 E を y 軸の正の部分にとる。点 E の座
標を求めよ。　　　（山梨・駿台甲府高改）

着眼

49 (2) ③直線 BP は y 軸に平行である。

(3) ①直線 $y=ax+b$ と $y=cx+d$ が直交するとき，$a×c=-1$ である。

50 (2) △EAO＝△DAC である点 E を求めればよい。

★★**51** ［座標平面上の平行四辺形］ ＜頻出

次の問いに答えなさい。

(1) 右の図のように，点 A の座標を $(0, 4)$ とし，

2 直線 $\ell : y = \dfrac{1}{2}x + \dfrac{3}{2}$, $m : y = -\dfrac{1}{3}x + \dfrac{7}{3}$ の交点

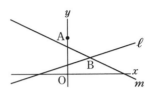

を B とする。また，点 C を直線 m 上に，点 D
を直線 ℓ 上にとり，四角形 ABCD が平行四辺
形になるようにする。 （神奈川・日本女子大附高）

① 点 A を通り，直線 m に平行な直線の式を求めよ。

② 点 D の座標を求めよ。

③ 点 C の座標を求めよ。

(2) 右の図のように，頂点の座標が与えられた平行四
辺形 ABCD がある。 （東京・日本大豊山高）

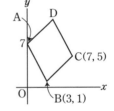

① D の座標を求めよ。

② 点 A，C を通る直線の式を求めよ。

③ 原点を通り，この平行四辺形の面積を 2 等分す
る直線の式を求めよ。

(3) 右の図のように，2 つの定点 A$(4, 7)$，B$(1, 2)$
と y 軸上の点 P がある。点 P が y 軸上を動くとき，
四角形 APBQ が平行四辺形になるように点 Q を定
める。 （東京・青山学院高）

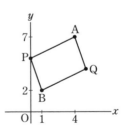

① 線分 AB の中点 M の座標を求めよ。

② 線分 PQ が最短となるような点 Q の座標を求
めよ。

③ 点 $(6, 2)$ を通る直線が平行四辺形 APBQ の面積を 2 等分するとき，そ
の直線の方程式を求めよ。

着眼

51 (1) 2 直線が平行なら傾きは等しい。

(2) ③平行四辺形の面積は，対角線の交点を通る直線によって 2 等分される。

(3) ②線分 PQ の中点は線分 AB の中点 M と一致する。

★★**52** ［座標平面上の台形］

図のように，4 点 A(2, 3)，B(2, −1)，C(5, 8)，
D(3, 6) を結んでできる台形 ABCD がある。y 軸上の点
E(0, 2) を通り，台形 ABCD の面積を 2 等分するよう
な直線の式を求めなさい。　　　　　　　　（埼玉・立教新座高）

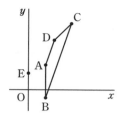

★★**53** ［座標平面上の動点①］

図 1 のような折れ線上を，点 P が原点 O か
ら出発して毎秒 2 cm の速さで点 (6, 0) まで動
く。また，点 P から x 軸へ下ろした垂線と x
軸との交点を Q とする。このとき，次の問い
に答えなさい。　　　　　（東京工業大附科学技術高）

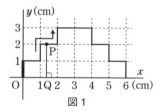

図 1

(1) 直線 OP の傾きが最初に $\dfrac{3}{2}$ となる

　のは，出発してから何秒後かを求めよ。

(2) 図 2 は，出発してから t 秒後の
　△OPQ の面積を $S\,\mathrm{cm}^2$ としたときの
　S と t の関係を表すグラフの一部であ
　る。残りのグラフ $\left(\dfrac{7}{2} \leqq t \leqq 5 \text{ の範囲}\right)$ を

　かけ。

(3) △OPQ の面積が 4 cm² になるとき
　の時刻 t をすべて求めよ。

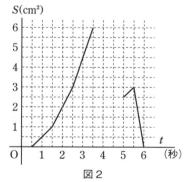

図 2

──────────────────────────────

着眼
　52 台形は上底の中点と下底の中点を結んだ線分の中点を通り，上底と下底おのおの
　　　と交わる直線により面積が 2 等分される。

★54 ［座標平面上の動点②］

　座標平面上において，点 P は原点 O を出発して点 A(3, 4) に向かって直線 OA 上を一定の速さで進み，点 Q は点 B(4, 0) を出発して点 C(0, 3) に向かって直線 BC 上を一定の速さで進む。

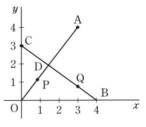

(1)　線分 OA，BC の交点 D の座標を求めよ。

(2)　点 P が点 A に到着するまでに 5 秒かかるという。点 P が点 D を通過するのは原点 O を出発してから何秒後か。

(3)　点 Q が点 C に到着するまでに 5 秒かかるという。点 P，Q がそれぞれ点 O，B を同時に出発するとき，P，Q を結ぶ線分 PQ が y 軸に平行になるのは出発してから何秒後か。　　　　　　　　　　　　（東京学芸大附高）

★55 ［傾きと切片を条件から求める］

　次の □ にあてはまる数または式を入れなさい。

x 座標が 9 である点 A で交わっている 2 つの直線

$5x-6y=a$ ……①

$y=bx+b$ ……②

がある。ただし，a, b は定数で $b>1$ とする。　　　　　　（東京・早稲田高）

(1)　点 A の y 座標を，a を使って表すと ア である。

(2)　さらに，直線①と②と y 軸とで囲まれる三角形の面積は $\dfrac{81}{4}$ であるという。このとき，a, b の値は $a=$ イ ，$b=$ ウ である。そして，点 A の座標は (9, エ) である。

着眼

54 (3)　t 秒後の P と Q の位置を求める。PQ が y 軸に平行のときは，x 座標は等しくなる。

55 (2)　直線①の y 切片 > 直線②の y 切片の場合と，直線②の y 切片 > 直線①の y 切片の場合が考えられる。

★★*56* ［1次関数と双曲線］

次の問いに答えなさい。

(1) 右の図で，2点 A，B は，直線 $y=-x+9$ と

反比例 $y=\dfrac{a}{x}$ $(a>0)$ のグラフとの交点である。

直線 $y=-x+9$ と x 軸，y 軸との交点をそれぞ
れ P，Q とすると，QA＝AB＝BP である。こ
のとき，a の値を求めよ。 　(山形県)

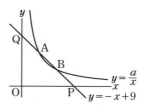

(2) 右の図で，ℓ は関数 $y=\dfrac{a}{x}$，m は関数 $y=x+5$，

n は関数 $y=3x-3$ のグラフである。点 A は ℓ と
m の交点で，その x 座標は -6 であり，点 B は ℓ
と n の交点で，その y 座標は -6 である。また，
m と n の交点を C，n と x 軸の交点を D とする。

(高知県改)

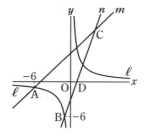

① 定数 a の値を求めよ。
② 点 C の座標を求めよ。
③ 点 D を通り，直線 m に平行な直線が直線 AB と交わる点を E とすると
き，点 E の座標を求めよ。

★★*57* ［座標平面上の最短経路］ ◀頻出

右の図で，直線①は2点 A(-4，3)，B(2，1) を
通る。直線②は傾きが正で，点 B と y 軸上の点 C
を通る。点 P は x 軸上の点である。 　(青森県改)

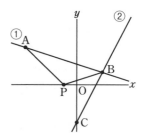

(1) 点 B と原点について対称な点の座標を求めよ。
(2) 直線①の傾きを求めよ。
(3) △AOB＝△COB となるときの直線②の式を求
めよ。
(4) AP＋PB の長さが最も短くなるときの点 P の座標を求めよ。

(着眼)
56 (1) A，B の x 座標は線分 OP の3等分点，y 座標は線分 QO の3等分点である。
57 (4) x 軸に関して，点 A と対称な点を A′ とすると，A′，P，B が同一直線上にある
ときAP＋PBは最短となる。

★★58 ［格子点の個数］

次の問いに答えなさい。

(1) A$(-15, 0)$, B$(3, 0)$, C$(3, 9)$ を 3 つの頂点とする $\triangle$ABC がある。
$\triangle$ABC の周および内部にある x 座標, y 座標ともに整数である点の個数を求めよ。　　　　　　　　　　　　　　　　　　　　(東京・筑波大附高)

(2) 原点 O を通る 2 直線 $\ell : y = 3x$, $m : y = \dfrac{1}{2}x$ と m 上の点 A$(4, 2)$ を通り傾き a の直線 n がある。ただし, $a < 0$ とする。このとき,
　　条件 P：『3 直線 ℓ, m, n で囲まれた部分(ただし, 囲む線分上の点を含む)の点 (x, y) で, x, y がともに整数である点』
を考える。　　　　　　　　　　　　　　　　　　　　　　　　(岡山朝日高)

　① 線分 OA 上(ただし, 両端を含む)の点 (x, y) で, x, y がともに整数である点は全部で何個あるか求めよ。

　② $a = -\dfrac{1}{2}$ のとき, 上の条件 P を満たす点は全部で何個あるか求めなさい。

🈴▶③ 上の条件 P を満たす点がちょうど 11 個であるとき, a のとりうる値の範囲を求めよ。

★★59 ［回転体の体積］ ◀頻出

右の図で, $\triangle$OAB の頂点 A, B の座標はそれぞれ $(0, 6)$, $(-3, 0)$ である。このとき, 次の問いに答えなさい。ただし, 円周率は π とする。 (三重県改)

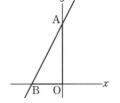

(1) 直線 AB の式を求めよ。

(2) $\triangle$OAB を, y 軸を軸として 1 回転させてできる立体の体積を求めよ。

(3) $\triangle$OAB を x 軸を軸として 1 回転させてできる立体の体積を求めよ。

🈴▶(4) $\triangle$OAB を点 $(2, 0)$ を通り, y 軸に平行な直線を軸として 1 回転させてできる立体の体積を求めよ。

着眼
58 (1), (2) 座標平面上に正確に直線をかき, 格子点を数える。
59 (円錐の体積)$= \dfrac{1}{3} \times$ (底面の円の面積) $\times$ (高さ)である。

★★*60* ［三角形に内接する四角形］ < 頻出

次の問いに答えなさい。

(1) 右の図で，O は原点，A は y 軸上の点，B，C，E，F
は x 軸上の点で，EO＝OF である。また，D，G はそれぞ
れ線分 AB，AC 上の点で，四角形 DEFG は正方形である。

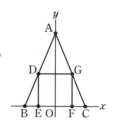

点 A，B の座標がそれぞれ $(0, 5)$，$(-2, 0)$ のとき，
次の問いに答えよ。 (愛知県)

① 直線 AC の式を求めよ。

② 点 E の座標を求めよ。

(2) 2 つの直線 $\ell : y = -2x + 10$，$m : y = \dfrac{1}{2}x$ があり，ℓ
と m の交点を A とする。図のように線分 OA 上に点
P をとり，P から y 軸に平行に引いた直線と ℓ との交
点を Q とし，また，P，Q から x 軸に平行に引いた直
線と y 軸との交点をそれぞれ R，S とする。

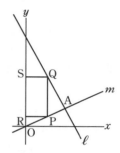

(千葉・東邦大付東邦高)

① 点 A の座標を求めよ。

② 点 P の x 座標を t として線分 PQ の長さを t の式で表せ。

③ 四角形 PQSR が正方形になるとき，点 Q の座標を求めよ。

(3) 図のように 3 点 A$(-10, 0)$，B$(0, 25)$，
C$(30, 0)$ をとる。点 P が点 C から毎秒 2 の速
さで x 軸上を点 A に向かって進む。点 P から
y 軸に平行な直線を引き，その直線と直線 BC
との交点を Q とする。また，PQ＝PS となる
ような x 軸上の点 S をとり，正方形 PQRS を
つくる。

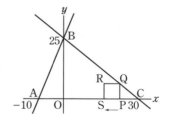

(神奈川・法政大女子高改)

難➡① t 秒後の点 R の座標を，t を使って表せ。

② 正方形 PQRS が △ABC に内接するのは何秒後か。

着眼
60 (1) ②E$(-t, 0)$ とおく。

(2) ③四角形 PQSR が正方形になるのは，PR＝PQ となるとき。

(3) ① PC＝2t は距離である。座標は位置で，原点からの方向(符号)と原点からの
距離で表す。

★★**61** ［等積変形］

次の問いに答えなさい。

(1) 座標平面上に直線 $\ell : y = x - 4$ と 2 点 A(6, 0)，
B(0, 3) を通る直線 m がある。ℓ と x 軸，y 軸との
交点をそれぞれ点 C，D とし，ℓ と m の交点を E
とする。

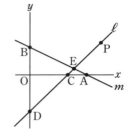

ℓ 上に点 P をとり，(P の x 座標) ＞ (E の x 座標)
とする。

① 直線 m の式を求めよ。

② 点 E の座標を求めよ。

③ △BDE の面積と △AEP の面積が等しくなるとき，点 P の座標を求めよ。

④ △ADP が AD＝AP の二等辺三角形となるとき，点 P の座標を求めよ。

(2) 右の図のように，3 点 A(0, 4)，B(－2, 0)，
C(6, 0) を頂点とする △ABC がある。辺 AC
上を動く点 P があり，線分 OP の延長上に，点
Q を △ABO＝△QAC となるようにとる。ただ
し，点 O は原点である。　　　　　　(東京・桐朋高)

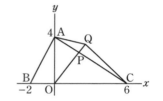

① 直線 AC の式を求めよ。

🜲② 線分 OP が △ABC の面積を 2 等分するとき，点 Q の座標を求めよ。

🜲③ 点 P が辺 AC 上を点 A から点 C まで動くとき，線分 PQ が動いてでき
る図形の面積を求めよ。

★★**62** ［1次関数の傾きと切片の範囲］

座標平面上に A(1, 3)，B(4, 1)，C(−2, 1)
の3点があるとき，次の問いに答えなさい。

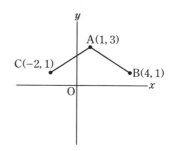

(1)　$y=2x+b$ が線分 AB（端点を含む）と交わ
るとき，b のとる値の範囲を求めよ。

(2)　$y=ax-2$ が線分 AC（端点を含む）と交わ
るとき，a のとる値の範囲を求めよ。

★★★**63** ［条件を満たす点の位置］

座標平面上で A(4, 1)，B(7, 1)，C(7, 5)，
D(4, 5) とする。長方形 ABCD の外側にある点
P と頂点 A，B，C，D を直線で結んだとき，そ
の線分が長方形 ABCD の内部を通らないような
この長方形の頂点を点 P の見える点と名づける。
点 P の位置によって，このような点 P の見える
点は2つか3つある。点 P と点 P の見える点を

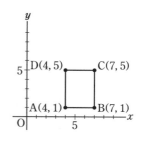

結んでできる三角形のうち長方形 ABCD の外側にある三角形の面積または2
つの三角形の面積の和を点 P の見える面積と名づける。

（東京・お茶の水女子大附高）

(1)　原点 O の見える点はどれか。すべて求めよ。

(2)　点 P(−1, 2) の見える面積を求めよ。

(3)　点 Q(−1, 6) の見える面積を求めよ。

(4)　y 座標が5で，見える面積が10となる点をすべて求めよ。

(5)　y 軸上の点で，見える面積が10となる点をすべて求めよ。

着眼

　62 (2)　a のとる値の範囲は $t \leqq a \leqq s$ の形では表せない。

　63 (4)　求める点を $(x, 5)$ とし，$x<4$ と $x>7$ で考えればよい。

| 第**3**回 | **実力テスト** | 時間**45**分
合格点**70**点 | 得点 /100 |

解答 別冊 *p. 39*

1 次の問いに答えなさい。 (各7点×4)

(1) 直線 $y=-\dfrac{1}{2}x+3$ に平行で，点 $(6, 2)$ を通る直線の式を求めよ。

(2) 直線 $y=3x+4$ に垂直で，点 $\left(1, -\dfrac{4}{3}\right)$ を通る直線の式を求めよ。

(3) 2直線 $y=\dfrac{3}{4}x-1$ と $y=ax+5$ が x 軸上で交わるとき a の値を求めよ。

(4) 1次関数 $y=ax+b$ $(a<0)$ は x の変域が $-4 \leqq x \leqq 1$ のとき，y の変域が $-8 \leqq y \leqq 7$ である。このとき，a，b の値を求めよ。

2 右の図のように，関数 $y=2x$ と $y=\dfrac{1}{2}x$ のグラフがあり，これらの直線上に，それぞれ x 座標が 2 となる点 A，B をとる。この線分 AB を 1 辺として，正方形 ABCD を，頂点 C の x 座標が 2 より大きくなるようにつくる。このとき，直線 AC の式を求めなさい。 (埼玉県) (8点)

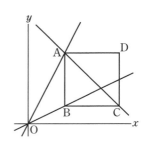

3 図のように 3 直線 $x-y+5=0$…①，$2x+y-5=0$…②，$x+y-1=0$…③ が交わってできる △ABC の面積は ア である。辺 BC と y 軸との交点を D とし，辺 AC 上に点 E をとる。△CDE の面積が 7 のとき，直線 DE の式は イ である。このとき，空欄にあてはまる数や式を求めなさい。 (三重・高田高) (各8点×2)

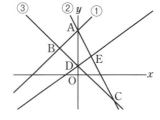

4 座標平面上に点 A(0, 3), B(6, 5) がある。2 点 A, B を通る直線を ℓ, 原点 O と点 B を通る直線を m とする。また, 座標軸の単位の長さを 1cm とし, 点 P は原点 O を出発して, x 軸上を毎秒 1cm の速さで正の方向に進むものとする。次の問いに答えなさい。　　　　(各8点×4)

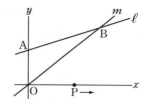

(1)　△OAB の面積を求めよ。

(2)　直線 ℓ の式を求めよ。

(3)　点 P が原点 O を出発してから t 秒後について, 次の問いに答えよ。

① 　線分 AP が △OAB の面積を 2 等分するとき, t の値を求めよ。

② 　△APB の面積を S とする。S を t の式で表せ。ただし, $0<t<6$ とする。

5 右の図 1 で, 点 O は原点, 点 A の座標は (3, 0), 点 B の座標は (1, 4), 点 C の座標は (0, 1) である。2 点 O, B を通る直線を ℓ, 2 点 A, C を通る直線を m とする。

原点から点 (1, 0) までの距離, および原点から点 (0, 1) までの距離をそれぞれ 1cm として, 次の問いに答えなさい。

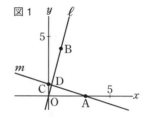

(東京・日比谷高)　(各8点×2)

(1)　直線 ℓ と直線 m の交点を D とするとき, 点 D の座標を求めよ。

(2)　右の図 2 は, 図 1 において, 2 点 A, B を通る直線 AB を引き, y 軸との交点を E とした場合を表している。

△OAB を y 軸のまわりに 1 回転させてできる立体を U, △CAE を y 軸のまわりに 1 回転させてできる立体を V とする。

U の体積と V の体積とでは, どちらが何cm³大きいか答えよ。ただし, 円周率は π とする。

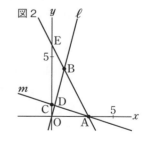

40

4 1次関数の応用

解答 別冊 *p. 41*

*64 [1次関数の式をつくる]

y は x の 1 次関数で，$x=2$ のとき $y=4$ となり，x が増加すると y は減少する。このような 1 次関数のグラフが y 軸と交わる点を 1 つ決めて，その点の y 座標を答えなさい。また，そのときの 1 次関数の式も答えなさい。　　(宮城県)

*65 [ダイヤグラム] ◀頻出

次の問いに答えなさい。

(1) 右の図のグラフは，9km 離れた 2 地点 A，B 間を P さんと Q 君が A 地点を同時に出発して往復したようすを示したものである。x は P さんと Q 君が A 地点を出発してからの時間を，y は A 地点からの道のりを表す。　(京都教育大附高)

① P さんが A 地点を出発して B 地点に着くまでの，x と y の関係式を求めよ。

② Q 君が，B 地点から A 地点にもどるときの速さは毎時何 km か。また，この間の x と y の関係式を求めよ。

③ Q 君は，B 地点から A 地点にもどる途中，P さんと出会った。その地点は，B 地点からの道のりが何 km の地点か。

(2) A，B の 2 人は P 地点から 16km 離れた Q 地点へ向かって同じ道を移動した。図は横軸に A が出発してからの時間をとり，縦軸に P 地点からの距離をとって，2 人の移動のようすを表したグラフである。a，b の値をそれぞれ求めよ。　　(京都・洛南高)

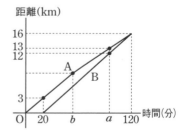

・A は b 分後にのみ速さを変えている。
・B は速さを変えていない。

(着眼)
65 (1)　②ダイヤグラムのグラフの傾きは速さを表す。
　　　③出会ったのはグラフの交点で表される地点である。
　　(2)　B のグラフの式が決まるから a が求められ，その結果 A の速さを変えてからの式が求まる。

★66 ［グラフをかいて問題を解く］

学校から公園までの1400mの真っ直ぐな道を通り，学校と公園を走って往復する時間を計ることにした。Aさんは学校を出発してから8分後に公園に到着し，公園に到着後は速さを変えて走って戻ったところ，学校を出発してから22分後に学校に到着した。ただし，Aさんの走る速さは，公園に到着する前と後でそれぞれ一定であった。

次の(1)，(2)の問いに答えなさい。 (岐阜県)

(1) Aさんが学校を出発してから x 分後の，学校からAさんまでの距離を y m とすると，x と y との関係は下の表のようになった。

x(分)	0	…	2	…	8	…	10	…	22
y(m)	0	…	ア	…	1400	…	イ	…	0

① 表中のア，イにあてはまる数を求めよ。

② x と y との関係を表すグラフをかけ。($0 \leqq x \leqq 22$)

③ x の変域を $8 \leqq x \leqq 22$ とするとき，x と y との関係を式で表せ。

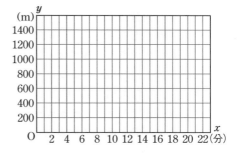

(2) BさんはAさんが学校を出発してから2分後に学校を出発し，Aさんと同じ道を通って公園まで行き，学校に戻った。このとき，Bさんは学校を出発してから8分後に，公園から戻ってきたAさんとすれ違った。BさんはAさんとすれ違ったあと，すれ違う前より1分あたり10m速く走り，Aさんに追いついた。ただし，Bさんの走る速さは，Aさんとすれ違う前と後でそれぞれ一定であった。

① Aさんとすれ違ったあとのBさんの走る速さは，分速何mであるかを求めよ。

② BさんがAさんに追いついたのは，Aさんが学校を出発してから何分何秒後であるかを求めよ。

^{★★}**67** ［グラフの意味を読みとる］ ◀頻出

(1) 太郎さんは，妹の花子さんと一緒に家を出て，
毎分 60m の速さで映画館に向かった。太郎さ
んは，途中で忘れ物に気づき，それまでよりも
はやい速さで家にもどり，忘れ物を取ってすぐ
に映画館に向かった。花子さんは，太郎さんと
別れてからも毎分 60m の速さで映画館に向か

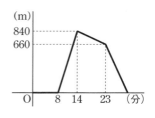

い，先に映画館に着いた。上の図は，2 人が一緒に家を出てからの時間と，
2 人の間の道のりの関係を表したグラフである。ただし，太郎さんが家にも
どり始めてから映画館に着くまでの速さは一定であったものとする。(栃木県)

① 太郎さんが家にもどり始めたのは，2 人が一緒に家を出てから何分後で，
その速さは毎分何 m か。

② 2 人の間の道のりが，はじめて 560m になったのは，2 人が一緒に家を
出てから何分後か。

③ 太郎さんと花子さんが，同時に映画館に着くためには，家にもどり始め
てからの太郎さんの速さは，毎分何 m であればよいか。

(2) A さんは 1 周 200m のトラックを P 地点からスタートし，$\boxed{1}$～$\boxed{4}$ のように
トラックを反時計回りに 10 周した。

$\boxed{1}$ 毎秒 2m でトラックを 5 周走る。　$\boxed{2}$ 2 分間止まって休む。

$\boxed{3}$ 毎秒 4m でトラックを 2 周走る。　$\boxed{4}$ 毎秒 2m でトラックを 3 周走る。

B さんは A さんがスタートしてから，3 分 40 秒後に同じトラックを P 地点
からスタートし，一定の速度で A さんと同じ方向に 10 周し，A さんと同時
に走り終わった。　(神奈川・日本女子大附高)

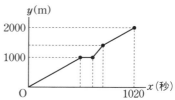

① A さんがスタートしてから x 秒後に
進んだ距離を y m とする。右のグラフ
は，x と y の関係を表したものである，
次のア～オにあてはまる式または数を
入れよ。

$\boxed{1}$ のとき，x の変域は，$\boxed{ア} \leqq x \leqq \boxed{イ}$ である。

$\boxed{3}$ のとき，x の変域は，$\boxed{ウ} \leqq x \leqq \boxed{エ}$ で，y を x の式で表すと $\boxed{オ}$ である。

② B さんは毎秒何 m で走ったか。

③ B さんの走行距離が，初めて A さんと同じになるのは，A さんがスター
トしてから何秒後か。

★**68** ［1次関数と通過算］

　図1は，バスと乗用車が，一定の車間距離を保ったまま，一定の速さで，矢印の方向に直進しているところを，真上から見たものである。バスがトンネルに入り始めてから x m 進んだときの，バスと乗用車の，トンネルに入っている上面の面積の合計を y m² とする。トンネルは長さ 50m で，真上から見た形は長方形であり，バスと乗用車の形は直方体であるものとして，次の問いに答えなさい。ただし，道路は水平でまっすぐであるものとする。　　　　　　（山形県）

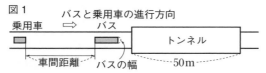

図1

(1)　図2はバスがトンネルに入り始めてから，乗用車が完全にトンネルに入りきるまでの x と y の関係をグラフに表したものである。

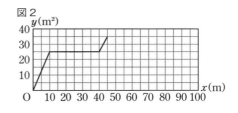

図2

　　①　車間距離とバスの幅は，それぞれ何 m か。

　　②　グラフにおいて x の変域が $40 \leqq x \leqq 45$ のときの，x と y の関係を式に表せ。

　　③　乗用車がトンネルに完全に入りきってからトンネルを完全に出るまでの，x と y の関係を表すグラフを，図2にかき加えよ。

(2)　バスと乗用車の速さが時速 36km であるとき，バスがトンネルに入り始めてから何秒後に，乗用車がトンネルから完全に出るか，求めよ。

（着眼）

67 (1)　②グラフの縦軸は，2人の間の距離であるからお互いに遠ざかっていることに注意する。

68 (1)　①グラフの折れている点の x 座標の差から車間距離とバスの長さ，乗用車の長さがわかる。

★★69 ［図形の辺上を動く点］ **◁頻出**

次の問いに答えなさい。

(1) 右の図のように，1辺が 4cm の正方形 ABCD が
ある。点 P は点 B を出発し，辺 BC，CD 上を点 D
まで毎秒 1cm の速さで動く。 　　　　　（秋田県）

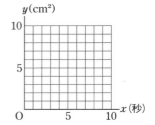

① 点 P が点 B を出発してから 2 秒後の △DBP の
面積を求めよ。

② 点 P が点 B を出発してから x 秒後の △DBP
の面積を $y\,\text{cm}^2$ とする。ただし，点 P が点 B，
D にあるときは $y=0$ とする。

　㋐ $0 \leqq x \leqq 4$ のとき，y を x の式で表せ。

　㋑ $0 \leqq x \leqq 8$ のとき，x と y の関係を表すグラ
フをかけ。

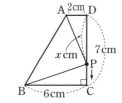

(2) 右の図のように，AD∥BC である台形 ABCD
において，∠C=90°，AD=2cm，BC=6cm，
CD=7cm とする。このとき，点 P は辺 CD 上を
D から C まで動く。また，PD の長さが $x\,\text{cm}$ の
ときの △ABP の面積を $y\,\text{cm}^2$ とする。　　（宮城県）

① y を x の式で表せ。また，y の変域を求めよ。

難▶② △ABP の周の長さが最小となるとき，y の値を求めよ。

着眼 **69** (1) ②㋑ $0 \leqq x \leqq 4$ と $4 \leqq x \leqq 8$ でグラフの傾きが変わることに注意する。

　　　 (2) ②直線 BC を X 軸，直線 DC を Y 軸，点 C を原点として座標平面上で考える
　　　 とわかりやすい。

★★*70* ［2つの動点を扱う問題］

座標平面上に，4点 O(0, 0)，A(8, 0)，B(6, 3)，C(0, 4) を頂点とする四角形 OABC がある。いま，2点 P, Q が頂点Cを同時に出発し，辺 CO, OA 上を頂点Aまで進むものとする。点Pは毎秒2，点Qは毎秒1の速さで動き，2点 P, Q が出発してから t 秒後の線分 BP，BQ および座標軸で囲まれる部分の面積を S とする。（ただし，$0 \leqq t \leqq 6$ とする。） 次の問いに答えなさい。

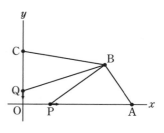

（山梨・駿台甲府高改）

(1) $t=1$ のときの S の値を求めよ。
(2) $t=3$ のときの S の値を求めよ。
(3) $4 \leqq t \leqq 6$ のときの S を，t を用いて表せ。
(4) $S=5$ となるときの t の値を求めよ。

★★*71* ［水そうに水を入れる①体積計量型］ ◀頻出

図のように，点 A, B, C, D, E, F, G, H を頂点とする直方体から，点 I, J, K, L, E, M, N, H を頂点とする直方体を切り取った形をした水そうがあり，面 MFGN が水平になるよう固定されている。AB＝80cm，BC＝50cm，BF＝50cm，JM＝20cm，MF＝48cm である。この水そうに，給水管から毎分一定の割合で満

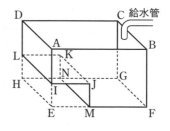

水になるまで水を入れる。水を入れ始めてから x 分後の水面の高さが，面 MFGN から y cm のところにあるとする。ただし，水そうの厚さや水の表面張力は考えないものとして，次の問いに答えなさい。

（福岡県改）

(1) 給水管から毎分 4.8L の水を入れるとき，次の問いに答えよ。
　① $y=12$ となるときの x の値を求めよ。
　② $10 \leqq x \leqq 35$ のとき，y を x の式で表せ。
　③ $x=20$ のとき，面 ABCD から水面までの距離を求めよ。
(2) 給水管から毎分 aL の水を入れるとき，$y=30$ となる x の値を a の式で表せ。

70 (2) 四角形 OPBQ を2つの三角形に分けて面積を求める。
71 (1) 4.8L＝4800cm³，$x=10$ のとき $y=20$ である。

★**72** ［水そうに水を入れる②グラフ読みとり型］ ◀頻出

次の図のように腰をかけるところが2段になっている浴そうがある。これに
毎分一定の割合で水を入れたところ37分間で満水となった。グラフは，水を
入れ始めてからの時間 x（分）と水の深さ y（cm）との関係を示したものである。

(東京・中央大杉並高)

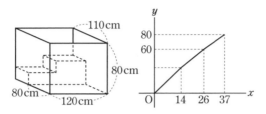

(1) 水は毎分何 L ずつ入っているか。

(2) 腰かけるところの下の段は上の段より何 cm 低いか。

(3) 水の深さが 50cm になるのは，水を入れ始めてから何分何秒後か。

★**73** ［水そうに物体を沈める①沈んでいる物体型］

右の図のように，直方体の形をした，深さが 60cm
の空の水そうの中に，直方体の形をした，高さ 40cm
の鉄のブロックが水平に置かれている。

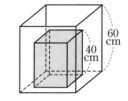

この水そうに，毎分一定の割合で，40分間水を入
れ，水そうの水の深さが 55cm になったところで，水
を入れるのをやめた。

右のグラフは，水そうに水を入れ始めてからの時
間を x 分，そのときの水そうの水の深さを y cm と
して，x と y の関係を表したものである。　(香川県)

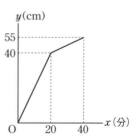

(1) 右のグラフで，x の変域が $0 \leqq x \leqq 20$ のとき，
y は x に比例している。このときの比例定数を求
めよ。

(2) 右のグラフで，x の変域が $20 \leqq x \leqq 40$ のとき，
y を x の式で表せ。

(3) 水そうに水を入れている途中の 20 分間で，水そうの水の深さが 30cm 変
化するのは，水を入れ始めて，何分後から何分後までの 20 分間か。
a 分後から b 分後までの 20 分間として，a, b の値を求めよ。

★★*74* ［水そうに物体を沈める②徐々に沈む物体型］

2つの大きさの違う水そうA，Bがある。水そうA
は縦15cm，横20cm，高さ30cmの直方体で，底か
ら15cmの高さまで水が入っている。水そうBは縦
10cm，横10cm，高さ12cmの直方体で，水は入って
いない。水そうの厚みや表面張力は考えないものとし
て，次の問いに答えなさい。　　　　　　　　　（滋賀県）

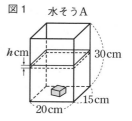
図1　水そうA

(1) 図1のように，水そうAに体積 V cm³ の鉄を沈めると，水面の高さが
h cm 増えた。体積 V を h を使って表せ。

(2) 水そうBを最初の状態の水そうAの中に入れ，
水そうBの底を水面に接した状態から，図2のよ
うに，2つの水そうの底の距離が毎秒1cmの速さ
で近づくように沈めていく。

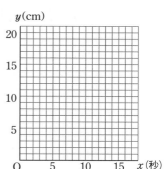
図2
水そうB
水そうA

① 3秒後の水そうAの水面の高さを求めよ。

② 水そうAの水面の高さが最大となるのは，水
そうBが沈み始めてから何秒後か，求めよ。

③ 沈み始めてから x 秒後の水そうAの
水面の高さを y cm とする。沈み始めて
から底につくまでの x と y の関係を右の
グラフに表せ。

着眼
72 (3) $y=50$ となる x の値は $14 \leqq x \leqq 26$ の範囲にある。
73 (3) a, b についての連立方程式をたてて値を求める。
74 (2) ②水そうBの上の面が水そうAの水面と同じ高さになるときである。

★**75** ［1次関数の応用・総合問題①］

　　ひろし君の家の近くの公園には右の図のような長方形のジョギングコースがある。ひろし君がスタート地点を出発し，5分歩いて1分休憩することをくり返しながら

　スタート地点→A→B→C→D→ゴール地点

のコースで毎朝1周だけ散歩する。グラフは，ひろし君がスタート地点を出発してから x 分間で歩いた道のりを y m として，x と y の関係を途中まで表したものである。ひろし君の歩く速さを分速60m として，次の問いに答えなさい。　　（広島大附高）

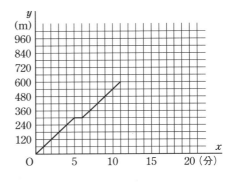

(1)　ひろし君が散歩にかかる時間を求めよ。

(2)　弟のおさむ君もこのコースを1周する。おさむ君はスタート地点を出発してからゴール地点に着くまで休憩なしに進む。

　①　ある朝，おさむ君はひろし君と同じコース（スタート地点→A→B→C→D→ゴール地点）を分速 a m で散歩したが，ひろし君より40秒早くスタート地点を出発した。ところが，おさむ君はちょうどAの角のところで後から出発したひろし君に追いつかれた。

　　㋐　a の値を求めよ。

　　㋑　この日，散歩の途中にスタート（ゴール）地点以外の場所で2人が出会ううち，一番最後に出会うのは，ひろし君がスタート地点を出発してから何分何秒後か。

　②　次の朝，2人は同時にスタート地点を出発し，おさむ君はひろし君と反対回り（スタート地点→D→C→B→A→ゴール地点）のコースを分速 b m でジョギングした。おさむ君がCの角を曲がったときには，ひろし君はまだBの角を曲がっていなかった。そのままジョギングを続けると，BとCの間で，ちょうど休憩を終えたばかりのひろし君とすれ違った。b の値を求めよ。

（着眼）

75 ②　ひろし君が休憩するのは，スタート地点から300m，600mの地点である。

★★*76* [1次関数の応用・総合問題②]

図1のような直方体の水そうがあり，高さが8cm，6cmの仕切りによってA，B，Cの3つの部分に分けられ，それぞれには水面の高さを測る目盛りがついている。この水そうに，Aの上にある蛇口Pと，Cの上にある蛇口Qから，同じ量の水を一定の割合で入れていく。

図1

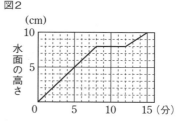

図2は，蛇口P，Qから同時に水を入れ始めてから水そうが満水になるまでの，Aにおける水面の高さと時間の関係を表したグラフである。

次の問いに答えなさい。ただし，水そうと仕切りの厚さは考えないものとする。(兵庫県)

図2

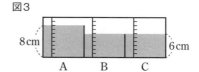

(1) 蛇口Pから出た水の量は毎分何cm³か，求めよ。

(2) CからBへ水が入り始めたのは，水を入れ始めてから何分をこえたときからか，求めよ。

(3) 図3は，水を入れている途中の水そうを正面から見たものである。これは，水を入れ始めてから何分後のようすか，求めよ。

図3

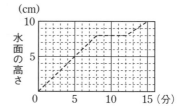

(4) 水を入れ始めてから水そうが満水になるまでの，Bにおける水面の高さと時間の関係を表すグラフを右の図にかけ。ただし，図に破線（‥‥‥‥）で示したグラフは，図2の，Aにおける水面の高さと時間の関係を表したグラフである。

^{★★}**77** ［1次関数の応用・総合問題③］

次は，ホッチキス（ステープラー）で紙をとじたときのホッチキス（ステープラー）の針のようすをモデルにした問題である。

図1，図2において，四角形 APQB は AB＝10mm の長方形である。R，S は辺 PQ 上にあって P，Q と異なる点であり，PR＝QS である。5つの線分 RP，PA，AB，BQ，QS の長さの和は 30mm である。AP＝$x$mm とし，そのときの2点 R，S 間の距離を y mm とする。次の問いに答えなさい。　　　　　（大阪府）

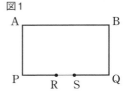

図1

(1) 図1は，$5<x<10$ であるときの状態を示している。この場合，

① 次の表は，x と y との関係を示した表の一部である。表中のア，イにあてはまる数を書け。

x	…	7	…	8	…	イ	…
y	…	4	…	ア	…	7	…

② $6 \leqq x \leqq 9$ のときの x と y との関係を表すグラフを右の図の中にかけ。

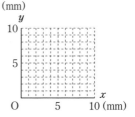

(mm)

(2) 図2は，$0<x<5$ であるときの状態を示している。このとき，線分 PR の一部と線分 QS の一部が重なる。この場合，

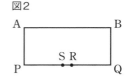

図2

① $0<x<5$ として，y を x の式で表せ。求め方も書け。

② $0<x<5$ として，PS＝4RS となるときの x の値を求めよ。

★★*78* [1次関数の応用・総合問題④]

太郎君のおじいさんは，ある日の朝8時に家から480m離れた公園に散歩に行くことにした。家から公園までには，180m，360mの地点にそれぞれ信号機A，Bがある。信号の色は青と赤の2種類で，「進め」の意味の青信号と「止まれ」の意味の赤信号の2種類を交互にくり返す。そして，信号機Aは90秒ごとに，信号機Bは40秒ごとに信号の色が変わり，2つの信号機は，午前8時10分に同時に青に変わることがわかっている。なお，信号機のところでは，赤で止まり，青になると同時に歩き始める。おじいさんは，1分間に60mの速さで歩くものとして，次の問いに答えなさい。

(広島大附高)

(1) 午前8時に一番近い時刻で，2つの信号機が同時に青信号になる時刻を求めよ。

(2) 下の図のグラフの太線の部分は，信号機Bが青になっている時間を表したものである。これにならって，信号機Aが青になっている時間を正しい位置に太線で示せ。

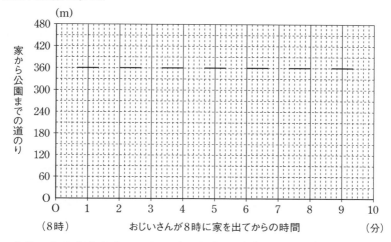

(3) おじいさんが家を出てからの時間と歩いた道のりとの関係を表すグラフを，図の中に実線で示せ。

(4) この日，太郎君は午前8時6分以降に家を出て，先に出かけたおじいさんを自転車に乗り一定の速さで追いかけることにした。赤信号で止まることなく進み，おじいさんと同時に公園に着くためには，少なくともどのくらいの速さで追いかけなければならないか。また，そのときの家を出る時刻を答えよ。

| 第**4**回 | **実力テスト** | 時間**45**分
合格点**70**点 | 得点 ╱100 |

解答 別冊 *p. 51*

---

1 Ⓐ地からA君が，Ⓑ地からB君が，Ⓒ地からC君が午後0時に出発してⒹ地に向かう。右の図は，Ⓐ地からの道のりと時間との関係を表したものである。ここで，A君，B君，C君の速さの比は5：3：1であり，Ⓑ地とⒸ地の間の道のりは32kmである。

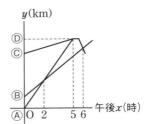

午後2時にB君はA君に追い越され，午後5時にA君とC君は同時にⒹ地に着いた。

ただしⒶ地からⒹ地までは一本道で，Ⓐ地，Ⓑ地，Ⓒ地，Ⓓ地の順にあるものとする。次の問いに答えなさい。 （東京・成城学園高） （各10点×3）

(1) C君がⒹ地に向かうときの速さを毎時 a km とし，Ⓐ地とⒷ地の間の道のりを b km としたとき，a，b の値を求めよ。

(2) A君が，B君の位置とC君の位置のちょうど真ん中の位置にくるのは午後何時何分か。

(3) C君はⒹ地で休んだ後，Ⓒ地へ毎時8kmの速さで同じ道を戻った。途中，B君と午後6時にすれ違った。C君は何分間休んだか。

---

2 右の図のように，内部に直方体の仕切りのついた直方体の水そうがある。この容器が空の状態から，毎秒 50cm³ の割合で左上のパイプから水を入れていく。水を x 秒間入れたときの，左端の目盛りで計った水面の高さを y cm とする。次の問いに答えなさい。

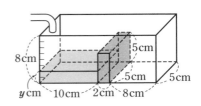

（岐阜県改） （(1)5点，(2)～(4)各10点×3）

(1) 水を3秒間入れたときの，左端の目盛りで計った水面の高さは何 cm か。

(2) 容器全体が満水になるのは，水を入れ始めてから何秒後か。

(3) $y=5$ となるのは，x の変域が $a \leqq x \leqq b$ のときである。a，b に最も適する数をそれぞれ求めよ。

(4) y の変域が $5 < y \leqq 8$ のとき，y を x の式で表せ。

3 図１のように，大きな直方体から小さな直方体を切り取った形をした
容器があり，AB＝5cm である。図２のように，この容器の最上面から，
1 秒間に 12cm³ の割合で満水になるまで水を入れていく。容器は水平な台の
上に置かれているものとして，次の問いに答えなさい。ただし，容器の厚さは
考えないものとする。 (山形県) ((1)①5点, (1)②, ③, (2)各10点×3)

(1) 水を入れ始めてから x 秒後の容器
の底面から水面までの高さを y cm
として，水を入れ始めてから満水に
なるまでの x と y の関係をグラフに
表すと，図３のようになった。

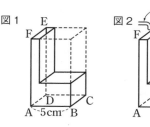

① 容器が満水になったときの，水
の体積を求めよ。

② 図３のグラフに着目して，BC の長さを求めよ。

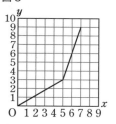

③ x の変域が $5 \leqq x \leqq 7$ のとき，x と y の関係を式
に表せ。

(2) 図１の容器の最上面にふたをし，図４のように，
長方形 ADEF を底面にして最上面を開けた容器を
つくる。この容器に空の状態から，1 秒間に 12cm³
の割合で満水になるまで水を入れていく。水を入れ
始めてから x 秒後の，底面から水面までの高さを y cm として，水を入れ始
めてから満水になるまでの，x と y の関係を表すグラフを，図５にかけ。

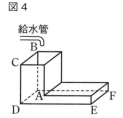

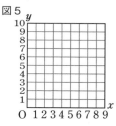

54

5 平行線と角

解答 別冊 *p. 53*

*79 ［平行線の錯角と同位角］ ◀頻出

次の各図において，$\ell /\!/ m$ のとき，∠x の大きさを求めなさい。

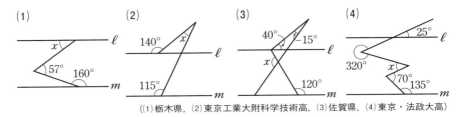

((1)栃木県，(2)東京工業大附科学技術高，(3)佐賀県，(4)東京・法政大高)

*80 ［多角形の内角の和と外角の和］ ◀頻出

次の □ に適切な数を入れなさい。ただし n は 3 以上の整数とする。

「n 角形の内角の和は，$180° \times (n- \boxed{ア})$ で，正 n 角形の 1 つの内角の

大きさは，$\dfrac{180° \times (n- \boxed{ア})}{n}$ である。また，n 角形の外角の和は，n の

値にかかわらず常に $\boxed{イ}°$ である。n 角形の対角線の本数は各頂点から，

$(n- \boxed{ウ})$ 本の対角線が引けるので，$\dfrac{n(n- \boxed{ウ})}{\boxed{エ}}$ 本である。」

**81 ［平行線と多角形］ ◀頻出

次の図において，∠x の大きさを求めなさい。

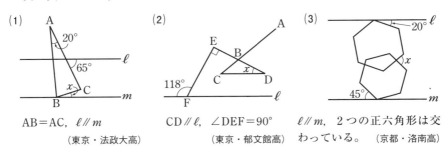

(1) AB＝AC, $\ell /\!/ m$

(東京・法政大高)

(2) CD$/\!/ \ell$, ∠DEF＝90°

(東京・郁文館高)

(3) $\ell /\!/ m$, 2 つの正六角形は交わっている。 (京都・洛南高)

着眼
79 (1), (4)は頂点を通る ℓ, m に平行な補助線を引いて，錯角，同位角を利用する。
81 (3) ℓ, m に平行な補助線の他に，線分の延長線を引いて図形をつくる。

*82 [多角形の角] <頻出

次の各図において，∠xの大きさを求めなさい。

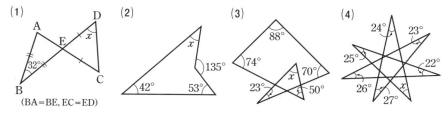

(BA＝BE，EC＝ED)

((1)大阪桐蔭高，(2)東京・明治学院高，(3)京都・洛南高，(4)千葉・日本大習志野高)

**83 [重なり図形の角を求める]

(1) △ABCを右の図の矢印のように頂点Bを中心に23°回転したら△A′BC′となった。ABとA′C′との交点をDとするとき∠A′DB＝105°であるという。∠Aの大きさを求めよ。 (東京・青山学院高)

(2) 右の図のように，1つの平面上に平行四辺形ABCDと長方形BEFGがある。辺ADと辺EFの交点をHとする。∠ABE＝41°，∠DHE＝69°のとき，∠BCDの大きさを求めよ。 (広島県)

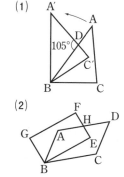
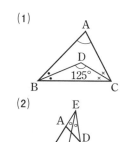

**84 [内角の二等分線] <頻出

(1) 右の図のように，△ABCの∠Bと∠Cの二等分線の交点をDとする。∠BDC＝125°のとき，∠Aの大きさを求めよ。 (千葉・和洋国府台女子高)

(2) 右の図のような四角形ABCDにおいて，BAとCDの延長の交点をE，ADとBCの延長の交点をFとし，∠BEC，∠AFBの二等分線の交点をGとする。∠DAB＝70°，∠BCD＝80°のとき，∠EGFの大きさを求めよ。 (東京・巣鴨高)

(3) 右の図で，平行四辺形ABCDの∠A，∠Dの二等分線と辺BCの交点をそれぞれE，Fとする。AB＝6.5cm，AD＝10cmのとき，EFの長さを求めよ。 (長野県)

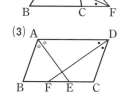

★★★85 [外角の二等分線]

次の □ をうめなさい。 (茨城・土浦日本大高)

(1) △ABC において，∠B＝44°，∠C＝56° であり，∠B
と ∠C の二等分線の交点を O，∠B と ∠C の外角の二
等分線の交点を A′ とする。このとき
∠BOC＝□ア□°，∠BA′C＝□イ□° である。

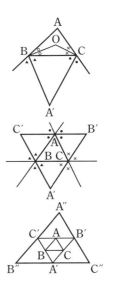

(2) 図のように △ABC の 3 頂点の外角の二等分線でつく
った三角形を △A′B′C′ とする。このとき
∠A′＝□ウ□°－□エ□×∠A である。
さらに，△A′B′C′ の 3 頂点の外角の二等分線でつく
った三角形を △A″B″C″ とする。このとき
∠A″＝□オ□°＋□カ□×∠A である。

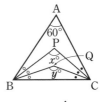

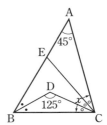

★★86 [角の三等分線]

次の問いに答えなさい。 (山梨・駿台甲府高 改)

(1) 右の図のような ∠A＝60° の △ABC がある。
∠B の三等分線と ∠C の三等分線の交点を頂点 A
に近い方から P，Q とおく。
∠BPC＝x°，∠BQC＝y° とするとき，x，y の値
をそれぞれ求めよ。

(2) 右の図のような △ABC において，∠ABC の二
等分線と，∠ACB の三等分線のうち，辺 BC に
近い方の半直線との交点を D とする。また，
∠ACB の三等分線のうち，辺 AC に近い方の半
直線と辺 AB の交点を E とする。∠BAC＝45°，
∠BDC＝125° のとき，∠ACB＝∠x とおく。∠x
の大きさを求めよ。

着眼
86 (2) ∠DBC＝∠a，∠DCB＝∠b とおく。

★★87 ［円周上に頂点がある図形］

右図のように，円周上に9個の点をとり，1つおきに線分で結ぶとき，

$$\angle a+\angle b+\angle c+\angle d+\angle e+\angle f+\angle g+\angle h+\angle i$$
$$=\boxed{ア}\boxed{イ}\boxed{ウ}\ 度$$

である。

（千葉・日大習志野高）

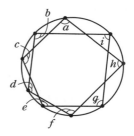

★★88 ［二等辺三角形と外角］ ◀頻出

次の問いに答えなさい。

(1) 右の図で，△ABC は，∠ABC＝90°の直角三角形である。辺 BC 上に点 D，辺 AC 上に点 E をとり，点 A と点 D，点 D と点 E をそれぞれ結ぶ。

∠BAD＝∠CAD

AD＝DE＝EC

のとき，∠ACB の大きさは何度か。

（東京・国立高）

(2) 右の図で，点 A，C は線分 OX 上，点 B，D は線分 OY 上にあり，OA＝AB＝BC＝CD である。∠XOY の大きさを $a°$ とするとき，∠XCD の大きさを a を用いて表せ。 （秋田県）

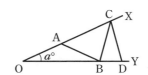

🔺▶(3) 右の図において，AB＝AC，CE＝CF とする。このとき，d を a を用いて表すと，$d=\boxed{ア}$ となる。さらに，FB＝FD であるとすると，a の値は $\boxed{イ}$ である。 （愛媛・愛光高）

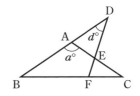

着眼

87 求める角度と9個の三角形の関係を見つけることがポイントになる。

88 二等辺三角形の底角は等しい。よって頂角の外角は底角の2倍である。

| 第 **5** 回 | **実力テスト** | 時間 **30** 分 合格点 **70** 点 | 得点 ／ 100 |

解答 別冊 *p. 58*

1 次の問いに答えなさい。   ((1), (2)各7点×2, (3)各7点×2)

(1) 右の図で，2直線 ℓ，m は平行である。このとき，∠a の大きさを求めよ。   (秋田県)

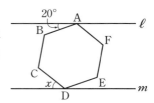

(2) 右の図のように，正六角形 ABCDEF の頂点 A，D が平行な2直線 ℓ，m 上にあるとき，∠x の大きさを求めよ。   (和歌山県)

(3) 右の図において，∠x，∠y の大きさを求めよ。   (神奈川・法政大女子高)

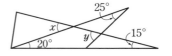

2 次の問いに答えなさい。   (各8点×3)

(1) 右の図で，∠ABC＝40°，DB＝DC＝AC である。このとき，∠x の大きさは何度か求めよ。   (鹿児島県)

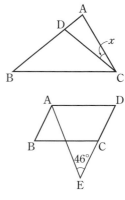

(2) 右の図のように，平行四辺形 ABCD がある。辺 DC の延長上に点 E を ∠AED＝46° となるようにとったら，∠BAE＝$\frac{2}{5}$∠BAD となった。このとき，∠ADC の大きさを求めよ。   (東京・城北高)

(3) 右の図で，四角形 ABCD はひし形，E は辺 DC 上の点で，AD＝AE である。
∠DAE＝40° のとき，∠ABE の大きさは何度か。   (愛知県)

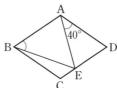

3 右の図のような正五角形 ABCDE がある。線分 AD と線分 BE との交点を F とするとき、∠EFD の大きさを求めなさい。 (茨城県) （8点）

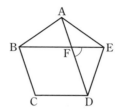

4 次の問いに答えなさい。 （各8点×3）

(1) 右の図の ∠x の大きさを求めよ。ただし、BD，CE はそれぞれ ∠ABC，∠ACB の二等分線である。 (京都・洛南高)

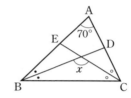

(2) 右の図において、四角形 ABCD は長方形であり、BD＝BE，∠EFC＝92° である。このとき、∠ADE の大きさを求めよ。 (長崎・青雲高)

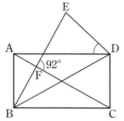

(3) 右の図のような、△ABC と △DEB があり、∠BAC＝∠EDB，∠ABC＝∠DEB である。また、辺 AB と辺 DE との交点を F，辺 AC と辺 DE との交点を G，辺 AC と辺 BD との交点を H とする。∠ACB＝80°，∠DEB＝62°，∠ABD＝26° であるとき、∠AGF の大きさを求めよ。 (岡山県)

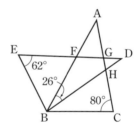

5 右の図のように、2つの合同な正方形を重ねると、それらの重なった部分は1辺の長さが4cm の正八角形になった。このとき、次の問いに答えなさい。 (三重県 改) （各8点×2）

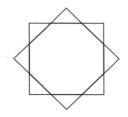

(1) この正八角形の1つの内角の大きさを求めよ。

(2) 正八角形のまわりの8個の直角二等辺三角形の面積の和を求めよ。

6 三角形の合同

解答 別冊 *p. 59*

*89 [三角形の合同] < 頻出

　△ABC，△DEF に合同な三角形とその合同条件を答えなさい。ただし，記号は対応順に記すこと。

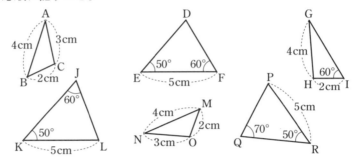

*90 [三角形の合同条件]

　△ABC と △DEF において，∠B＝∠E，BC＝EF，AC＝DF が成り立っても，△ABC と △DEF は合同になるとは限らない。∠B＝40°，BC＝6cm，AC＝4cm とするとき，上の条件を満たしていて，合同ではない △DEF を図示しなさい。

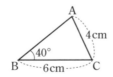

───────────────────────

(着)(眼)
89 3つの合同条件のどれにあてはまるか吟味する。見た目で判断しない。
90 条件から 2 通りの △DEF が作図できる。

91 [直角三角形の合同条件]

右の図のように，正方形 ABCD を AD の中点 M と頂点 C を結ぶ線を折り目として折り返し，頂点 D が移る点を E とする。ME の延長と AB の交点を F とするとき，△FBC と △FEC は合同になる。

このときの合同条件を次の 5 つの中から選び，記号で答えなさい。　　　　　　　　(東京・日本大豊山高)

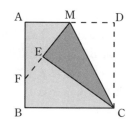

ア 3 組の辺の長さがそれぞれ等しい。

イ 2 組の辺とその間の角がそれぞれ等しい。

ウ 1 組の辺とその両端の角がそれぞれ等しい。

エ 直角三角形の斜辺と他の 1 辺がそれぞれ等しい。

オ 直角三角形の斜辺と 1 つの鋭角がそれぞれ等しい。

92 [合同図形と角度]

右の図において，△ABC≡△BED である。点 C は辺 BD 上の点であり，辺 AC と辺 BE との交点を F とする。

∠ABF＝32°，∠CFE＝122° のとき，∠FCD の大きさを求めなさい。　　　　　　　(静岡県)

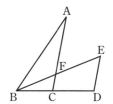

93 [三角形の合同条件の利用]

右の図で線分 AB と CD は点 O で交わり，AO＝CO，BO＝DO ならば，AD＝CB であることを次のように証明した。□をうめなさい。エには，合同条件を書きなさい。

△OAD と △OCB において

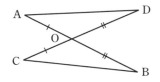

$$\begin{cases} AO＝CO \\ \boxed{ア}＝\boxed{イ} \\ ∠AOD＝\boxed{ウ} \end{cases}$$

エ

よって　△OAD≡△OCB　　ゆえに　AD＝CB

91 直角三角形の合同条件は，直角三角形でのみ成り立つ特例だが，直角三角形においても，一般の合同条件を適用することができる。

★★★ **94** ［二等辺三角形の性質］

右の図のように，∠BAC＝90°，BC＝4cm
である直角二等辺三角形 ABC と，点 A を通
り辺 BC に平行な直線 ℓ がある。

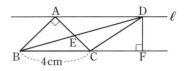

いま，直線 ℓ 上で点 A の右側に BC＝CD
となるような点 D をとり，辺 AC と線分 BD の交点を E とする。また，点 D
から辺 BC の延長線に垂線を引き，その交点を F とする。

このとき，次の問いに答えなさい。

（岩手県）

(1) 線分 DF の長さを求めよ。

⊕▶(2) ∠AED の大きさを求めよ。

★★ **95** ［座標平面上での合同の利用］ ◁ 頻出

次の問いに答えなさい。

(1) 右の図の △ABC は，∠ABC＝90° の直角二
等辺三角形である。点 A の座標が (2, 3)，点
B の座標が (8, 5) であるとき，次の問いに答え
よ。
（東京・専修大附高）

① △ABC の面積 S を求めよ。

② 点 A を通り，△ABC の面積を 2 等分する
直線の方程式を求めよ。

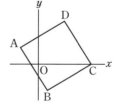

(2) 右の図のように，正方形 ABCD があり，A(−2, 2)，
C(6, 0) のとき，点 B，D の座標を求めよ。

（大阪星光学院高）

─────────────────────────────

着眼

94 二等辺三角形の頂角の二等分線は底辺を垂直に 2 等分する。正三角形も二等辺三
角形の性質を有している。

95 (1) 頂点 B を通って y 軸に平行な直線を引き，その直線に頂点 A，C から垂線を
引く。

★96 ［合同な図形の発見と角度問題］ ◁頻出

次の問いに答えなさい。

(1)　右の図において，△ABC，△ECD はとも
に正三角形であり，B，C，D は同一直線上
にある。AD と BE の交点を P とする。

　①　△BCE と合同な三角形を答えよ。ただ
し，各頂点を対応順に表すこと。

　②　∠BPD の大きさを求めよ。

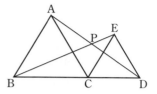

(2)　右の図のように，正方形 ABCD の対角線 AC
の延長上に点 E をとり，DE を 1 辺とする正方形
DEFG をつくる。　　　　　　　　　　（岐阜県改）

　①　△AED と合同な三角形を答えよ。

　②　∠DCG の大きさを求めよ。

　③　AC＝$a$cm，AC＝CE のとき，△CEG の面積
を a を用いて表せ。

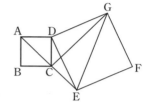

★97 ［線分の回転と合同］

　右の図のように，長さ 8cm の線分 AB を，
∠BAP＝90°，AP＝6cm，BP＝10cm となる点 P を
中心として，左まわりに 90° 回転する。線分 AB が
動いたかげをつけた部分の面積を求めなさい。ただ
し，円周率は π とする。

（東京電機大高改）

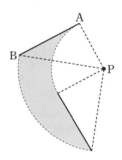

着眼
96 (1)　②　∠BPD＝∠BAP＋∠ABP である。
97 合同な図形の面積が等しいことをうまく利用する。

解答 別冊 *p. 63*

1 右の図の2つの六角形㋐と ㋑は合同な図形で，㋐の辺 BC は㋑の辺 UP に対応している。 このとき，次の問いに答えなさい。 （5点×2）

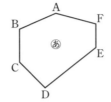 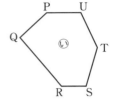

(1) ∠A に対する角は，六角形㋑の どの角か。

(2) 辺 QR に対する辺は，六角形㋐のどの辺か。

2 右の図で，合同な三角 形を2組選び，その合 同条件を答えなさい。

（各5点×2）

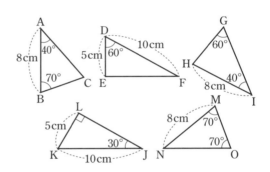

3 △ABC と △DEF が次の条件を満たすとき，△ABC と △DEF は合同で あるといえるか。いえるときは○をつけ，その合同条件を答えなさい。 また，合同とはいえないときは×をつけなさい。 （各5点×8）

(1) AB＝DE，BC＝EF，AC＝DF

(2) ∠A＝∠D，∠B＝∠E，∠C＝∠F

(3) ∠A＝∠D，∠C＝∠F，AB＝DE

(4) ∠A＝∠D＝90°，BC＝EF，AC＝DF

(5) ∠A＝∠D＝90°，∠B＝∠E，AB＝DE

(6) ∠A＝∠D，AB＝DE，BC＝EF

(7) ∠A＝∠D＝90°，∠B＝∠E，BC＝EF

(8) ∠A＝∠D＝90°，AB＝DE，AC＝DF

4 次の問いに答えなさい。

(各 8 点 × 2)

(1) 右の図で，△ABC は AB＝AC の二等辺三
角形で，△ABC≡△ADE である。
辺 AC と辺 DE の交点を F とし，∠BAD＝38°，
∠ABC＝63° のとき，∠AFD の大きさを求め
よ。 (愛知県)

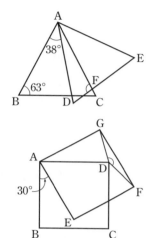

(2) 右の図のように，正方形 ABCD を点 A を
中心に 30° 回転させ，正方形 AEFG をつく
った。G と D，F と D をそれぞれ結ぶとき，
∠GDF の大きさを求めよ。 (東京・専修大附高)

5 次の問いに答えなさい。

(各 8 点 × 3 (1)②完答)

(1) 原点を O とし，$a>0$ とする。直線 $\ell : y=ax$
上の x 座標が 1 の点を A とする。点 A を通り ℓ
に垂直な直線と y 軸との交点を B とし，正方形
ABCD をつくる。このとき，次の問いに答えよ。
ただし，点 C，D の x 座標は正の数とする。

(東京・お茶の水女子大附高改)

① 直線 AB の式を a を用いて表せ。

② 直線 CD と x 軸，y 軸との交点をそれぞれ E，F とする。
△OAB≡△BCF のとき，点 E，F の座標をそれぞれ求めよ。

(2) 右の図のように，点 O を原点とする座標平面
上に 2 点 A(6，0)，B(6，4) がある。いま，線分
OB を 1 辺とする正方形 OBPQ をつくる。2 点 O，
P を通る直線の式を求めよ。

(滋賀県改)

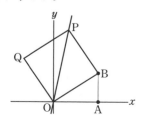

7 図形の論証

解答 別冊 *p. 65*

*98 [論証の準備①] **＜頻出**

右の図で，△ABC の辺 BC の中点を M とし，点
B を通り辺 AC に平行な直線と直線 AM との交点を
D とするとき，△BDM ≡ △CAM を示すことにより，
BD＝CA を示しなさい。 (東京都改)

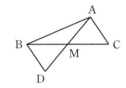

*99 [論証の準備②] **＜頻出**

右の図のように，正方形 ABCD がある。点 P は，
線分 AB 上を点 A から点 B まで矢印の方向に動く
ものとする。線分 BC の延長線上に，△DAP ≡ △DCQ
となるような点 Q をとる。また，∠PDC の二等分
線が，辺 BC と交わる点を R とする。これについて，
次の(1)，(2)の問いに答えなさい。 (広島県改)

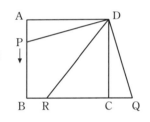

(1) ∠ADP の大きさを $x°$，∠DRC の大きさを $y°$ とするとき，y を x の式で表
せ。

(2) △QDR は，二等辺三角形であることを示せ。

100 [論証の準備③] **＜頻出

太郎君は下の図の ∠XOY の二等分線を次の方法で作図した。

まず，点 O を中心とする円をかき，OX，
OY との交点を，それぞれ A，B とする。
次に，2 点 A，B をそれぞれ中心として，
等しい半径の円をかき，その交点の 1 つを P
とし，直線 OP を引く。

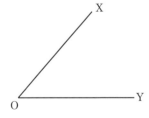

このとき，次の(1)，(2)の問いに答えなさい。 (宮崎県)

(1) 太郎君の方法で，右の図の ∠XOY の二等分線を作図せよ。ただし，作図
に用いた線は消さずに残しておき，点 A，B，P もかき入れること。

(2) 直線 OP が ∠XOY の二等分線であることを示せ。

★**101** ［二等辺三角形の性質を論証する］ ◀頻出

次の問いに答えなさい。

(1)　「AB＝AC である二等辺三角形の底角 ∠B と ∠C
は等しい。」，および「頂角 ∠BAC の二等分線 AD は
BC を垂直に 2 等分する。」ことを次のように説明し
た。□をうめよ。ウは，あてはまる合同条件を書
け。

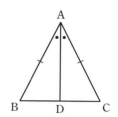

　　　△ABD と △ACD において

　　　　AB＝AC, ∠DAB＝ ア , AD は イ

　よって　△ABD≡△ACD(ウ)
　ゆえに　∠B＝ エ …①
　　　　　BD＝ オ …②
　　　　　∠BDA＝ カ
　また　∠BDA＋ キ ＝180°

　よって　∠BDA＝ ク ＝90°
　ゆえに　AD⊥ ケ …③
　①より二等辺三角形の底角は等しい。
　②，③より頂角の二等分線は底辺を垂
　直に 2 等分する。

(2)　△ABC において，∠B＝∠C ならば AB＝AC であることを次のように説
明した。□をうめ。セは，あてはまる合同条件を書け。

　　　∠CAB の二等分線を引き，BC との交点を D とする。　…①
　　　△ABD と △ACD において

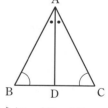

　　　　　AD は コ …②
　　　　　∠DAB＝ サ （①による）…③
　　　　　∠B＝∠C
　よって　180°－∠DAB－∠B＝180°－ シ －∠C
　ゆえに　∠ADB＝ ス …④
　②，③，④より　△ABD≡△ACD(セ)　ゆえに　AB＝AC

(3)　右の図で，ア AB＝AC，イ BD＝CD，ウ ∠BAD＝∠CAD，エ ∠B＝∠C，
オ ∠BDA＝∠CDA＝90° のとき，AD は①頂角の
二等分線，②頂点と底辺の中点を結ぶ直線，③頂
点から底辺に引いた垂線，④底辺の垂直二等分線
のいずれであるともいえる。①～④は上のどれか
らいえるか，ア～オの中から最も適するものを選
べ。

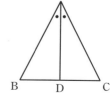

99 (2)　∠QDR＝∠QRD を示す。
100 (2)　2 つの三角形の合同から ∠AOP＝∠BOP を示す。

*102 [証明のしかた] ◀頻出

右の図のように，正三角形 ABC の外側に，
∠D＝90° の直角二等辺三角形 ADB をつくる。こ
のとき，△ACD≡△BCD であることを，次の合
同条件を使って証明しなさい。　　　　（宮城県 改）

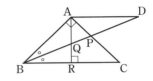

(1)　3組の辺がそれぞれ等しい。

(2)　2組の辺とその間の角がそれぞれ等しい。

**103 [証明の工夫]

右の図のように，∠A＝90° の直角三角形 ABC
がある。∠B の二等分線上に，AD∥BC となる点
D をとり，BD と AC の交点を P とする。また，
A から辺 BC に垂線 AR を引き，AR と BD の交
点を Q とする。次の問いに答えなさい。　（島根県）

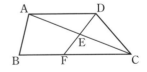

(1)　△ABD が，AB＝AD の二等辺三角形であることを証明せよ。

(2)　△ABQ≡△ADP であることを証明せよ。

*104 [証明のポイント①平行線と錯角] ◀頻出

右の図のように，AD∥BC の四角形 ABCD が
ある。対角線 AC の中点を E とし，点 D と E を
結び，その延長と辺 BC との交点を F とする。

ただし，BC＞AD とする。

△AED≡△CEF であることを証明しなさい。

（富山県）

着眼　**102** 証明はまず根拠を示し，記号を使って，論理的に記述する。合同条件は明記し，
　　　結論を必ず書くこと。

　　　103 (2)の証明は，(1)の証明の結果を使ってかまわない。

★★ *105* ［証明のポイント②正三角形］ <頻出

右の図のような，正三角形 ABC がある。BC の
延長上に点 D をとり，線分 AD 上に AB∥EC とな
るように，点 E をとる。また，辺 AC 上に CE＝CF
となるように点 F をとり，点 B と結ぶ。このとき，
△BCF≡△ACE であることを証明しなさい。

（高知県）

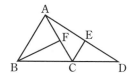

★★ *106* ［証明のポイント③直角二等辺三角形］ <頻出

右の図のような，∠BAC＝45° の △ABC におい
て，2 点 A，B から対辺にそれぞれ垂線 AD，BE を
引き，AD と BE の交点を F とする。
このとき，△AFE≡△BCE であることを証明し
なさい。

（佐賀県）

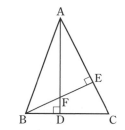

★★ *107* ［折り返し図形と合同］ <頻出

次の問いに答えなさい。

(1) 右の図は，長方形の紙 ABCD を AC で折り曲
げたものである。点 B の移った点を E とし，AD
と CE の交点を F とする。 （石川県）

　① ∠ACE＝∠a のとき，∠CFD の大きさを∠a
　を用いて表せ。

　② 点 D と点 E を結んだとき，∠FDE＝∠FED であることを証明せよ。

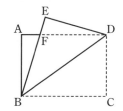

(2) 右の図のように，AB＜AD の長方形 ABCD を，
対角線 BD を折り目として折り返し，頂点 C が
移った点を E，AD と BE の交点を F とする。こ
のとき，△FAB≡△FED を証明せよ。

（和歌山県）

着眼

　105 正三角形の 1 つの内角はどれも **60°** であることを利用する。

　106 直角二等辺三角形は 2 辺，2 角が等しく，直角を有する図形なので証明にはよく
　用いられる。直角二等辺三角形のもつ性質はすべて「仮定」として利用できる。

★★108 [回転移動と合同]

右の図のように，正方形 ABCD を点 A を中心に時計回りに 30° 回転させて正方形 AB′C′D′ をつくる。BB′＝BC′ となることを証明しなさい。

(兵庫・関西学院高等部)

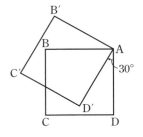

★★109 [2 組の辺とその間の角型の合同証明] ◄ 頻出

次の問いに答えなさい。

(1) 右の図のように，2 つの正三角形 ABC，CDE がある。頂点 A，D を結んで △ACD をつくり，頂点 B，E を結んで △BCE をつくる。このとき，△ACD≡△BCE であることを証明せよ。

(新潟県)

(2) 右の図のように，正方形 ABCD と正方形 CEFG が，頂点 C を共有して一部が重なった位置にある。このとき，BG＝DE となることを証明せよ。

(岩手県)

(3) 右の図のように，線分 AB 上に点 C をとり，線分 AC を 1 辺とする正六角形 ACDEFG と線分 CB を 1 辺とする正六角形 CBHIJK をつくる。さらに，A と K，B と D を結び，△ACK と △DCB をつくる。このとき，△ACK と △DCB が合同になることを証明せよ。

(青森県)

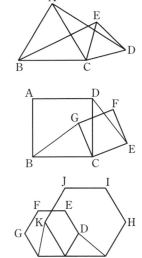

★★*110* ［合同を利用した証明］

右の図の △ABC において，∠ABC の大きさは ∠ACB の大きさの 2 倍である。∠ABC の二等分線に頂点 A から垂線を引き，交点を D とすると，AC＝2BD となる。

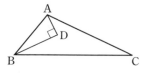

下の □ の中には，AC＝2BD の証明を途中まで示してある。

（証明）　辺 BC 上に，AB＝AE となる点 E をとる。
さらに，点 E から辺 AC に垂線を引き，
交点を F とする。
△ECF と △EAF において，
仮定から，　∠ABE＝2∠ACE
△ABE は二等辺三角形であるから，
　　　　　　∠ABE＝∠AEB　　　　　　…… ①
したがって，∠AEB＝2∠ACE　　　　　…… ②
よって，　　∠ACE＝ (a) 　　　　　　…… ③
③から，△ECA は 2 角が等しい三角形より，
　　　　　　EC＝EA　　　　　　　　…… ④
　　　　　　∠EFC＝∠EFA＝90°　　　…… ⑤
③，④，⑤から， (b) ので
　　　　　　△ECF≡△EAF
よって，　　FC＝FA　　　　　　　　…… ⑥
（続く）

（千葉県）

(1) □ の中の (a) ， (b) の中に入る最も適当なものを，(a)は下の A 群の中から，(b)は下の B 群の中から，それぞれ 1 つずつ選び，記号で答えよ。

A 群	B 群
ア　∠CAE	ア　3 組の辺がそれぞれ等しい
イ　∠AEC	イ　2 組の辺とその間の角がそれぞれ等しい
ウ　∠CAB	ウ　1 組の辺とその両端の角がそれぞれ等しい
エ　∠AEF	エ　直角三角形の斜辺と 1 つの鋭角がそれぞれ等しい
	オ　直角三角形の斜辺と他の 1 辺がそれぞれ等しい

(2) □ の中の証明の続きを書き，証明を完成させよ。

ただし，□ の中の①〜⑥に示されている関係を使う場合，番号の①〜⑥を用いてもかまわないものとする。

着眼
110 (2) △ABD≡△EAF を証明する。

★★*111* ［作図と証明］

右の図は，直線 XY 上にない点 P から，XY への垂線を引く作図のしかたを示したものである。これについて，次の問いに答えなさい。

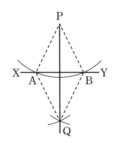

⑴　作図のしかたを説明せよ。

⑵　直線 PQ は XY への垂線であることを証明せよ。

★★*112* ［合同条件を使わない証明①・角の二等分線］

右の図のように，AB＝AC，AB＞BC である二等辺三角形 ABC がある。頂点 C を中心として，辺 BC が辺 AC と重なるまで △ABC を回転させてつくった三角形を △DEC とする。また，頂点 B と点 E を結んだ線分 BE の延長上に点 F をとる。このとき，∠AEF＝∠DEF であることを証明しなさい。

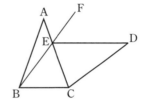

(新潟県)

★★*113* ［合同条件を使わない証明②・二等辺三角形］

右の図は長方形 ABCD を対角線 AC で折り返した図である。BC と AD の交点を E とし，AE，CE の中点をそれぞれ F，G とする。また，AE，CE の垂直二等分線が AC と交わる点をそれぞれ M，N とする。次の問いに答えなさい。

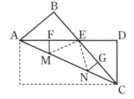

(兵庫・関西学院高)

⑴　AE＝EC であることを証明せよ。

🔴⑵　△EMN が二等辺三角形であることを証明せよ。

着眼
111 三角形の合同から証明する。
112 ∠ACB＝∠DEC より BC∥ED がいえる。
113 ⑵　△AME と △CNE は，ともに二等辺三角形である。

★★114 [証明する図形を自分で選ぶ]

∠ABC＝90°，∠CAB＝60° の直角三角形
ABC がある。右の図のように，辺 AC 上に
∠BDA＝90° となる点 D をとる。線分 AD 上に
∠ABE＝∠DBE となる点 E，線分 CD 上に
∠CBF＝∠DBF となる点 F をとる。また，辺

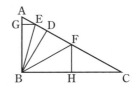

AB 上に ∠EGB＝90° となる点 G，辺 BC 上に ∠FHB＝90° となる点 H をとる。
　右の図において，合同な三角形を 1 組選び，その 2 つの三角形が合同であることを証明しなさい。 (福岡県)

★★★115 [二等辺三角形に着目する]

右の図で，△ABC は ∠ACB＝90° の直角三角形である。

△ADE は，△ABC を，頂点 A を中心に回転させたものである。

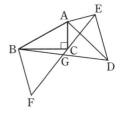

直線 CE 上に，点 F を BC＝BF となるようにとる。

直線 BD と直線 EF との交点を G とするとき，
EG＝FG となることを証明しなさい。 (群馬県)

★★116 [補助線を引く]

右の図において，四角形 ABCD は正方形であり，
点 P は辺 BC 上の点である。

∠BAP の二等分線が辺 BC と交わる点が Q，AP の
延長と DC の延長との交点が R である。このとき，
BQ＋DR＝AR となることを証明しなさい。

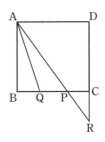

(兵庫・灘高)

着眼
　114 3 組の合同な三角形がある。
　115 △ACE，△BFC はともに二等辺三角形で，∠BCF＝90°−∠ACE である。
　116 RD の延長上に DS＝BQ となる点 S をとる。

74

第**7**回	**実力テスト**	時間**50**分 合格点**70**点	得点 ／100

解答 別冊 *p. 70*

1 右の図のように，正方形 ABCD と辺 CB の延長線上に EB＜AB である点 E がある。辺 BC 上に AE＝EF となる点 F，辺 CD 上に AE＝AG となる点 G をとり，点 G から線分 AF へ垂線 GH を引く。

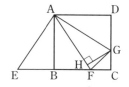

（三重県）（各10点×2　(1)完答）

(1)　△AEB≡△AGD であることの証明を，次の ア と イ に適切なことがらを書き入れて完成せよ。

> （証明）　△AEB と △AGD において，
> 条件より，　AE＝AG　…①
> また，四角形 ABCD が正方形だから，
> 　 ア 　…②
> ∠EBA＝∠GDA＝90°　…③
> ①，②，③から，直角三角形の イ がそれぞれ等しいから，
> △AEB≡△AGD

(2)　∠AGH＝∠AFB であることを証明せよ。

2 右の図の ∠B＝90° の直角三角形 ABC で，点 P，R はそれぞれ辺 AB，BC 上の点である。また，点 M は辺 AC，および線分 PQ の中点であり，線分 MR は線分 PQ に垂直である。このとき，△CQR が直角三角形であることを証明しなさい。

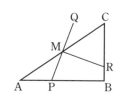

（神奈川・日本女子大附高改）（10点）

3 右の図のように，△ABC の 2 辺 AB，AC をそれぞれ 1 辺とする正方形 ADEB，ACFG を △ABC の外側につくる。このとき，△ABG≡△ADC であることを証明しなさい。ただし，∠BAC は 90° より小さいものとする。

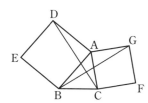

（新潟県）（10点）

4 次の問いに答えなさい。 (各10点×2)

(1) 三角形の内角の和が180° であることを右の図を用いて証明せよ。

(2) 多角形の外角の和が360° であることを証明したい。右の図を用いて五角形の場合について証明せよ。

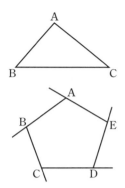

5 右の図のように ∠BAC＝45° の △ABC がある。頂点 A から辺 BC に垂線 AD を引き，頂点 B から辺 AC に垂線 BE を引く。また，線分 AD と BE の交点を F とする。

BC＝13cm，CE＝5cm，BE＝12cm のとき，線分 FD の長さを求めなさい。 (10点)

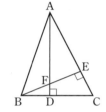

6 右の図の四角形 ABCD は，AB＝4cm，AD＝6cm の長方形である。点 E は辺 AB の中点，点 F は辺 AD 上にあり，AF＝4cm とする。

点 E と点 F，点 E と頂点 C をそれぞれ結ぶ。∠AEF＝∠a，∠BCE＝∠b とする。∠a−∠b の大きさを求めなさい。

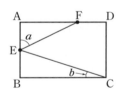

(東京・八王子東高) (10点)

7 右の図は，鋭角三角形 ABC の外側に直角二等辺三角形 ABE，ACD をかいたもので，∠BAE＝∠CAD＝90° である。BD と CE の交点を F とする。BD⊥CE であることを証明しなさい。

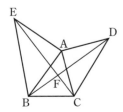

(兵庫・甲陽学院高) (20点)

8 いろいろな四角形

解答 別冊 *p. 72*

*117 [平行四辺形の性質] ＜頻出

右の図のような平行四辺形 ABCD がある。対
角線 AC と BD の交点を O とする。
「平行四辺形の性質」を 4 つ,「平行四辺形にな
るための条件」を 5 つ, 記号を用いて等式で表し
なさい。

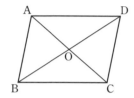

*118 [特別な平行四辺形] ＜頻出

右の図のような平行四辺形 ABCD がある。この平
行四辺形は, ある条件が 1 つ成り立てば, 長方形やひ
し形となる。

この条件として適するものを, 次のア～オの中から
長方形について 2 つ, ひし形について 3 つ選び, 記号で答えなさい。

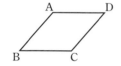

　ア　AB＝BC　　　　イ　AC＝BD　　　　ウ　AC⊥BD

　エ　∠A＋∠C＝180°　　オ　∠BAC＝∠DAC

(山口県改)

*119 [二等辺三角形を見つける]

右の図で, 四角形 ABCD は平行四辺形であり, 対
角線の交点を O とする。

辺 BC 上に点 E, F があって, AO＝EO, OF∥DC
である。

∠CAD＝35°, ∠ACD＝70° のとき, ∠EOF の大き
さを求めなさい。

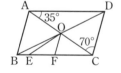

(千葉県)

着眼

117 「平行四辺形の性質」はその四角形が平行四辺形であることが仮定された場合,
結論として言えることであり,「平行四辺形になるための条件」はその四角形にど
ういう条件が仮定されれば, 結論としてその四角形が平行四辺形と言えるかを述
べたものである。

*120 ［平行四辺形の性質の証明］ ◀頻出

平行四辺形の性質「平行四辺形では，2 組の対辺はそれぞれ等しい」を証明するには，
四角形 ABCD において，AB∥DC，AD∥BC ならば，
AB＝DC，AD＝BC であることを示せばよい。
四角形 ABCD の対角線 AC を引いて証明しなさい。

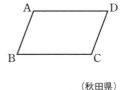

（秋田県）

*121 ［平行四辺形の性質を用いた証明］ ◀頻出

平行四辺形 ABCD で，対角線の交点 O を通る直線と 2 辺 AB，CD がそれぞれ P，Q で交わるとき，OP＝OQ であることを証明しなさい。　（愛知県 改）

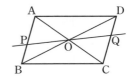

*122 ［平行四辺形であることの証明］ ◀頻出

平行四辺形 ABCD の頂点 A，C から BD にそれぞれ垂線 AP，CQ を引くと，四角形 APCQ は平行四辺形となることを次のように証明した。
　ア 〜 シ にあてはまる記号や語句を答えなさい。

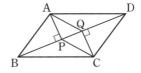

（証明）　△ABP と △ ア において
仮定より，∠ イ ＝∠ ウ ＝90°　…①
AB∥CD より， エ は等しいから，∠ オ ＝∠ カ 　…②
平行四辺形の キ は等しいから， ク ＝ ケ 　…③
①，②，③より，直角三角形において斜辺と 1 つの鋭角がそれぞれ等しいから，
△ABP≡△ ア
よって，対応する辺の長さは等しいから， コ ＝ サ 　…④
①より エ が等しいから， コ ∥ サ 　…⑤
④，⑤より コ　　サ から，四角形 APCQ は平行四辺形である。

着眼
　120　平行四辺形の定義 AB∥DC，AD∥BC を用いて △ABC≡△CDA を証明する。
　122　四角形 ABCD が平行四辺形であることを利用して，四角形 APCQ が平行四辺形であることを証明する。

*123 ［平行四辺形になるための条件①］ ◄頻出

平行四辺形 ABCD において，頂点 A と BC 上の１点
E を結び，辺 AD 上に ∠AEB＝∠CFD となる点 F をと
った。このとき，四角形 AECF は平行四辺形になるこ
とを証明しなさい。

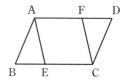

*124 ［平行四辺形になるための条件②］ ◄頻出

次の問いに答えなさい。

(1) 四角形 ABCD において，AB＝CD，BC＝DA ならば，この四角形は平行
四辺形であることを証明せよ。

(2) 右の図のように，平行四辺形 ABCD の各辺上に点
E，F，G，H を，AE＝CG，BF＝DH となるようにと
るとき，四角形 EFGH は平行四辺形となることを，
上の(1)を使って証明せよ。

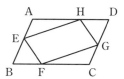

*125 ［平行四辺形になるための条件③］ ◄頻出

四角形 ABCD において，∠A＝∠C，∠B＝∠D なら
ば，この四角形は平行四辺形である。これを次のように
証明した。□ に適する記号やことばを入れなさい。
ただし，点 E は AB の延長上の点である。

(証明) 仮定の ∠A＝∠C，∠B＝∠D を，四角形の内
角の和の条件 ∠A＋∠B＋∠C＋∠D＝ ［ ア ］ に代入して
整理すると

∠A＋∠B＝ ［ イ ］

また，∠CBE＋∠ ［ ウ ］ ＝ ［ エ ］

よって，∠A＝∠ ［ オ ］ で， ［ カ ］ が等しいから ［ キ ］ ∥ ［ ク ］

同様に， ［ ケ ］ ∥ ［ コ ］ がいえるので，四角形 ABCD は平行四辺形である。

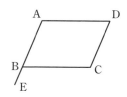

─────────────────────────────

(着)(眼)

123 四角形が平行四辺形であることをいうには，２組の対辺が平行であること(定義)
をいえばよい。

124 ２組の対辺がそれぞれ等しい四角形は平行四辺形である。(1)はこれの証明。

125 ２組の対角がそれぞれ等しい四角形は平行四辺形である。

*126 ［平行四辺形になるための条件④］ ◁頻出

次の問いに答えなさい。

(1)　四角形 ABCD の対角線 AC，BD の交点を O とするとき，AO＝CO，BO＝DO ならば，この四角形は平行四辺形になることを証明せよ。

(2)　平行四辺形 ABCD の対角線の交点を O とし，O を通る直線が辺 AD，BC と交わる点をそれぞれ E，F とするとき，四角形 AFCE は平行四辺形になることを証明せよ。

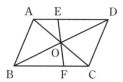

*127 ［平行四辺形になるための条件⑤］ ◁頻出

次の問いに答えなさい。

(1)　四角形 ABCD において，AD＝BC，AD∥BC ならば，この四角形は平行四辺形であることを証明せよ。

(2)　平行四辺形 ABCD の辺 DC の延長上に，DC＝CE となる点 E をとるとき，四角形 ABEC は平行四辺形となることを証明せよ。

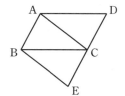

**128 ［平行四辺形に関する証明］

次の問いに答えなさい。

(1)　平行四辺形 ABCD の対角線 AC，BD 上に，それぞれ AE＝CG，BF＝DH となる点 E，G，F，H をとるとき，四角形 EFGH は平行四辺形となることを証明せよ。

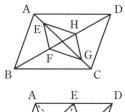

(2)　平行四辺形 ABCD の 1 組の対辺 AD，BC の中点をそれぞれ E，F とし，AF と BE の交点を P，CE と DF の交点を Q とするとき，

①　四角形 PFQE は平行四辺形であることを証明せよ。

②　AC，PQ，EF は 1 点で交わることを証明せよ。

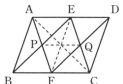

（着眼）

126 2 つの対角線がそれぞれの中点で交わる四角形は平行四辺形である。(1)はこの証明。

127 1 組の対辺が等しく，かつ平行である四角形は平行四辺形である。(1)はこの証明。

128 与えられた条件や結論を検討し，平行四辺形のどの性質を使うかを考える。

★★*129* ［いろいろな四角形の性質］

次の問いに答えなさい。

(1) 右の図のような AD∥BC である台形 ABCD におい
て，AB＝DC ならば，∠B＝∠C であることを証明せ
よ。また，このことがらの逆を述べ，それが正しいか
どうかもいえ。

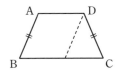

(2) 長方形，ひし形は，いずれも平行四辺形の特別なものといえる。そのわけ
をいえ。

(3) 長方形，ひし形，正方形の対角線の性質をまとめ，簡単に証明せよ。

★★*130* ［長方形になるための条件］

次の問いに答えなさい。

(1) 平行四辺形 ABCD で ∠A が直角のとき，この平行四辺形は長方形である
ことを証明せよ。

(2) 平行四辺形 ABCD で AC＝BD のとき，この平行
四辺形は長方形であることを証明せよ。

(3) ひし形 ABCD の各辺の中点を P，Q，R，S とす
るとき，四角形 PQRS はどんな四角形か。

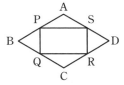

★★*131* ［ひし形になるための条件］

次の問いに答えなさい。

(1) 平行四辺形 ABCD で，AB＝BC かまたは AC⊥BD ならば，この平行四辺
形はひし形であることを証明せよ。

(2) 右の △ABC において，AD は ∠A の二等分線，
DE∥CA，DF∥BA である。このとき，四角形 AEDF
はひし形であることを証明せよ。

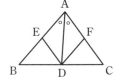

(着眼)

130 長方形であることをいうには，定義にもどるか，まず平行四辺形であることをお
さえ，1つの角が直角，または対角線の長さが等しいことをいえばよい。

131 ひし形であることをいうには，定義にもどるか，まず平行四辺形であることをお
さえ，となりあう2辺の長さが等しいか，または対角線が垂直であることをいえ
ばよい。

★★*132* ［二等辺三角形と平行四辺形］ < 頻出

右の図のような平行四辺形 ABCD がある。辺
BC 上に，AB＝AE となる点 E をとる。このとき，
線分 DE の長さは対角線 AC の長さと等しくなる
ことを証明しなさい。

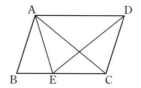

★★*133* ［正三角形と平行四辺形］

右の図のように，正三角形 ABC の辺を除く内
部に点 P をとって △PBC をつくり，△PBC の辺
PB，PC をそれぞれ 1 辺とする正三角形 QBP，
正三角形 RPC を，△PBC の外部につくる。

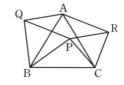

このとき，△PBC と △QBA が合同であること
が証明されれば，四角形 AQPR が平行四辺形であることは，次のように証明
できる。

```
（四角形 AQPR が平行四辺形であることの証明）
  △PBC≡△QBA      ……（※）
    よって，PC＝QA
    △RPC は正三角形だから，PC＝PR
    したがって，QA＝PR     ……(ア)
  また，（※）を証明するのと同じようにして
  △PBC≡△RAC
    よって，PB＝RA
    △QBP は正三角形だから，PB＝PQ
    したがって，RA＝PQ     ……(イ)
  (ア)と(イ)から，2 組の向かいあう辺がそれぞれ等しい
  ので，四角形 AQPR は平行四辺形である。
```

このとき，次の問いに答えなさい。

（埼玉県）

(1) △PBC と △QBA が合同であることを証明せよ。

(2) △PBC に条件をつけ加えると，四角形 AQPR は平行四辺形の特別な形に
なるときがある。そのときの四角形の名称を 1 つ答え，その四角形となるた
めに，△PBC につけ加える条件を答えよ。

着眼

132 △AEC≡△DCE を証明する。

133 (2) 特別な平行四辺形には，ひし形，長方形，正方形がある。つけ加える条件に
よりいくつかの特別な平行四辺形にすることができる。

★★**134** ［折り返し図形と平行四辺形］ ◀ 頻出

右の図は，長方形の紙 ABCD を，辺 AB，CD が
それぞれ対角線 BD と重なるように折り返したとこ
ろを示したものである。このときできた辺 AD，BC
上の折り目の端をそれぞれ E，F とし，頂点 A，C
が対角線 BD と重なった点をそれぞれ G，H とする
とき，四角形 EBFD は平行四辺形であることを証
明しなさい。　　　　　　　　　　　　　　（新潟県）

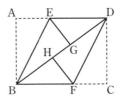

★★**135** ［台形と平行四辺形］

右の図のように，AB∥DC である四角形 ABCD
があり，辺 AD の中点を E，CE の延長と BA の延
長との交点を F とする。このとき，四角形 ACDF
は平行四辺形になることを証明しなさい。　（福島県）

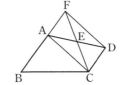

★★**136** ［正方形と平行四辺形］

右の図のように，正方形 ABCD がある。辺 BC
上に，2 点 B，C と異なる点 E をとり，点 D と点 E
を結ぶ。点 A から線分 DE に垂線を引き，その交
点を F とする。また，点 C から線分 DE に垂線を
引き，その交点を G とする。
このとき，次の問いに答えなさい。　　（香川県）

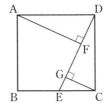

(1)　△AFD≡△DGC であることを証明せよ。

難 (2)　点 B と点 G を結ぶ。点 G を通り，線分 BG に垂直な直線を引き，線分
　　　AF との交点を H とするとき，BG＝GH であることを証明せよ。

着眼
　　134 2 組の対辺が平行になることを証明する。折り返し図形は，折り返す前の図形と
　　　　　折り返した後の図形が合同であることが仮定されていると考える。
　　136 (2) BG＝CF，CF＝GH をそれぞれ別に証明する。

★137 ［平行四辺形と会話文のある問題］

次の会話文を読んで, 後の問いに答えなさい。

田中先生：黒板の図で, H と B, B′, C, C′ を
それぞれ直線で結ぶと ∠BHB′＝∠CHC′
となります。これを証明するには, どの 2
つの三角形の合同をいえばよいですか。

春彦さん：三角形 ［ ア ］ と三角形 ［ イ ］ との合同
をいえばよいと思います。

田中先生：そうですね。では ∠BHB′＝∠CHC′
であることを証明してみてください。

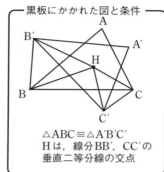

黒板にかかれた図と条件

△ABC≡△A′B′C′
H は, 線分 BB′, CC′ の
垂直二等分線の交点

(春彦さんの黒板での証明)
H が, 線分 BB′, CC′ の垂直二等分線の交点より,
　　　HB＝HB′, HC＝HC′ …①
　　　［ ウ ］＝［ エ ］ （△ABC≡△A′B′C′ より）…②
よって, ①, ②より, ［ オ ］ から, △［ ア ］≡△［ イ ］
さらに ［ 　　　カ　　　 ］
よって, ∠BHB′＝∠CHC′

田中先生：そのとおりです！ この図から, 他に気づくことはありませんか。

夏子さん：H は線分 AA′ の垂直二等分線上の点ですか？
そうだとすれば, HA＝HA′ となると思います。

(群馬県)

(1) ［ ア ］～［ エ ］にはそれぞれ適する記号を, ［ オ ］には三角形の合同条件をそ
れぞれ入れよ。また, ［ カ ］に適する式やことばを入れよ。

(2) 夏子さんの会話の, HA＝HA′ であることを証明せよ。

★★★138 ［長方形の性質を使った論証］

右の図で, 長方形 ABCD を点 A のまわりに回
転したものを長方形 AB′C′D′ とする。ただし, 点
C′ は図のように直線 BC 上にあるものとする。こ
のとき, 点 B は直線 DD′ 上にあることを示しな
さい。

(兵庫・甲陽学院高)

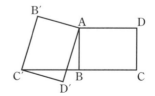

着眼
137 (2) △HAB≡△HA′B′ を証明する。
138 ∠ADD′＝∠ADB がいえれば, 3 点 D, B, D′ は同一直線上にあるといえる。

★★ **139** ［特別な平行四辺形の証明］

図のように，平行四辺形 ABCD の各頂点を通り，
∠ABE＝∠CBF，∠BCF＝∠DCG，∠CDG＝∠ADH，
∠DAH＝∠BAE となる四角形 EFGH がある。

四角形 EFGH がどんな四角形になるのかを，次
のようにして求めた。□ に最も適する数，式，
用語を入れなさい。　　　　　　　　　（東京・慶應女子高㉑）

∠ABC＝x° とする。∠ABE＝∠CBF より，∠ABE＝ ア °となる。
四角形 ABCD は平行四辺形であるので，∠BAD＝ イ °となり，
∠DAH＝∠BAE より，∠BAE＝ ウ °となる。
したがって，∠AEB＝ エ °となる。
同様にすると，∠BFC＝ オ °，∠CGD＝ カ °，
∠DHA＝ キ °となるので，四角形 EFGH は ク となる。

★★★ **140** ［平行四辺形と垂線のある図形問題］

右の図の平行四辺形 ABCD の頂点 B を通り直線
AD に垂直な直線 ℓ と，頂点 D を通り直線 AB に垂直
な直線 m との交点を O とする。また，頂点 A と ℓ，
m に関して対称な点をそれぞれ E，F とする。

「点 E と F は直線 OC に関して対称である」ことを
次のように証明した。下の □ にあてはまる式や説
明を書きなさい。　　　　　　　　　　（東京・桐朋高）

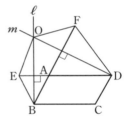

（証明）ℓ は AE の垂直二等分線であるから，OA＝OE
　　　　同様に，OA＝OF　　よって，OE＝OF　…(ア)
　　　　△EBC と △CDF において，

　　　　よって，△EBC≡△CDF が成り立つので，CE＝CF　…(イ)
　　　　(ア)，(イ)より OC は EF の垂直二等分線である。
　　　　よって，点 E と F は直線 OC に関して対称である。

★★*141* ［立体図形と図形の証明］

次の□□にあてはまる数または文字を書き入れなさい。

（東京・早稲田大高等学院）

右の図は，ある六面体の展開図と，その見取図である。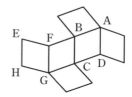

6つの面は合同なひし形で，

∠ABC＝110°

とする。

この六面体では

四角形 BDHF は長方形

である。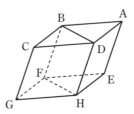

このことを証明すると，次のようになる。

辺 DH と BF は，ともに □ア□ に平行で，また長さも等しいから，四角形 BDHF は平行四辺形である。

同様に，四角形 ACGE も平行四辺形である。

次に，ひし形 ABCD の対角線 AC と BD との交点を L，ひし形 EFGH の対角線 EG と FH との交点を M とする。

△ABE と △ADE において

∠BAE＝∠DAE＝□イ□度で，

AB＝AD＝AE であるから

　　△ABE≡△ADE

したがって，BE＝DE となる。

また，BD，AC はひし形 ABCD の対角線であるから

　BD⊥□ウ□，そしてまた，BD⊥□エ□

よって，BD⊥平面□オ□である。

したがって，BD⊥LM であり，四角形 BDHF は長方形である。

着眼

139 平行四辺形の隣り合う2つの角の和は180°である。

140 △EBC≡△CDF の合同条件は，「2組の辺とその間の角がそれぞれ等しい」である。

解答 別冊 *p. 81*

1 次の問いに答えなさい。 (各10点×2)

(1) 右の図で，四角形 ABCD は平行四辺形である。点 E は BC を延長した直線上にあり，BD＝BE である。∠DAB＝112°，∠DBC＝38° であるとき，∠EDC の大きさを求めよ。 (熊本県)

(2) 右の図のように，正方形 ABCD の辺 BC 上に点 E をとり，2点 A，E を通る直線と辺 DC の延長との交点を F とする。また，AE と BD の交点を G とする。

∠BGE＝80° のとき，∠EGC の大きさを求めよ。

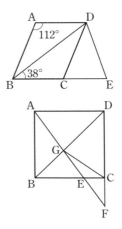

2 二等辺三角形 ABC(AB＝AC) の底辺 BC 上に点 P をとり，点 P から 2 辺 AC，AB に平行な直線を引き，AB，AC との交点をそれぞれ Q，R とすれば，PQ＋PR は一定であることを証明しなさい。

(10点)

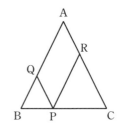

3 右の図のように，平行四辺形 ABCD を，対角線 AC を折り目として折ると，頂点 B は点 Q の位置にきた。線分 AD と CQ の交点を P とするとき，次の問いに答えなさい。 (愛媛県) (各10点×2)

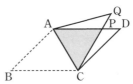

(1) △APQ≡△CPD であることを証明せよ。

(2) ∠ACD＝75°，∠ADC＝45° のとき，∠PCD の大きさを求めよ。

4 右の図のように，正方形 ABCD と，点 A を通る直線 ℓ がある。点 D を通り，ℓ に垂直な直線 m を引き，ℓ との交点を E，辺 AB との交点を F とする。また，点 C から m に垂線 CG を引く。

△ADE≡△DCG を証明しなさい。 （山口県）（10点）

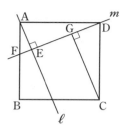

5 右の図のような AD∥BC の台形 ABCD がある。CD の中点を P とし，AD の延長と BP の延長との交点を E とする。また，BC の延長と AP の延長との交点を F とする。このとき，四角形 ABFE が平行四辺形であることを次のように証明した。

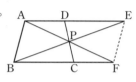

a には，△APD と △FPC が合同であることの証明を，b には，あてはまる平行四辺形になる条件を書き，この証明を完成させなさい。

（兵庫県）（完答20点）

(証明)△APD と △FPC において，

```
a
```

よって，AP＝FP…㋐
同様にして，△BPC≡△EPD
よって，BP＝EP…㋑
㋐，㋑より，四角形 ABFE は b から，平行四辺形である。

---

6 右の図のように，△ABC の 2 辺 AB，AC を 1 辺とする正三角形 ABP，ACQ を △ABC の外側にかき，辺 BC を 1 辺とする正三角形 BCR を辺 BC に対し点 A と同じ側にかく。このとき，四角形 APRQ はどんな四角形ですか。また，そうなることを証明しなさい。

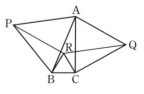

（大阪教育大附高池田）（20点）

9 確 率

解答 別冊 *p. 82*

*142 [場合の数①・総当たり戦]

A～G の 7 つのバスケットボールチームが，どのチームもほかの全てのチームと 1 回ずつ対戦するとき，試合数は全部で何試合になりますか。 （石川県）

**143 [場合の数②・順列] ◀頻出

0，1，2，…，9 の 10 種類の数字を使い，4 つの数字を並べて 4 文字のパスワードを次の条件で作成する。それぞれ何通りのパスワードができますか。

（東京・海城高）

(1) 同じ数字を 2 回以上使わないようにする。
(2) 同じ数字が隣り合わないようにする。
(3) 3 と 9 がちょうど 1 文字ずつ含まれるようにする。

**144 [場合の数③・場合分け] ◀頻出

(1) 0，1，1，2，2，2 の 6 個の数字のうち，3 個を使ってつくることのできる 3 けたの整数は何個あるか。 （東京・國學院大久我山高）
(2) 1151 や 8000 のように，3 つの数字が同じ数で，1 つの数字は別の数であるような 4 けたの自然数は何個あるか。 （埼玉・立教新座高）

**145 [場合の数④・円順列]

赤球 1 個，白球 2 個，青球 2 個がある。次の問いに答えなさい。

（大阪・四天王寺高）

(1) 白球 2 個，青球 2 個を横 1 列に並べるとき，並べ方は何通りあるか。
(2) 5 個の球全部を横 1 列に並べるとき，並べ方は何通りあるか。
(3) 5 個の球全部を正五角形の頂点に並べるとき，並べ方は何通りあるか。
ただし，回転して同じになるものは同じ並べ方とする（例：図 1 と図 2）。

着眼
145 (3) どこか 1 か所を固定すると，残り 4 か所は横 1 列の順列として考えることができる。

★★146 ［場合の数⑤・重複順列］ ◀頻出

A，B，C，D の 4 人の中から図書委員を選びたい。ただし，図書委員は 1 人から 4 人まで何人で構成してもよいものとする。図書委員の選び方は全部で何通りあるか求めなさい。

(埼玉・早稲田大本庄高)

★★147 ［場合の数⑥・道順］ ◀頻出

次の問いに答えなさい。

(1) 図のような格子状の道がある。点 A から点 B まで行く最短経路のうち，次のものの総数を求めよ。

① すべての最短経路

② 点 C，点 D をともに通る経路

③ 点 C，または点 D を通る経路

④ ちょうど 3 回曲がる経路

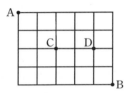

(埼玉・慶應志木高)

(2) 1 辺の長さが 3 の立方体の 6 つの表面に図のように幅 1 で等間隔のマス目をつける。点 A から点 B までのマス目上を通る最短経路を考える。□にあてはまる数を求めよ。

(神奈川・桐蔭学園高)

① 点 A から点 C を通って点 B に達する最短経路は □ア 通りである。

② 点 A から点 D を通って点 B に達する最短経路は □イ 通りである。

③ 点 A から点 B に達する最短経路は □ウ 通りである。

★★148 ［場合の数⑦・色塗り］

右の図にある 5 つの府県を次の色の絵の具を用いてぬる。全部で何通りのぬり分け方があるか求めなさい。ただし，与えられた色はすべて用い，隣り合う府や県は同じ色ではぬらないものとする。

(1) 赤，青，黄，緑，紫の 5 色

(2) 赤，青，黄の 3 色

(京都・立命館高)

着眼
146 1 人につき，選ばれるか選ばれないかの 2 通りずつある。ただし，誰も選ばれない場合を除く。
147 (2) 展開図をかいて，平面上の碁盤目の問題として考える。

★★★**149** ［場合の数⑧・円に内接する三角形］

　右の図のように，円を 12 等分する点を A〜L とする。これらの中から異なる 3 点を選んで線分で結ぶことで三角形をつくる。

　ただし，(1)，(2)では，互いに合同な三角形でも頂点が異なれば，異なる三角形とみなす。

（東京・早稲田大高等学院改）

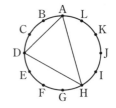

(1)　三角形は全部でいくつできるか。

(2)　二等辺三角形（正三角形を含む）は全部でいくつできるか。

難▶(3)　互いに合同でない三角形は全部で何種類できるか。

★★★**150** ［場合の数⑨・完全順列］

　次の問いに答えなさい。

（埼玉・早稲田大本庄高）

(1)　赤箱，青箱，黄箱の 3 つの空箱それぞれに，赤球，青球，黄球の 3 個のうちからそれぞれ 1 個ずつ入れる。このとき，箱の色と中に入っている球の色がすべて異なるような場合は何通りあるか求めよ。ただし，球を入れる順番は区別しないで考える。

難▶(2)　赤箱，青箱，黄箱，白箱，黒箱の 5 つの空箱それぞれに，赤球，青球，黄球，白球，黒球の 5 個のうちからそれぞれ 1 個ずつ入れる。このとき，箱の色と中に入っている球の色がすべて異なるような場合は何通りあるか求めよ。ただし，球を入れる順番は区別しないで考える。

★★★**151** ［場合の数⑩・空間図形］

　次の正多面体の各面に異なる色をぬる。ただし，正多面体を回転して一致する色のぬり方は同じとみなす。

（大阪星光学院高）

(1)　正四面体を 4 色でぬるぬり方は何通りあるか。

(2)　正六面体（立方体）を 6 色でぬるぬり方は何通りあるか。

難▶(3)　正八面体を 8 色でぬるぬり方は何通りあるか。

着眼
　149 (2)　正三角形を別にして，点 A を固定して考え，頂角 A をもつ二等辺三角形を数える。
　151 (2)　立方体の下の面を固定し，色を 1 色決める。上の面は残りの色の 5 色のうち 1 色をあてると，4 色で残り 4 面をぬることになる。残り 4 面は円順列で考える。

★*152* ［確率①・じゃんけん］ ◁頻出

次の問いに答えなさい。

(1) A，B，C の 3 人がじゃんけんを 1 回する。次の確率を求めよ。

（東京・明治学院高）

   ① A が勝つ確率

   ② あいこになる確率

(2) A，B，C，D の 4 人が 1 回だけじゃんけんをするとき，次の確率を求めよ。

（愛媛・愛光高）

   ① A だけが勝つ

   ② 1 人だけが勝つ

   ③ 2 人だけが勝つ

★★*153* ［確率②・さいころ 2 個］ ◁頻出

次の問いに答えなさい。

(1) 1 から 6 までの目のついた大，小 2 つのさいころを
同時に投げたとき，大きいさいころの出た目の数を a，
小さいさいころの出た目の数を b とする。このとき，
$\dfrac{1}{2} < \dfrac{b}{a} \leqq 3$ となる確率を求めよ。 （新潟県）

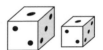

(2) 大小 2 つのさいころを同時に投げるとき，出る目の数の差が 2 以上となる確率を求めよ。 （東京学芸大附高）

(3) 大きいさいころの出た目の数を a，小さいさいころの出た目の数を b とする。このとき，$\dfrac{ab}{4}$ が整数となる確率を求めよ。 （神奈川・鎌倉高）

(難)(4) 2 つのさいころ A，B を同時に投げ，A の出る目の数を a，B の出る目の数を b とする。このとき，次の 2 直線のグラフがただ 1 点で交わる確率を求めよ。

$$y = -\frac{2}{3}x + 3, \quad ax + by = 4$$

（千葉・東邦大付東邦高）

(着眼)
153 (1) さいころ 2 個の問題は 6×6 マスの碁盤目を使って，該当するところに○をつけて数え上げる。

    (4) 「2 直線がただ 1 点で交わる」以外の場合を考える。

★154 [確率③・変形型さいころ]

次の問いに答えなさい。ただし，さいころはどの面が出ることも同様に確からしいものとする。

(1) 3つの面にそれぞれ1から3までの目が，残りの3つの面には目がついていないさいころが2つある。このさいころを同時に投げたとき，目の和が奇数になる確率を求めよ。

(東京・日本大豊山高)

(2) 大，小1つずつの立方体がある。

大きい立方体の6つの面には，1，3，5，6，6，6の数字がそれぞれ1つずつ書いてあり，小さい立方体の6つの面には，1，1，1，2，4，6の数字がそれぞれ1つずつ書いてある。

2つの立方体を同時に投げて，出た面に書かれた2つの数の和が7になる確率を求めよ。

(東京・新宿高)

(3) 1から4までの目の出る正四面体のさいころと，1から6までの目の出る正六面体のさいころが1つずつある。

2つのさいころを同時に投げる。正四面体のさいころの出た目の数を十の位の数，正六面体のさいころの出た目の数を一の位の数とし，2けたの整数をつくる。2けたの整数が3の倍数になる確率を求めよ。

(東京・白鷗高)

★155 [確率④・さいころ3個・4個]

次の問いに答えなさい。

(1) 大中小3つのさいころを投げて出た目の数をそれぞれ a, b, c とする。$b=a+1$, $c=b+1$ となる確率を求めよ。

(東京工業大附科学技術高)

(2) 1つのさいころを4回投げて出た目の数を順に，a, b, c, d とするとき，$a<b<c$ かつ $c>d$ となる確率は $\boxed{\text{ア}}$ であり，$a<b$ かつ $b=c$ かつ $c>d$ となる確率は $\boxed{\text{イ}}$ である。

ア，イにあてはまる数を求めよ。

(兵庫・灘高)

着眼
155 (1) 条件に合わせて樹形図や表をかいてみる。さいころ3個のすべての目の出方は $6\times6\times6=216$ 通りある。

★★156 ［確率⑤・袋から球を取り出す］ ◀頻出

次の問いに答えなさい。

(1) 1つの袋の中に赤球，白球がそれぞれ4個ずつ入っている。その袋の中から同時に2個の球を取り出すとき，赤球，白球がそれぞれ1個ずつである確率を求めよ。 (奈良・東大寺学園高)

(2) 袋の中に白球が3個，赤球が2個入っている。この中から同時に2個取り出すとき，少なくとも1個は白球である確率を求めよ。 (山梨・駿台甲府高)

(3) 白球が3つ，赤球が2つ入った袋がある。次の確率を求めよ。
   ① 袋から同時に2つの球を取り出したとき，それらの球の色が異なる確率
   ② 袋から1つ球を取り出して，元へ戻し，もう一度1つ球を取り出したとき，1つ目と2つ目の球の色が異なる確率 (神奈川・法政大女子高)

(4) 袋の中に1，2，3と書かれた白球と1，2と書かれた赤球が合計5個入っている。この袋から2個の球を同時に取り出し，白球の場合は書かれている数，赤球の場合は書かれている数を2倍し，それらをたしたものを得点とする。例えば白①と白②のときは3点，白①と赤② のときは5点となる。ただし，球の取り出し方は同様に確からしいとする。このとき，得点が3の倍数となる確率を求めよ。 (福井県)

★★157 ［確率⑥・くじを引く］ ◀頻出

次の問いに答えなさい。

(1) 5本のうち2本のあたりくじが入っているくじがある。このくじを，Aさんが先に1本引き，残った4本のくじからBさんが1本引くとき，AさんとBさんの2人ともあたりくじを引く確率を求めよ。 (埼玉県)

(2) 2つの袋A，Bがあり，どちらの袋にもあたりくじが2本とはずれくじが4本入っている。このとき，次の確率を求めよ。 (愛媛県)
   ① 袋Aの中から同時にくじを2本引くとき，あたりくじとはずれくじが1本ずつ出る確率
   ② 2つの袋A，Bのそれぞれの中から同時にくじを1本ずつ引くとき，あたりくじとはずれくじが1本ずつ出る確率

着眼 **156** 同じ色の球も番号をつけるなどして区別する。

★★158 [確率⑦・袋の中からさいころを出して投げる]

右の図のように，袋の中に，同じ大きさの白いさ
いころが2個，赤いさいころが3個入っている。
どのさいころも立方体で，各面に1から6までの
目がついている。袋の中からさいころを1個ずつ2
個取り出すとき，次の確率を求めなさい。

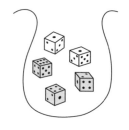

(1) 取り出した2個のさいころがどちらも白いさい
ころとなる確率

(2) 取り出した2個のさいころが白1個，赤1個となる確率

(3) 取り出した2個のさいころを同時に1度投げるとき，2個とも赤いさいこ
ろで，しかも出る目が等しくなる確率

★★159 [確率⑧・辺上経路]

右の図のような正五角形 ABCDE の頂点 A に点 P
がある。さいころを1回投げるごとに，点 P は以
下のルールに従って左回りに先の頂点に移動し，何
周も移動し続ける。

【ルール】

さいころの目の数が1，2，3のとき，点 P は1
つ先の頂点に移動する。

さいころの目の数が4，5のとき，点 P は2つ先の頂点に移動する。

さいころの目の数が6のとき，点 P は3つ先の頂点に移動する。

このとき，次の問いに答えなさい。

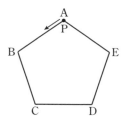

(埼玉・立教新座高)

(1) さいころを2回投げ終えたとき，点 P が点 A にある確率を求めよ。

(2) さいころを3回投げ終えたとき，点 P が点 A にある確率を求めよ。

(3) さいころを4回投げ終えたとき，点 P が点 A にある確率を求めよ。

★★ *160* ［確率⑨・組合せと経路］

　右の図のように，立方体の 12 本の各辺が蛍光灯にな
っており，それぞれ別々に点灯したり，消灯したりする
ことができる。 （東京・海城高）

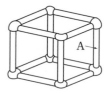

⑴　蛍光灯がすべて消灯されている状態から 2 本だけ点
　灯させるとき，それらが平行になる確率を求めよ。

難⑵　A の蛍光灯 1 本だけが点灯されている状態からさらに 2 本を点灯させると
　き，それら 3 本がひとつにつながった枝分かれのない折れ線になる確率を求
　めよ。

★★ *161* ［確率⑩・正多面体の辺上経路］

　1 辺の長さが a の正十二面体の頂点の 1 つを紫色にぬ
る。この紫色の頂点からの距離が a の頂点 3 つを白色
にぬる。白色の頂点からの距離が a の頂点のうち紫色で
ないものをすべて青色にぬる。青色の頂点からの距離が
a の頂点のうちまだ色のぬられていないものをすべて緑
色にぬる。緑色の頂点からの距離が a の頂点のうちまだ

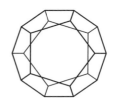

色のぬられていないものをすべて橙色にぬる。最後に残った頂点をすべて黄色
にぬる。この正十二面体の頂点から頂点へ点 X が移動する。

　いま，点 X が紫色の頂点を出発し，1 秒たつごとに，a だけ離れた頂点にそ
れぞれ $\dfrac{1}{3}$ の確率で移動するものとし，紫色の頂点を出発してから t 秒後に，点
X が紫，白，青，緑，橙，黄の色の頂点にいる確率を，それぞれ P_t，W_t，B_t，
G_t，O_t，Y_t とする。例えば，紫色の頂点を出発してから 9 秒後に点 X が黄色
の頂点にいる確率を Y_9 と表す。 （東京・開成高）

⑴　P_2 を求めよ。

⑵　W_3，G_3 を求めよ。

難⑶　O_5，B_5 を求めよ。

---

　161 正十二面体の頂点のつながりぐあいを表す図に色の印をつけ，たんねんに経路を
　　　たどる。⑶は⑵の結果を利用する。

| 第9回 | **実力テスト** | 時間**50**分
合格点**70**点 | 得点 | /100 |

解答 別冊 *p. 93*

1 1番から7番までの番号のついた席が横1列に並んでいる。これら7個の席にA，B，C，D，E，F，Gの7人がこの順番に1人ずつ次の規則1，規則2に従って着席する。このとき，空欄にあてはまる数を求めなさい。

(兵庫・甲陽学院高)　(各8点×3)

規則1　『両端の席，または，先に着席した人の隣の席』以外に空席があるときは，そのような空席から1つ選んで着席する。

規則2　『両端の席，または，先に着席した人の隣の席』しか空席がないときは，そのような空席から1つ選んで着席する。

(1) 最初の人Aが真ん中の席に着席したとき，残りの6人の着席の仕方は全部で ア 通りである。

(2) 7人の着席の仕方は全部で イ 通りであり，そのうち，最後の人Gが真ん中の席に着席する着席の仕方は ウ 通りである。

2 次の問いに答えなさい。 (各7点×3)

(1) 右の図のように縦3本，横4本の道が等間隔に交差している。このとき，AからBまで最短でいく場合，Pを経由する確率を求めよ。 (千葉・市川高)

(2) 右の図のような同じ大きさの5個の立方体からなる立体図形において，頂点Aから指定された頂点まで立方体の辺にそって最短距離でいくコースを考える。 (東京・お茶の水女子大附高改)

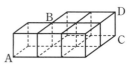

① 点Aから点Bまでのコースは全部で何通りあるか。

② 点Aから点Bを通って点Dまでのコースは全部で何通りあるか。

3 Aの袋には1，4，6，8，9の番号の書かれたカード5枚が，Bの袋には2，3，5，7，10の番号の書かれたカード5枚が入っている。A，Bからそれぞれカードを1枚ずつ引くとき，Aから引いたカードの番号がBから引いたカードの番号より大きい確率を求めなさい。 (東京・筑波大附高) (6点)

4 1 つのさいころを 2 回投げ，1 回目に出た目の数を a，2 回目に出た目の数を b とするとき，$\dfrac{b^2}{a}$ が整数になり，同時に $a+b$ が 3 の倍数になる確率を求めなさい。ただし，さいころの目は 1 から 6 までとする。

（東京・新宿高）　（7 点）

5 3 つのさいころ A，B，C を投げたとき，出た目の数をそれぞれ a，b，c とする。$a×b×c$ が奇数となる確率は ア であり，$a>b>c$ となる確率は イ である。このとき，空欄にあてはまる数を求めなさい。

（神奈川・慶應高）　（各 7 点×2）

6 右の図のように，1 から 5 までの数を 1 つずつ書いた，同じ大きさの球が 5 個入っている袋がある。この袋の中の球をよくかきまぜ，2 個の球を取り出すとき，次の問いに答えなさい。ただし，どの球の取り出し方も同様に確からしいものとする。

（徳島県）　（各 6 点×2）

(1) 2 個の球を同時に取り出すとき，球の取り出し方は，全部で何通りあるか求めよ。

(2) 最初に球を 1 個取り出し，その球に書かれた数を調べて袋に戻し，次の球を取り出す。このとき，最初に取り出した球に書かれた数より，2 回目に取り出した球に書かれた数が大きくなる確率を求めよ。

7 右の図のように，2 点 Q(1, 0)，R(5, 0) がある。

2 つのさいころ A と B を同時に投げて，さいころ A の出た目の数を a，さいころ B の出た目の数を b とする。a，b の値の組を座標とする点 P(a, b) と，Q，R を結んでできる △PQR について，次の問いに答えなさい。

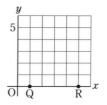

（和歌山・桐蔭高）　（各 8 点×2）

(1) △PQR が二等辺三角形になる確率を求めよ。

(2) △PQR が直角二等辺三角形になる確率を求めよ。

総 合 問 題

解答 別冊 *p. 95*

*162 ［式の計算①］

次の計算をしなさい。

(1) $\dfrac{6x+5y}{3}-\dfrac{7x+8y}{4}$ （東京・実践女子高）

(2) $4a-(-a+3b)-5b$ （佐賀・龍谷高）

(3) $\dfrac{1}{2}(5a+2b)-\dfrac{1}{3}(6a-4b)$ （大阪・相愛高）

(4) $\dfrac{2x+y}{4}-\dfrac{x-3y}{3}$ （兵庫・三田学園高）

(5) $\dfrac{2x-y}{3}-\dfrac{x-y}{2}-y$ （東京・玉川学園高）

(6) $\dfrac{3a-4b}{6}-a-\dfrac{2b-a}{4}$ （東京・東海大付高輪台高）

(7) $2x-3y-\dfrac{9x-5y}{4}$ （兵庫・武庫川女子高）

(8) $\dfrac{3x-2y}{4}-2\left(x-\dfrac{2x-y}{3}\right)$ （大阪・明星高）

*163 ［式の計算②］

次の計算をしなさい。

(1) $2(2a-b+3)-3(a-b+3)$ （福岡・九州国際大付高）

(2) $\dfrac{x+2y}{8}-\dfrac{5x-4y}{4}-(y-x)$ （兵庫・柳学園高）

(3) $\dfrac{x+2y-1}{3}-\dfrac{2x-y+1}{2}$ （岡山白陵高）

(4) $\dfrac{4a-b}{2}-\dfrac{2a-7b}{6}-\dfrac{2a+b}{3}$ （千葉・和洋女子大女子高）

(5) $\dfrac{a+2b}{3}-\dfrac{3a+2b}{4}-\dfrac{2b-7a}{12}$ （京都・東山高）

(6) $6y-2-8\left(\dfrac{2x-3y}{4}-\dfrac{x-2y}{2}\right)$ （大阪・羽衣学園高）

(7) $4x-\{3y-2(2x+8y)\}$ （熊本・九州学院高）

(8) $3x-4y+2+\{2x-y-(3x-2y+1)\}$ （東京・サレジオ高専）

★★ *164* ［式の計算③］

次の計算をしなさい。

(1) $2x^2y \times (-3xy)^2 \div (-6xy^2)$ 　　　　　　　　　（千葉・東海大付浦安高）

(2) $6x^2y^3 \div (-3xy)^3 \times (-9x^4y^2)$ 　　　　　　　　（京都・大谷高）

(3) $8xy^3 \div x^2y^4 \times \left(-\dfrac{1}{2}xy^2\right)^3$ 　　　　　　　　（熊本学園大付高）

(4) $-2a^2 \div \dfrac{1}{4}a^4b^3 \times (-3ab^2)^3$ 　　　　　　　　（大阪信愛女学院高）

(5) $\dfrac{1}{2}a^2b^3 \div \left(-\dfrac{1}{4}a^3b\right) \times (-3a)^2$ 　　　　　　　（福岡・明治学園高）

(6) $(-3a^2b)^2 \div \dfrac{3}{2}a^3b^2 \times \left(-\dfrac{1}{3}ab\right)$ 　　　　　（神奈川・関東学院六浦高）

(7) $\dfrac{5}{3}xy^2 \div (-x^3y)^2 \times \left(-\dfrac{8}{5}x^5y\right)$ 　　　　　　　（京都・聖母学院高）

(8) $12x^2y^2 \div (-3xy)^3 \times \left(-\dfrac{3}{2}x^2y\right)^2$ 　　　　　　（大阪・近畿大附高）

(9) $(-9ab^2)^2 \div \left(-\dfrac{1}{3}a^2b\right) \times \left(-\dfrac{1}{27}ab\right)$ 　　　　　（千葉日本大一高）

★★ *165* ［式の計算④］

次の計算をしなさい。

(1) $\dfrac{1}{4}a^2b \times (-2bc)^3 \div \left(-\dfrac{1}{2}abc^2\right)$ 　　　　　（福岡・西南学院高）

(2) $\left(-\dfrac{1}{2}x^3y^2z\right)^2 \div \left(\dfrac{1}{4}xyz\right)^2 \times \left(\dfrac{1}{4}y^2z\right)$ 　　　　（京都・平安高）

(3) $\left(\dfrac{2}{3}x^2y\right)^2 \div \left(-\dfrac{1}{3}xy\right)^3 \times \dfrac{2y^2}{x}$ 　　　　　（香川・大手前高松）

(4) $\dfrac{-5a^2b}{3x^2y} \times \dfrac{b^3}{-y} \div \dfrac{15a^2}{6x^2y}$ 　　　　　（神奈川・法政大女子高）

(5) $\dfrac{8a^4}{15b} \times \left(-\dfrac{ab^2}{6}\right)^2 \div \left(\dfrac{a^2b}{3}\right)^3$ 　　　　　（京都・洛南高）

(6) $ab^2 \div \left\{(-ab)^3 \div \left(-\dfrac{2}{5}a^2b\right)\right\} \times (5ab)^2$ 　　　（千葉・昭和学院秀英高）

(7) $\left(-\dfrac{5}{2}\right) \times \left(\dfrac{3}{y}\right)^2 \div \left(\dfrac{35x}{y^2}\right) \times \dfrac{28}{x}$ 　　　　　（徳島文理高）

着眼

164, 165 乗除だけの問題では，次のような要領で計算を進めていく。

①負の符号を数えて，奇数個あれば負の符号に，偶数個あれば正の符号にする。

②かっこの外側の右上に，指数があれば，その部分をまず計算する。

③ ÷ のあとの部分は，逆数の乗法におきかえる。

★*166* ［連立方程式の計算］

次の問いに答えなさい。

(1) 連立方程式 $\begin{cases} 5x+ay=48 \\ ax-3y=-15 \end{cases}$ の解は $x:y=2:3$ を満たす。

このとき a の値と，この解を求めよ。 （大阪・高槻高）

(2) 連立方程式 $\begin{cases} 2x-y+z=0 \\ x-2y+7z=0 \end{cases}$ $(z \neq 0)$ について，

① $\dfrac{x}{z}$, $\dfrac{y}{z}$ の値を求めよ。

② ①の結果より，$x:y:z$ を最も簡単な整数比で表せ。 （大阪・関西大倉高）

(3) 2組の連立方程式 $\begin{cases} x+2y=4 \\ ax+y=7 \end{cases}$ …① $\begin{cases} 2x-3y=b \\ 3x+2y=7 \end{cases}$ …②

で，①の解の x と y を入れかえると，②の解になるという。

このとき，a と b の値を求めよ。 （千葉・芝浦工大柏高）

(4) 連立方程式 $\begin{cases} \dfrac{x+1}{2}=\dfrac{y-2}{3}=\dfrac{a+1}{4} & \cdots① \\ x+y+a-3=0 & \cdots② \end{cases}$ がある。

①より，x と y を a の式で表せ。次に，a の値を求めよ。 （東京・青山学院高）

(5) 2つの連立方程式 $\begin{cases} 9bx-2y=-6a \\ 5x+3y=-1 \end{cases}$ …① $\begin{cases} 3x+4y=13 \\ ax-3by=-6 \end{cases}$ …②

がある。①の解 x, y にそれぞれ 1 を加えたものが②の解である。定数 a, b の値を求めよ。 （高知学芸高）

★*167* ［連立方程式の応用①・通過算］

ある列車が 450 m の鉄橋を渡り始めてから渡り終わるまで 33 秒かかった。この同じ列車が同じ速さで 760 m のトンネルを通過するとき，22 秒はまったくトンネルにかくれていた。次の問いに答えなさい。 （大阪・関西大一高）

(1) 列車の速さを秒速 xm，列車の長さを ym として，x, y の関係を連立方程式で表せ。

(2) (1)で表された連立方程式を解け。

★★168 ［連立方程式の応用②・濃度の問題］

　4%の食塩水300gと9%の食塩水400gをすべて使いきって，6%の食塩水 ag，7%の食塩水 bg，8%の食塩水 $2bg$ をつくった。a，b の値を求めなさい。

（京都・洛南高）

難★★★169 ［連立方程式の応用③・旅人算①］

　A地点から太郎が，B地点から次郎が互いに相手の出発点を折り返し点にしてAB間往復のジョギングを同時に始めた。太郎は時速11.2kmで走り，Bで15分休んで折り返した。次郎は時速8.4kmで走り，Aで休まずに折り返した。復路，2人はC地点で出会ったが，そこは2人が最初に出会った地点から1.8km離れていた。

　AB間，AC間の距離をそれぞれ $x$km，$y$km とおいて連立方程式をつくり，x と y を求めなさい。

（東京・武蔵高）

難★★★170 ［連立方程式の応用④・旅人算②］

　山すそを1周する全長 ℓkm の道路があって，等間隔に30本の道しるべが立っている。いま，同時に同じ道しるべのところから出発して，甲は左回りに，乙は右回りにそれぞれ時速 $x$km と $y$km の速さで動く乗り物に乗り，この道路を1周することにした。途中で2人はちょうど9番目の道しるべのあるM地点で出会い，互いに相手の乗り物にかえてみたくなり，そこで乗り物を交換して進んだ。この結果乙ははじめの予定より4時間早く1周することができた。

　ところでM地点は10番目の道しるべから左回りに11kmのところにある道しるべでもある。道しるべの数え方は出発点の次の道しるべから1番目，2番目，… と数えるものとする。答えは2通り考えられる。それぞれについて答えなさい。ただし，乗りかえには時間はかからなかったものとする。

（神奈川・慶應義塾高）

(1)　ℓ を求めよ。

(2)　x，y を求めよ。

着眼

169 出会うまでに2人がかかった時間は同じ。1回目と2回目に出会うまでに，2人がそれぞれ進んだ距離を考え，連立方程式をつくる。

170 (1) "10番目の道しるべ"を左回りに数えるか，右回りに数えるかによって，ℓ の値が2通り考えられる。

★★*171* ［連立方程式の応用⑤・資料を読みとる］

第1問が5点，第2問が7点，第3問が8点で，満点が20点のテストがある。このテストを何人かの生徒が受けた結果，得点と人数の関係は下の表のようになった。また，第1問の正解者は第2問の正解者より14人多かった。

（東京・桐朋高）

得点（点）	0	5	7	8	12	13	15	20
人数（人）	x	a	x	y	12	$4x$	1	15

(1) a を x の式で表せ。

(2) テストを受けた生徒の人数が50人で，その平均点は12.6点だった。x, y の連立方程式をつくり，x, y の値を求めよ。答えのみでなく求め方も書くこと。

★★★*172* ［連立方程式の応用⑥・エスカレーター］

🔴難　Kさんが3階から下りのエスカレーターに乗り，1段ずつ一定の速さで降りていったら，21歩で2階に着いた。規則に違反するが，誰も人の乗っていないのを確認して，Kさんが歩く速さを降りたときの4倍にしてこの下りのエスカレーターを1段ずつかけ上がると，42歩で3階に着いた。動いていないときのエスカレーターの階段の数が何段あるか求めなさい。

★★*173* ［連立方程式の応用⑦・流水算］

ある川の上流に地点Pがあり，その37.8km下流に地点Qがある。ある時刻にボートがPからQに向かって，遊覧船がQからPに向かって同時に出発した。ボートと遊覧船は出発してから42分後にすれ違い，さらにその12分後にボートはQに到着した。ボートはQでx分間休んだ後，再びPに向かって出発し，途中で遊覧船を追い越した。ボートがQを出発してから遊覧船を追い越すまでに要した時間は，ボートがPを出発してからQを出発するまでに要した時間のちょうど半分であった。川の流れの速さは毎分am，ボートの静水中での速さは毎分bm，遊覧船の静水中での速さは毎分cmとする。

（兵庫・灘高）

(1) 遊覧船がQを出発してからPに到着するまでに要した時間を求めよ。

🔴難(2) a, b, c の値を求めよ。

(3) ボートがPに到着してから7分後に遊覧船がPに到着した。xの値を求めよ。

★★★ **174** [1 次関数① ・ 座標平面上の図形]

右の図で，点 P は直線 $y=\frac{3}{2}x$ 上の点で，四角形 PQRS は正方形である。R(5, 0) のとき，次の問いに答えなさい。　　　　　　　　　　(東京学芸大附高)

(1)　点 P の座標を求めよ。

(2)　点 R を通る直線 ℓ が台形 PQRS の面積を 2 等分するとき，直線 ℓ の式を求めよ。

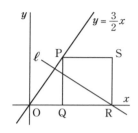

★★ **175** [1 次関数② ・ 直線の式]

🔺難　直線 $\begin{cases} \ell : y=(a+3)x+3+b \\ m : y=ax-b \end{cases}$

は，右の 4 つのグラフのうちのどれかである。このとき，定数 a, b の値を求めなさい。　　(高知学芸高)

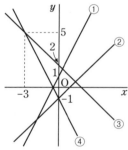

★★★ **176** [1 次関数③ ・ パラメータ表示]

座標軸を定めた平面上に直角三角形 ABC があり，3 点の座標は A(a, p)，B(b, p)，C(b, c)，$a<b$，$p<c$ である。また，直線 $y=2x+1$ は点 C と線分 AB の中点を通り，直線 $y=mx+3$($0<m<2$) は点 A と線分 BC の中点を通るように m の値が定められている。次の問いに答えなさい。　　(神奈川・慶應義塾高)

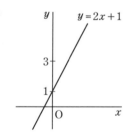

(1)　線分 AB の中点の x 座標を p を用いて表せ。

(2)　p を a, b を用いて表せ。

🔺難 (3)　m を求めよ。

着眼

174 (1)　P(a, b) とすると，Q(a, 0)，S(5, b) となる。四角形 PQRS は正方形。

(2)　ℓ と $y=\frac{3}{2}x$ との交点を T，△TOR の底辺を OR とすると，高さは T の y 座標。

175 ③と④は直接グラフから求められる。④と x 軸の交点から①も求められる。

176 (1)　2 点 (x_1, y_1)，(x_2, y_2) を結ぶ線分の中点の座標は $\left(\dfrac{x_1+x_2}{2}, \dfrac{y_1+y_2}{2}\right)$

(3)　m は，直線 $y=mx+3$ が A と線分 BC の中点を通ることから求める。

★★★ *177* ［1次関数④・未知数を求める］

次の問いに答えなさい。

(1)　3直線 $y=x+1$，$y=-2x+7$，$y=ax+4$ が三角形をつくることができないような a の値を求めるとき，最も小さい a の値は $\boxed{}$ である。

（広島・比治山女子高）

(2)　2点 $\mathrm{A}\left(a, \dfrac{1}{2}\right)$，$\mathrm{B}\left(\dfrac{1}{2}, -\dfrac{2}{3}\right)$ を通る直線が，直線 $y=\dfrac{2}{3}x+\dfrac{1}{4}$ と点 $\mathrm{C}(-4, c)$ で交わっている。a，c の値を求めよ。

（東京・開成高）

(難) (3)　2つの直線 $\ell : x+2y-4=0$，$m : x-y-1=0$ の交点 P の座標は $\boxed{\text{ア}}$ となる。また，直線 $y=ax-1$ と，ℓ，m の交点をそれぞれ A，B とするとき △PAB の面積が9となる a の値は $\boxed{\text{イ}}$ である。

（兵庫・甲陽学院高）

(4)　右の図において，2直線の表す式は

$$y=ax-b, \quad y=\left(a+\dfrac{17}{12}\right)x+b+1$$

である。
a，b の値を求めよ。

（広島大附高）

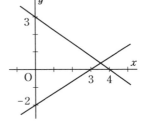

★★★ *178* ［1次関数⑤・反射経路］

(難)　図のような長方形 ABCD がある。原点 O から傾き m の直線にそって，辺 AB にむけて球を転がし，辺 AB 上の点 P ではねかえらせるとき，次の問いに答えなさい。ただし，玉の大きさは無視し，点 P は3点 $(-4, -8)$，$(0, -8)$，$(4, -8)$ と一致することはない。

（兵庫・白陵高）

(1)　m の値の範囲を求めよ。

(2)　玉が点 P ではねかえり，傾き $-m$ の直線にそって転がるとき，辺 AD（両端は含まない）とぶつかるための m の値の範囲を求めよ。

(3)　玉が AD 上でぶつかる点を Q とする。点 Q ではねかえり，傾き m の直線にそって転がるとき，玉が $\mathrm{E}(-3, 4)$，$\mathrm{F}(-1, 5)$ の間を通りぬけるための m の値の範囲を求めよ。

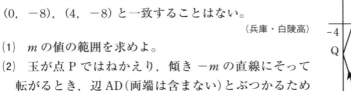

(着眼) *177*　(1)　与えられた3直線で3つの交点ができない場合をすべて考えること。

　　　　(3)　イ：図をかいて考える。B は $(0, -1)$ であり，A については，2通り考えられることに注意する。

★★★ *179* [1 次関数⑥・気温]

地表から 10 km までの気温は高さとともに一定の割合で減少し，地表での気温にかかわらず高さ 10 km ではつねに −50℃ を保っているとする。

(京都・同志社高)

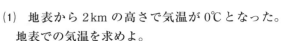

(1) 地表から 2 km の高さで気温が 0℃ となった。地表での気温を求めよ。

(2) 地表からの高さ x km の気温を y℃ とする。地表での気温が 10℃ のとき y を x の式で表し，そのグラフをかけ。

(3) 地表での昼と夜の温度差を a℃，地表から h km の高さでの昼と夜の温度差を b℃ とするとき，a と b の比を求めよ。(0 < h ≦ 10)

★★★ *180* [1 次関数⑦・座標平面上の図形]

右の図において，点 A は (0, 4)，直線 BE の式は $y = -\frac{1}{2}x + 2$ で表され，AB⊥BE，AE：ED＝3：1 である。このとき，次の問いに答えなさい。 (鹿児島・ラ・サール高)

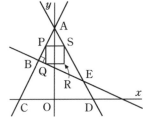

(1) 直線 AE の式を求めよ。

(2) 次に，線分 AB 上に点 P を，BE 上に点 Q を，AE 上に点 S をとり，PQ が y 軸に平行になるように，正方形 PQRS をつくる。

① 点 P の x 座標を a とするとき，点 R の座標を a を用いて表せ。

② この正方形 PQRS の 1 辺の長さを求めよ。

着眼

179 気温のグラフはつねに点 (10, −50) を通る。
(3) 地表での夜の気温を p℃ とすると，昼の気温のグラフは，2 点 (0, $p+a$)，(10, −50) を通り，夜の気温のグラフは，2 点 (0, p)，(10, −50) を通るから，それぞれの式が求められる。これより，a と b の比を求める。

180 (1) AE の式は $y = mx + 4$ とおける。E の座標を求めればよい。
(2) ①直線 AB の傾きは 2 である。また，R の x 座標は S の x 座標と，R の y 座標は Q の y 座標と一致する。

★★★ 181 ［周の長さを最小にする］

右の図で，O は原点，点 A，B の座標はそれぞれ
(1, 0)，(4, 5) で，C，D は y 軸上の点である。

（愛知県）

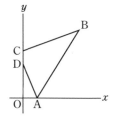

(1) 直線 BA の式を求めよ。

🈔▶(2) D の y 座標は正であり，C の y 座標は D の y 座標より常に 1 だけ大きい。四角形 ABCD の周の長さが最小となるときの点 C の座標を求めよ。

★★ 182 ［平面図形の性質①］

次の問いに答えなさい。

(1) 右の図において，∠x を求めよ。

（東京・日本大二高）

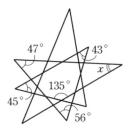

(2) 右の図の印・をつけた角度をすべて加えると，何度になるか求めよ。 （奈良・東大寺学園高）

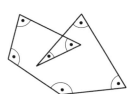

(3) 右の図は長方形 ABCD を線分 EF を折り目として折り返したものである。
　　∠IFG＝62°，∠IEF＝x° とするとき，x の値を求めよ。 （大阪桐蔭高）

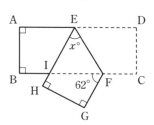

着眼

181 (2) AB と CD の長さは一定だから，BC＋AD の長さが最小となるときを考える。

★★*183* ［平面図形の性質②］

正 n 角形(n は 3 以上の自然数)を作図するときと同じように，正 $\dfrac{m}{\ell}$ 角形 $\left(m>\ell,\ m\geqq 3 \ \text{で} \ \dfrac{m}{\ell} \ \text{はこれ以上約分できない数}\right)$ を作図することとする。

例　正 $\dfrac{5}{2}$ 角形のとき

手順①　円をかく。

手順②　中心から 1 本の半径をかき，円周との交点を P_1 とする。

手順③　$360° \div \dfrac{5}{2} = 144°$ を求め，手順②で引いた線から $144°$ をとり，円周との交点を P_2 とする。

手順④　手順③で引いた線から $144°$ をとり，円周との交点を P_3 とする。

手順⑤　以下，手順④をくり返し，円周との交点を次々に P_4，P_5，… とし，手順②でつくった点 P_1 と重なるまでこの作業を続ける。

手順⑥　P_1，P_2，…，P_5，P_1 の順に結んでいく。

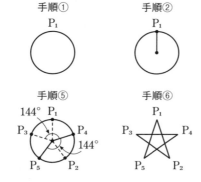

次の問いに答えなさい。　　　　　　　　　　(東京・専修大附高)

(1)　上の手順と同様にかいた(図1)の図形は正何角形か答えよ。

図1

(2)　(図2)の正 $\dfrac{5}{2}$ 角形の外角 x を求めよ。

図2

(3)　(図3)の外角の和を求めよ。

図3

★★ *184* 〔図形の証明①〕

正方形 ABCD の対角線 BD 上の 1 点を E とし，A，E を通る直線が BC の延長と交わる点を F とする。

∠EFC＝∠ECD であることを証明しなさい。

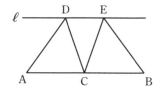

★★ *185* 〔図形の証明②〕

右の図のように，線分 AB 上に中点 C をとり，線分 AB に平行な直線 ℓ 上に CD＝CE となる 2 点 D，E をとる。

このとき，AD＝BE であることを証明しなさい。

(宮崎県)

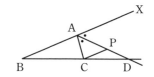

★ *186* 〔図形の証明③〕

右の図は △ABC において ∠A の外角 ∠XAC の二等分線と辺 BC の延長との交点を D としたものである。点 C から直線 BX に平行な直線を引き，線分 AD との交点を P とする。

このとき，△PAC は二等辺三角形であることを証明しなさい。

(高知・土佐高函)

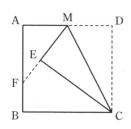

★★ *187* 〔図形の証明④〕

右の図のように，正方形 ABCD を，AD の中点 M と頂点 C を結ぶ直線を折り目として折り返し，頂点 D が移る点を E，ME の延長と AB との交点を F とするとき，FE＝FB であることを証明しなさい。

(石川県函)

★★ *188* 〔図形の証明⑤〕

△ABC の辺 BC の中点を M とし，M から辺 AB，AC に下ろした垂線の足をそれぞれ D，E とするとき，MD＝ME ならば，△ABC は二等辺三角形である。これを証明しなさい。（△ABC は鋭角三角形とする）

184 △ADE≡△CDE を用いる。

★189 ［図形の証明⑥］

　右の図のように，1 辺の長さ 8cm の正方形
EFGH の対角線の交点を同じ大きさの正方形
ABCD の頂点 D に重ね，D を中心として正方形
EFGH を頂点 F が正方形 ABCD 内にあるように
回転させ，辺 AD と辺 EF との交点を P，辺 CD
と辺 FG との交点を Q とする。

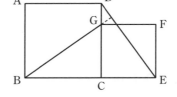

　このとき，次の問いに答えなさい。

(1)　△DPF≡△DQG であることを証明せよ。

(2)　四角形 DPFQ の面積が一定であることを証明せよ。

★190 ［図形の証明⑦］

　右の図で，四角形 ABCD，四角形 CEFG は
ともに正方形である。これについて，次の問い
に答えなさい。

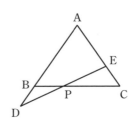

(1)　BG＝DE を証明せよ。

(2)　BG⊥DE を証明せよ。

★191 ［図形の証明⑧］

　右の図の △ABC は，AB＝AC である二等辺三角形
である。いま，AB の延長および AC 上に，BD＝CE
となる 2 点 D，E をとり，DE と BC の交点を P とす
ると，点 P は線分 DE の中点である。

　このことを，点 E を通る適当な補助線を引いて証
明しなさい。

★192 ［図形の証明⑨］

　△ABC の ∠A の二等分線と，辺 BC の中点 D を通る
BC の垂線との交点を E とする。E から，AB，AC また
はその延長上に下ろした垂線の足をそれぞれ F，G とす
るとき，次の(1)，(2)が成り立つことを証明しなさい。

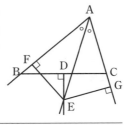

(1)　EF＝EG　　　　(2)　BF＝CG

着眼

189 (2)　四角形 DPFQ と面積が一定な図形との面積が等しいことを導く。

★★**193** ［場合の数と確率］

(1) 4個の箱 A，B，C，D のすべてには，赤，青，白の3色の球が1個ずつ計3個入っている。これらの箱から同時に1個ずつ球を取り出す。
このとき，次の問いに答えよ。 （東京・城北高）

　① 1色の球だけが取り出される確率を求めよ。

　② 3色の球すべてが取り出される確率を求めよ。

　③ 2色の球だけが取り出される確率を求めよ。

(2) 図のような正六角形 ABCDEF がある。いま，さいころを2回投げ，1回目に出た目の数だけ点 P が，2回目に出た目の数だけ点 Q が，それぞれ頂点 A を出発し反時計まわりに頂点上を移動する。このとき，次の確率を求めよ。 （京都・同志社高）

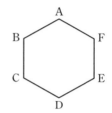

　① △APQ が正三角形となる確率

　② △APQ が直角三角形となる確率

　③ 3点 A，P，Q をつないだときに三角形ができない確率

★★**194** ［勝ち抜き戦］

128人の選手が参加する勝ち抜き戦がある。試合に勝つと賞金をもらうことができ，1回戦は1万円，2回戦は2万円，3回戦は4万円，…のように賞金は2倍ずつ増えていく。例えば，3回戦で勝つと，その時点での賞金の総額は7万円である。次の問いに答えなさい。 （埼玉・立教新座高）

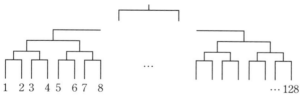

(1) 優勝した選手が受け取る賞金の総額を求めよ。

(2) 賞金の総額が10万円以上50万円以下である選手の人数を求めよ。

(3) すべての賞金を選手全員からの参加費で負担するとき，1人あたりの参加費を求めよ。

★★**195** ［カードを分ける］

　下の図のように，3，4，5の数字が1つずつ書かれたカードが，順に3枚，4枚，5枚ある。このとき，次の問いに答えなさい。　　（神奈川・日本女子大附高）

| 3 | 3 | 3 | | 4 | 4 | 4 | 4 | | 5 | 5 | 5 | 5 | 5 |

(1)　すべてのカードを，書かれた数の和が等しくなるように7枚と5枚の2組に分けるとき，5枚の方の組に5のカードは何枚あるか。

(2)　すべてのカードを，書かれた数の和が等しくなるように6枚ずつの2組に分けたところ，一方の組には5のカードが2枚あった。この組には，3，4のカードはそれぞれ何枚あるか。

(3)　カードを何枚か使って，書かれた数の和がそれぞれ5，12，13となる3組をつくる。この3組のつくり方は全部で何通りあるか。

★★**196** ［袋から玉を取り出す］

　袋の中に，−3，−2，−1，0，1，2，3の数が書かれている玉がそれぞれ1個ずつ入っている。この袋の中から玉を1個ずつ取り出す。ただし，取り出した玉は袋にもどさないものとする。

　いま，数直線上の原点に点Aがある。袋から取り出した玉に書いてある数が，正の数ならばその数だけ正の方向に，負の数ならばその絶対値だけ負の方向に，点Aを移動させる。また，0ならば点Aは動かさず，次に玉を取り出すことはしない。このとき，次の各問いに答えなさい。　　（東京・成城高）

(1)　玉を2回取り出して，点Aが原点にある数の出方は何通りあるか。

(2)　玉を3回取り出して，点Aが原点にある数の出方は何通りあるか。

(3)　玉を3回取り出して，点Aが原点より右にある数の出方は何通りあるか。

★★ **197** ［階段を上がる］

　0段目から始まる階段があり，A君は最初この階段の0段目にいる。A君はさいころ1個を1回投げるごとに，1の目が出ればこの階段を1段上がり，2か3のいずれかの目が出れば2段上がり，4，5，6のいずれかの目が出れば1段下がるものとする。ただし，0段目にいるときに4，5，6のいずれかの目が出た場合には，そのまま0段目にとどまるものとする。

このとき，次の各問いに答えなさい。

（兵庫・灘高）

⑴　A君がさいころ1個を3回投げたのち，4段目にいるとする。このとき，考えられる3回のさいころの目の出方は何通りか。

⑵　A君がさいころ1個を3回投げたのち，2段目にいるとする。このとき，考えられる3回のさいころの目の出方は何通りか。

⑶　A君がさいころ1個を4回投げたのち，3段目にいるとする。このとき，考えられる4回のさいころの目の出方は何通りか。

□　執筆協力　間宮勝己　山腰政喜

□　編集協力　㈱ファイン・プランニング　河本真一　踊堂憲道

□　図版作成　㈲デザインスタジオ エキス．　伊豆嶋恵理　よしのぶもとこ

シグマベスト
最高水準問題集 特進
中2数学

本書の内容を無断で複写（コピー）・複製・転載することを禁じます。また，私的使用であっても，第三者に依頼して電子的に複製すること（スキャンやデジタル化等）は，著作権法上，認められていません。

編　者　文英堂編集部
発行者　益井英郎
印刷所　中村印刷株式会社
発行所　**株式会社文英堂**
　　　　〒601-8121　京都市南区上鳥羽大物町28
　　　　〒162-0832　東京都新宿区岩戸町17
　　　　（代表）03-3269-4231

特進

最 高 水 準 問 題 集

中2数学

解答と解説

文英堂

1 式の計算

▶ **1**
(1) $\dfrac{5a-7b}{6}$ (2) $\dfrac{2}{9}x$

(3) $\dfrac{-19x+25y}{12}$ (4) $x-4y$

(5) $\dfrac{2x-6y}{5}$ (6) $\dfrac{3}{2}x$

解説 (1) $\dfrac{7a-3b}{6}-\dfrac{a+2b}{3}$

$=\dfrac{7a-3b-2(a+2b)}{6}$

$=\dfrac{7a-3b-2a-4b}{6}=\dfrac{5a-7b}{6}$

(2) $\dfrac{1}{9}(5x+6)-\dfrac{1}{3}(x+2)$

$=\dfrac{5x+6-3(x+2)}{9}=\dfrac{5x+6-3x-6}{9}=\dfrac{2}{9}x$

(3) $-\dfrac{x-7y}{4}-\dfrac{4x-y}{3}$

$=\dfrac{-3(x-7y)-4(4x-y)}{12}$

$=\dfrac{-3x+21y-16x+4y}{12}=\dfrac{-19x+25y}{12}$

(4) $\dfrac{1}{2}\left(5x-\dfrac{11}{2}y\right)-\dfrac{1}{3}\left(\dfrac{9}{2}x+\dfrac{15}{4}y\right)$

$=\dfrac{5}{2}x-\dfrac{11}{4}y-\dfrac{3}{2}x-\dfrac{5}{4}y=x-4y$

(5) $x-2y-\dfrac{3x-4y}{5}$

$=\dfrac{5(x-2y)-(3x-4y)}{5}$

$=\dfrac{5x-10y-3x+4y}{5}=\dfrac{2x-6y}{5}$

(6) $\dfrac{2x-3y}{2}-3\left(\dfrac{x-y}{6}-\dfrac{x+y}{3}\right)$

$=\dfrac{2x-3y}{2}-\dfrac{x-y}{2}+(x+y)$

$=\dfrac{2x-3y-(x-y)+2(x+y)}{2}$

$=\dfrac{2x-3y-x+y+2x+2y}{2}=\dfrac{3}{2}x$

▶ **2**
(1) $-2ab$ (2) $2xy^2$

(3) $-\dfrac{7a^2}{30b^4}$ (4) $-2a^6b^6$

(5) $2x-\dfrac{1}{4}y^2$ (6) $\dfrac{4}{3}x^3$

解説 (1) $3a\times(-4ab^2)\div6ab$

$=-\dfrac{12a^2b^2}{6ab}=-2ab$

(2) $18xy\times x^2y\div(-3x)^2=\dfrac{18x^3y^2}{9x^2}=2xy^2$

(3) $-\dfrac{4}{5}a^8b^5\div\left(\dfrac{6}{7}a^2b\right)^3\div\left(-\dfrac{7}{3}b^3\right)^2$

$=-\dfrac{4}{5}a^8b^5\times\dfrac{7^3}{6^3a^6b^3}\times\dfrac{3^2}{7^2b^6}$

$=-\dfrac{36\times7\times a^2}{5\times6^3\times b^4}=-\dfrac{7a^2}{30b^4}$

(4) $\left(-\dfrac{4}{3}ab^2\right)^2\times\left(-\dfrac{1}{2}a^3b^2\right)^3\div\dfrac{1}{9}a^5b^4$

$=\dfrac{16a^2b^4}{9}\times\left(-\dfrac{a^9b^6}{8}\right)\times\dfrac{9}{a^5b^4}$

$=-2a^6b^6$

(5) $\left\{\dfrac{1}{2}xy^2-(-2x)^2\right\}\div(-2x)$

$=\dfrac{1}{2}xy^2\div(-2x)-4x^2\div(-2x)$

$=-\dfrac{1}{4}y^2+2x=2x-\dfrac{1}{4}y^2$

(6) $\dfrac{2}{3}x^4\div\left\{-\dfrac{4}{5}(x^3)^2\right\}\times\left(-\dfrac{8}{5}x^5\right)$

$=\dfrac{2x^4}{3}\times\left(-\dfrac{5}{4x^6}\right)\times\left(-\dfrac{8x^5}{5}\right)=\dfrac{4}{3}x^3$

トップコーチ

(1) $3a\times(-4ab^2)\div6ab$

$=\dfrac{3\times(-4)}{6}a^{1+1-1}b^{2-1}=-2ab$

累乗の指数は，かけ算のとき ＋ に

わり算のとき － に　なるこ

とを知っておくとよい。（→ **6** 指数計算）

▶ **3** (1) $-\dfrac{5}{6}x+\dfrac{1}{3}y$ 　(2) $-x^2+5xy$

解説 (1) $\dfrac{2x^4y^2-5x^3y^3}{3x^3y^2}-\dfrac{3x^2y-4xy^2}{2xy}$

$=\dfrac{2x^4y^2}{3x^3y^2}-\dfrac{5x^3y^3}{3x^3y^2}-\dfrac{3x^2y}{2xy}+\dfrac{4xy^2}{2xy}$

$=\dfrac{2}{3}x-\dfrac{5}{3}y-\dfrac{3}{2}x+2y$

$=-\dfrac{5}{6}x+\dfrac{1}{3}y$

(2) $\dfrac{4x^3y+8x^2y^2}{2xy}-\dfrac{3x^4-x^3y}{x^2}$

$=\dfrac{4x^3y}{2xy}+\dfrac{8x^2y^2}{2xy}-\dfrac{3x^4}{x^2}+\dfrac{x^3y}{x^2}$

$=2x^2+4xy-3x^2+xy$

$=-x^2+5xy$

▶ **4** (1) a^2b 　　　　(2) $-12x^3$

　　(3) $-9xy$ 　　　　(4) $-54ab$

　　(5) $-\dfrac{3a}{b}$ 　　　(6) $-a^4b$

解説 (1) $\dfrac{3b}{a}\times(-a^2b)^2\div3ab^2$

$=\dfrac{3b\times a^4b^2}{a\times3ab^2}=a^2b$

(2) $(6xy^2)^2\times\left(-\dfrac{1}{3xy^2}\right)\div\left(-\dfrac{y}{x}\right)^2$

$=36x^2y^4\times\left(-\dfrac{1}{3xy^2}\right)\times\dfrac{x^2}{y^2}$

$=-12x^3$

(3) $\left(\dfrac{3}{2}x^2y\right)^3\div(-6xy^4)\times\left(-\dfrac{4y}{x^2}\right)^2$

$=\dfrac{27x^6y^3}{8}\times\left(-\dfrac{1}{6xy^4}\right)\times\dfrac{16y^2}{x^4}$

$=-9xy$

(4) $(-ab^2)^3\div\dfrac{2}{3}a^2b\times\left(-\dfrac{6}{b^2}\right)^2$

$=-a^3b^6\times\dfrac{3}{2a^2b}\times\dfrac{36}{b^4}=-54ab$

(5) $\left(-\dfrac{3a^3}{b^2}\right)^2\times\left(\dfrac{9b^3}{a^2}\right)^4\div\left(-\dfrac{27b^3}{a}\right)^3$

$=\dfrac{3^2a^6}{b^4}\times\dfrac{3^8b^{12}}{a^8}\times\left(-\dfrac{a^3}{3^9b^9}\right)=-\dfrac{3a}{b}$

(6) $-(ab^2c^2)^4\div\left(\dfrac{b^2c^3}{a^2}\right)^2\times\dfrac{a}{(-a)^5(-b)^3(-c)^2}$

$=-a^4b^8c^8\times\dfrac{a^4}{b^4c^6}\times\dfrac{1}{a^4b^3c^2}$

$=-a^4b$

▶ **5** (1) $-6a+6$

　　(2) ア　4　　イ　3　　ウ　2

　　(3) $-9x^2y$ 　(4) $-2a^2b$

解説 (1) $\boxed{}=7-4a-(2a+1)$

$=7-4a-2a-1=-6a+6$

(2) $\dfrac{\boxed{ア}x+\boxed{イ}y}{\boxed{ウ}}=\dfrac{18x+7y}{6}-\dfrac{3x-y}{3}$

$=\dfrac{18x+7y-2(3x-y)}{6}$

$=\dfrac{18x+7y-6x+2y}{6}=\dfrac{12x+9y}{6}$

$=\dfrac{4x+3y}{2}$

よって，アは 4，イは 3，ウは 2

(3) $(2x^3y^4)^2\div\left(-\dfrac{3}{2}x^2y\right)^3\div\dfrac{2}{9}xy^2$

$=4x^6y^8\times\left(-\dfrac{8}{27x^6y^3}\right)\times\dfrac{9}{2xy^2}=-\dfrac{16y^3}{3x}$

$-\dfrac{16y^3}{3x}\times\boxed{}=48xy^4$ より

$\boxed{}=48xy^4\div\left(-\dfrac{16y^3}{3x}\right)$

$=48xy^4\times\left(-\dfrac{3x}{16y^3}\right)=-9x^2y$

(4) $(-2a^2b)^3\times(-3a^3)^2\div(-3a^3)^3$

$=-8a^6b^3\times9a^6\times\left(-\dfrac{1}{27a^9}\right)$

$=\dfrac{8}{3}a^3b^3$

$$\frac{8}{3}a^3b^3 \div \boxed{} = -\frac{4}{3}ab^2 \text{ より}$$

$$\boxed{} = \frac{8}{3}a^3b^3 \div \left(-\frac{4}{3}ab^2\right)$$

$$= \frac{8a^3b^3}{3} \times \left(-\frac{3}{4ab^2}\right) = -2a^2b$$

▶**6** (1) **5**　　　　　　(2) **9**
　　(3) **0**　　　　　　(4) **99**

解説 (1) $2^\square \times 2^5 = 2^{10}$ より

$2^{\square+5} = 2^{10}$　$\square + 5 = 10$　$\square = 5$

(2) $a^{12} \times a^7 \div a^\square \div a^6 = a^4$ より

$a^{12+7-\square-6} = a^4$　$a^{13-\square} = a^4$

$13 - \square = 4$　$\square = 9$

(3) $a^{17} \div a^7 \div a^{10} = a^\square$ より

$a^{17-7-10} = a^\square$　$a^0 = a^\square$　$\square = 0$

(4) $2^{100} - 2^{99} = 2 \times 2^{99} - 1 \times 2^{99}$

$= (2-1) \times 2^{99} = 2^{99}$

よって $\square = 99$

トップコーチ

＜指数法則＞　($a \neq 0$, m, n：正の整数)

① $a^m \times a^n = a^{m+n}$

② $(a^m)^n = a^{m \times n}$

③ $a^m \div a^n = a^{m-n}$ $\begin{cases} a^{m-n} & (m>n) \\ 1 & (m=n) \\ \dfrac{1}{a^{n-m}} & (m<n) \end{cases}$

（参考）
$a^1 = a$
$a^0 = 1$
$a^{-m} = \dfrac{1}{a^m}$

▶**7** (1) $b = \dfrac{5a-8}{2}$　　(2) $a = b+2c$

　　(3) $h = \dfrac{3V}{S}$　　(4) $b = \dfrac{2S}{h} - a$

　　(5) $a = \dfrac{2S}{r} - b - c$　(6) $b = \dfrac{ac}{a-c}$

解説 (1) $-2b = -5a + 8$ より

$b = \dfrac{5a-8}{2}$

(2) $2c = a - b$ より　$a = b + 2c$

(3) $3V = Sh$ より　$h = \dfrac{3V}{S}$

(4) $2S = (a+b)h$ より　$a + b = \dfrac{2S}{h}$

よって　$b = \dfrac{2S}{h} - a$

(5) $2S = (a+b+c)r$ より　$a+b+c = \dfrac{2S}{r}$

よって　$a = \dfrac{2S}{r} - b - c$

(6) $\dfrac{1}{b} = \dfrac{1}{c} - \dfrac{1}{a}$　$\dfrac{1}{b} = \dfrac{a-c}{ac}$

両辺の逆数をとって　$b = \dfrac{ac}{a-c}$

▶**8** (1) $7x - 4y$　　(2) $10x + 7y$
　　(3) $-4y - 2$　　(4) $3x^2 + xy$

解説 (1) $4A - B$

$= 4(3x - 2y) - (5x - 4y)$

$= 12x - 8y - 5x + 4y = 7x - 4y$

(2) $6B - 2(A + 2B) + 3A$

$= 6B - 2A - 4B + 3A = A + 2B$

$= 2x - 3y + 2(4x + 5y)$

$= 2x - 3y + 8x + 10y = 10x + 7y$

(3) $A + 2B - 3(A + B)$

$= A + 2B - 3A - 3B = -2A - B$

$= -2(x + y + 1) - \{-2(x - y)\}$

$= -2x - 2y - 2 + 2x - 2y = -4y - 2$

(4) $2A - B - \dfrac{4A - (2B + C)}{3}$

$= \dfrac{3(2A - B) - 4A + 2B + C}{3}$

$= \dfrac{2A - B + C}{3}$

$= \dfrac{1}{3}\{2(3x^2 - xy + 2y^2) - (x^2 - 2xy + y^2)$

$\qquad\qquad\qquad + (4x^2 + 3xy - 3y^2)\}$

$= \dfrac{1}{3}(9x^2 + 3xy) = 3x^2 + xy$

▶**9** (1) $3:11:6$ (2) $x=\dfrac{10}{9}$

(3) $\dfrac{2}{9}$

解説 (1) $c=2a$ を $a+3b=6c$ に代入して

$a+3b=12a$　　$3b=11a$

よって　$b=\dfrac{11}{3}a$

$a:b:c=a:\dfrac{11}{3}a:2a=1:\dfrac{11}{3}:2$

　　　　$=3:11:6$

(2) 内項の積 ＝ 外項の積であるから

$\dfrac{3x+2}{7}\times35=\left(5-\dfrac{x}{2}\right)\times6$

$15x+10=30-3x$　　$18x=20$

よって　$x=\dfrac{20}{18}=\dfrac{10}{9}$

(3) $x:y=3:1$ より　$x=3y$

$\dfrac{x^2+5xy-6y^2}{(2x+3y)^2}=\dfrac{9y^2+15y^2-6y^2}{(6y+3y)^2}$

$=\dfrac{18y^2}{81y^2}=\dfrac{2}{9}$

▶**10** (1) 8 (2) $\dfrac{25}{24}$

(3) -9

解説 (1) $2a^2\div\left(-\dfrac{1}{3}ab^2\right)\times\left(\dfrac{1}{6}ab\right)$

$=2a^2\times\left(-\dfrac{3}{ab^2}\right)\times\dfrac{ab}{6}=-\dfrac{a^2}{b}$

$=-\dfrac{4^2}{-2}=\dfrac{16}{2}=8$

(2) $\dfrac{3x-y+1}{2}-\dfrac{5x-3y-2}{4}$

$=\dfrac{2(3x-y+1)-(5x-3y-2)}{4}$

$=\dfrac{6x-2y+2-5x+3y+2}{4}=\dfrac{x+y+4}{4}$

$=\dfrac{1}{4}\left(\dfrac{2}{3}-\dfrac{1}{2}+4\right)=\dfrac{1}{4}\times\dfrac{25}{6}=\dfrac{25}{24}$

(3) $\dfrac{1}{2}x^2y^3\div\left(-\dfrac{2}{3}x^3y^2\right)^3\times(-2x^2y)^4$

$=\dfrac{x^2y^3}{2}\times\left(-\dfrac{27}{8x^9y^6}\right)\times16x^8y^4$

$=-27xy=-27\times(-1)\times\left(-\dfrac{1}{3}\right)=-9$

トップコーチ

「式の値」というのは「数値」である。文字が残らないように注意すること。

▶**11** (1) $\dfrac{1}{7}$ (2) -1

(3) $\dfrac{1}{4}$ (4) $-\dfrac{1}{2}$

解説 (1) $3a=2b=6t$ とおくと，

t は 0 ではなく　$a=2t,\ b=3t$

$\dfrac{(a-b)^2}{a^2-ab+b^2}=\dfrac{(2t-3t)^2}{4t^2-6t^2+9t^2}=\dfrac{t^2}{7t^2}=\dfrac{1}{7}$

(2) $x+y+z=0$ より，$x+y=-z$,

$x+z=-y,\ y+z=-x$ であるから

$x\left(\dfrac{1}{z}+\dfrac{1}{y}\right)+y\left(\dfrac{1}{z}+\dfrac{1}{x}\right)+\dfrac{x+z}{x}+\dfrac{y+z}{y}$

$=\dfrac{x}{z}+\dfrac{x}{y}+\dfrac{y}{z}+\dfrac{y}{x}-\dfrac{y}{x}-\dfrac{x}{y}$

$=\dfrac{x+y}{z}=-\dfrac{z}{z}=-1$

(3) $\dfrac{3a-b}{2}-\dfrac{2b-1}{3}-\dfrac{3-2a}{4}$

$=\dfrac{6(3a-b)-4(2b-1)-3(3-2a)}{12}$

$=\dfrac{18a-6b-8b+4-9+6a}{12}$

$=\dfrac{24a-14b-5}{12}$

$=\dfrac{2(12a-7b)-5}{12}$

$=\dfrac{2\times4-5}{12}=\dfrac{3}{12}=\dfrac{1}{4}$

(4) $\dfrac{1}{x}-\dfrac{1}{y}=2$ より $y-x=2xy$

$$\dfrac{x-y}{2xy-x+y}=\dfrac{-2xy}{2xy+2xy}=-\dfrac{2xy}{4xy}=-\dfrac{1}{2}$$

▶ **12** $Q=\pi c^2\times\dfrac{a}{360}-\pi d^2\times\dfrac{a}{360}$ …①

$\ell=2\pi d\times\dfrac{a}{360}$, $m=2\pi c\times\dfrac{a}{360}$, $r=c-d$ より

$\dfrac{1}{2}r(\ell+m)=\dfrac{1}{2}\ell r+\dfrac{1}{2}mr$

$=\dfrac{1}{2}\times2\pi d\times\dfrac{a}{360}\times r+\dfrac{1}{2}\times2\pi c\times\dfrac{a}{360}\times r$

$=\dfrac{\pi ad}{360}(c-d)+\dfrac{\pi ac}{360}(c-d)$

$=\dfrac{\pi acd}{360}-\dfrac{\pi ad^2}{360}+\dfrac{\pi ac^2}{360}-\dfrac{\pi acd}{360}$

$=\pi c^2\times\dfrac{a}{360}-\pi d^2\times\dfrac{a}{360}$ …②

①, ②より $Q=\dfrac{1}{2}r(\ell+m)$

トップコーチ

おうぎ形の面積を求める公式は, 次の3通りある。

① $S=\pi r^2\times\dfrac{x}{360}$ (図1)

② $S=\dfrac{1}{2}\ell r$ (図1)

③ $S=\pi Rr$ (図2)

図1

②は, ℓ を底辺, r を高さと見なすと, 三角形の面積の公式と同じ形である。

同様に, $Q=\dfrac{1}{2}r(\ell+m)$

は, ℓ を上底, m を下底, r を高さと見なすと, 台形の面積の公式と同じ形である。

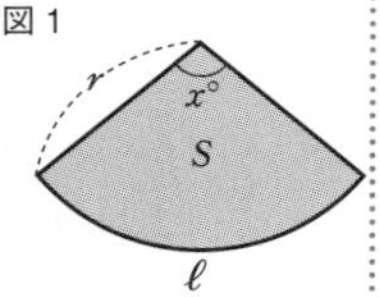

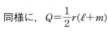
図2

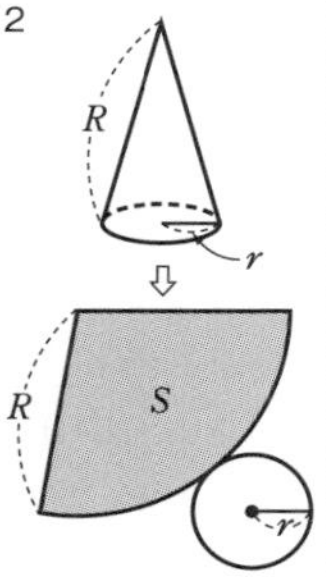

▶ **13** $5n-5$ 個

解説 1辺に n 個並んでいるから, 5倍すると $5n$ 個になる。しかし, 正五角形の頂点にある碁石は2度数えられているから, その分をさしひいて, 碁石の数は $5n-5$ 個である。

▶ **14** (1) 2個 (2) 4個
(3) ア：$3n+3$, イ：$n+1$
(4) $x=58,\ 60,\ 62$

解説 (1) 7段目は白黒白白黒黒白,
8段目は黒黒白黒黒白黒黒
であるから, 白い碁石は2個

(2) 3列目は黒黒白黒黒白…と(黒黒白)をくり返すが, 1段目と2段目に碁石はないので,
15−2＝13 13÷3＝4…1
よって 4個

(3) n 段目から $(n+2)$ 段目までに置かれている碁石の個数は白黒を合わせて
$n+(n+1)+(n+2)$
$=3n+3$ …(ア)
また, 白い碁石の個数は $(3n+3)$ が3の倍数であるから
$(3n+3)\div3=n+1$ …(イ)

(4) i) 1段目, 4段目, 7段目, …$(3k+1)$ 段目(k は0以上の整数)は白で始まり白で終わるから, 白が20個ということは,
$k=19$ として $3\times19+1=58$
ii) 2段目, 5段目, 8段目, …$(3k+2)$ 段目(k は0以上の整数)は黒で始まり黒で終わるから, 白が20個ということは,
$k=20$ として $3\times20+2=62$
iii) 3段目, 6段目, 9段目, …$(3k)$ 段目(k は自然数)は(白黒黒)のくり返しであるから, $k=20$ として $3\times20=60$
よって $x=58,\ 60,\ 62$

▶**15** $5:4$

解説 本年度の人数に着目して

$(1+0.07)x+(1-0.02)y=(1+0.03)(x+y)$

$1.07x+0.98y=1.03x+1.03y$

$0.04x=0.05y \qquad 4x=5y$

よって $x:y=5:4$

第1回 **実力テスト**

1 (1) $\dfrac{11x-26}{12}$ (2) $6x-5y$

(3) $-\dfrac{1}{36}ab^4$ (4) $-12x^3y^6$

解説 (1) $\dfrac{2x-5}{3}-\dfrac{3x+2}{4}+x$

$=\dfrac{4(2x-5)-3(3x+2)+12x}{12}$

$=\dfrac{8x-20-9x-6+12x}{12}=\dfrac{11x-26}{12}$

(2) $\dfrac{3x-y}{2}-4\left(\dfrac{y-5x}{8}-\dfrac{x-2y}{2}\right)$

$=\dfrac{3x-y-(y-5x)+4(x-2y)}{2}$

$=\dfrac{3x-y-y+5x+4x-8y}{2}$

$=\dfrac{12x-10y}{2}=6x-5y$

(3) $\dfrac{1}{3}a^2b^3\times\left(-\dfrac{1}{2}ab^2\right)^3\div\dfrac{3}{2}a^4b^5$

$=\dfrac{a^2b^3}{3}\times\left(-\dfrac{a^3b^6}{8}\right)\times\dfrac{2}{3a^4b^5}$

$=-\dfrac{1}{36}ab^4$

(4) $\left(-\dfrac{y^2}{3x}\right)^3\div\left(-\dfrac{1}{8}xy^2\right)^2\times\left(\dfrac{3}{2}x^2y\right)^4$

$=\left(-\dfrac{y^6}{27x^3}\right)\times\dfrac{64}{x^2y^4}\times\dfrac{81x^8y^4}{16}$

$=-12x^3y^6$

2 (1) ア -8 イ 3 ウ 2

(2) エ 3 オ 2

(3) カ 90 キ 5 ク 6

ケ 3

(4) コ 8

解説 (1) y について $y^5\div y^{\boxed{イ}}=y^2$

$y^{5-\boxed{イ}}=y^2 \qquad 5-\boxed{イ}=2 \qquad \boxed{イ}=3$

x について $x^2\div x^3\times x^{\boxed{ウ}}=x$

$x^{2-3+\boxed{ウ}}=x \qquad -1+\boxed{ウ}=1 \qquad \boxed{ウ}=2$

係数について $\boxed{ア}\div(-6)^3\times(-3)^2=\dfrac{1}{3}$

$\boxed{ア}\times\left(-\dfrac{1}{216}\right)\times9=\dfrac{1}{3}$

$\boxed{ア}\times\left(-\dfrac{1}{24}\right)=\dfrac{1}{3} \qquad \boxed{ア}=\dfrac{1}{3}\times(-24)=-8$

(2) x について $x^6\div(x^2)^{\boxed{エ}}=1$

$6=2\times\boxed{エ} \qquad \boxed{エ}=3$

y について $y^2\div y^3\times y^{\boxed{オ}}=y$

$y^{2-3+\boxed{オ}}=y \qquad -1+\boxed{オ}=1 \qquad \boxed{オ}=2$

(3) $\dfrac{ab\times bc}{ca}=\dfrac{30\times18}{15}$ より

$b^2=36 \qquad b>0$ より $b=6$ …**ク**

$6a=30$ より $a=5$ …**キ**

$6c=18$ より $c=3$ …**ケ**

$abc=5\times6\times3=90$ …**カ**

よって，**カ**は 90，**キ**は 5，**ク**は 6，**ケ**は 3 となる。

（別解）

$a^2b^2c^2=ab\times bc\times ca$

$=30\times18\times15$

$=(2\times3\times5)\times(2\times3^2)\times(3\times5)$

$=2^2\times3^4\times5^2=(2\times3^2\times5)^2$

$a>0,\ b>0,\ c>0$ より

$abc=2\times3^2\times5=90$ …**カ**

$a=90\div18=5$ …**キ**

$b=90\div15=6$ …**ク**

$c=90\div30=3$　…ケ

(4)　$3^{50}\times3^{48}-3^{96}=3^{50+48}-3^{96}$

$=3^{98}-3^{96}=3^2\times3^{96}-1\times3^{96}$

$=(3^2-1)\times3^{96}=8\times3^{96}$

よって，コは 8 となる。

3　(1)　$\ell=\dfrac{2S}{n}-a$

　　(2)　$x=-y-z$

解説　(1)　$n(a+\ell)=2S$ より

$a+\ell=\dfrac{2S}{n}$　　$\ell=\dfrac{2S}{n}-a$

(2)　両辺に xyz をかけて　$z+x+y=0$

$x=-y-z$

4　(1)　$\dfrac{4}{27}$　　　　(2)　$-\dfrac{16}{81}$

　　(3)　$6x+5y-11$

解説　(1)　$(x^2y)^3\times\left(-\dfrac{5}{9}xy^2\right)\div\left(-\dfrac{5}{3}x^5y^3\right)$

$=x^6y^3\times\left(-\dfrac{5xy^2}{9}\right)\times\left(-\dfrac{3}{5x^5y^3}\right)$

$=\dfrac{1}{3}x^2y^2=\dfrac{1}{3}\times\left(\dfrac{1}{3}\right)^2\times2^2=\dfrac{4}{27}$

(2)　$\left(-\dfrac{2}{3a}\right)^3\times(3ab)^4\div\left(-\dfrac{2b}{a}\right)^4$

$=-\dfrac{8}{27a^3}\times81a^4b^4\times\dfrac{a^4}{16b^4}$

$=-\dfrac{3}{2}a^5=-\dfrac{3}{2}\times\left(\dfrac{2}{3}\right)^5=-\left(\dfrac{2}{3}\right)^4=-\dfrac{16}{81}$

(3)　$6A-5B-3(A-2B)$

$=6A-5B-3A+6B$

$=3A+B=3(x+2y-4)+(3x-y+1)$

$=3x+6y-12+3x-y+1$

$=6x+5y-11$

5　(1)　$\dfrac{200}{3}$　　　(2)　75 番目

　　(3)　$\dfrac{305-5k}{3}$

解説　(1)　100 から $\dfrac{5}{3}$ を 20 回ひくと，21

番目の数になるから

$100-\dfrac{5}{3}\times20=\dfrac{300-100}{3}=\dfrac{200}{3}$

(2)　$\left\{100-\left(-\dfrac{70}{3}\right)\right\}\div\dfrac{5}{3}=\dfrac{370}{3}\times\dfrac{3}{5}=74$

$-\dfrac{70}{3}$ は，100 から $\dfrac{5}{3}$ を 74 回ひいた数で

あるから，75 番目である。

(3)　100 から $\dfrac{5}{3}$ を $k-1$ 回ひくと，k 番目の

数になるから

$100-\dfrac{5}{3}\times(k-1)=\dfrac{300-5(k-1)}{3}$

$=\dfrac{305-5k}{3}$

6　(1)　4 本

　　(2)　23 枚

　　(3)　$3n+2\ \mathrm{cm}^2$

　　(4)　$2n+10\ \mathrm{cm}$

解説　(1)　右の図のように，
対称の軸は 4 本ある。

(2)　1 番目はタイルが 5 枚で，
3 枚ずつ増えていくから，
7 番目のタイルの枚数は，5 に 3 を 6 回た
して

$5+3\times6=23$（枚）

(3)　タイル 1 枚が $1\mathrm{cm}^2$ であるから，面積は
タイルの枚数に等しい。(2)より，n 番目の
図形の面積は，5 に 3 を $n-1$ 回たして

$5+3(n-1)=3n+2$（cm^2）

(4)　1 番目の図形の周の長さは 12cm で，
2cm ずつ増えていくから，n 番目の図形の
周の長さは，12 に 2 を $n-1$ 回たして

$12+2(n-1)=2n+10$（cm）

2 連立方程式

各問題で，上の式を①，下の式を②とする。

▶ **16** (1) $x=1$, $y=2$

(2) $x=-1$, $y=2$

(3) $x=2$, $y=-1$

(4) $x=3$, $y=-2$

(5) $x=3$, $y=-4$

(6) $x=1$, $y=-1$

解説 (1) ①を②に代入して

$2(5-2y)-3y=-4$

$10-4y-3y=-4$ $-7y=-14$

$y=2$

これを①に代入して　$x=5-2\times2=1$

(2) ②を①に代入して　$5x+2(3x+5)=-1$

$5x+6x+10=-1$ $11x=-11$

$x=-1$

これを②に代入して　$y=3\times(-1)+5=2$

(3) ①より　$x=4y+6$ …①′

①′を②に代入して　$3(4y+6)+y=5$

$12y+18+y=5$ $13y=-13$ $y=-1$

これを①′に代入して　$x=4\times(-1)+6=2$

(4) ①より　$y=2x-8$ …①′

①′を②に代入して　$3x+4(2x-8)=1$

$3x+8x-32=1$ $11x=33$ $x=3$

これを①′に代入して　$y=2\times3-8=-2$

(5) ②より　$x=5y+23$ …②′

②′を①に代入して　$2(5y+23)+y=2$

$10y+46+y=2$ $11y=-44$ $y=-4$

これを②′に代入して

$x=5\times(-4)+23=3$

(6) ②より　$y=2x-3$ …②′

②′を①に代入して　$3x+(2x-3)=2$

$5x=5$ $x=1$

これを②′に代入して　$y=2\times1-3=-1$

▶ **17** (1) $x=1$, $y=2$

(2) $x=\dfrac{2}{3}$, $y=-2$

(3) $x=2$, $y=-3$

(4) $x=4$, $y=5$

(5) $x=23$, $y=29$

(6) $x=3$, $y=-4$

解説 (1) ①－②より　$3y=6$　$y=2$

これを②に代入して　$x-2=-1$　$x=1$

(2) ①×2－②より　$7y=-14$　$y=-2$

これを①に代入して　$3x+2\times(-2)=-2$

$3x-4=-2$　$3x=2$　$x=\dfrac{2}{3}$

(3) ①－②×2より　$y=-3$

これを②に代入して　$4x-3=5$

$4x=8$　$x=2$

(4) ①+②×2より　$-y=-5$　$y=5$

これを②に代入して　$-2x+5=-3$

$-2x=-8$　$x=4$

(5) ①×4－②×3より　$x=23$

これを①に代入して　$4\times23-3y=5$

$92-3y=5$　$-3y=-87$　$y=29$

(6) ①×3+②×2より　$19x-57=0$

$19x=57$　$x=3$

これを①に代入して　$3\times3-4y-25=0$

$9-4y-25=0$　$-4y=16$　$y=-4$

▶ **18** (1) $x=-2$, $y=3$

(2) $x=2$, $y=-1$

解説 (1) $\begin{cases} 3x+2y=0 & \cdots① \\ 2x-3y+13=0 & \cdots② \end{cases}$

①×3+②×2より　$13x+26=0$

$13x=-26$　$x=-2$

これを①に代入して　$3\times(-2)+2y=0$

$-6+2y=0$　$2y=6$　$y=3$

(2) $\begin{cases} 3x-y=7 & \cdots① \\ 7x+7y=7 & \cdots② \end{cases}$

②÷7 より $x+y=1$ …②′

①+②′ より $4x=8$ $x=2$

これを②′に代入して $2+y=1$

$y=-1$

▶ **19** (1) $x=8,\ y=6$

(2) $x=-1,\ y=-3$

(3) $x=1,\ y=2$

(4) $x=-3,\ y=4$

(5) $x=-3,\ y=-1$

(6) $x=-8,\ y=-2$

(7) $x=-5,\ y=3$

(8) $x=-2,\ y=1$

解説 (1) ①×6 より $3x-2y=12$ …①′

②×10 より $5(x+y)-2(x-3y)=90$

$5x+5y-2x+6y=90$

$3x+11y=90$ …②′

②′-①′ より $13y=78$ $y=6$

これを①′に代入して $3x-2×6=12$

$3x-12=12$ $3x=24$ $x=8$

(2) ①×15 より $6x-5y=9$ …①′

②×6 より $3x+y=-6$ …②′

②′×2-①′ より $7y=-21$ $y=-3$

これを②′に代入して $3x-3=-6$

$3x=-3$ $x=-1$

(3) ①より $7x-2x+2y=9$

$5x+2y=9$ …①′

②×6 より $3x+4(x-y)=-1$

$3x+4x-4y=-1$ $7x-4y=-1$ …②′

①′×2+②′ より $17x=17$ $x=1$

これを①′に代入して $5+2y=9$

$2y=4$ $y=2$

(4) ①×2 より $x-1+2y+2=6$

$x+2y=5$ …①′

②×3 より $3x-(y+2)=-15$

$3x-y-2=-15$ $3x-y=-13$ …②′

①′+②′×2 より $7x=-21$ $x=-3$

これを①′に代入して $-3+2y=5$

$2y=8$ $y=4$

(5) ①×12 より $3(x+1)-4(y-2)=6$

$3x+3-4y+8=6$

$3x-4y=-5$ …①′

②×100 より

$2x-11y=5$ …②′

①′×2-②′×3 より $25y=-25$ $y=-1$

これを①′に代入して

$3x-4×(-1)=-5$

$3x+4=-5$ $3x=-9$ $x=-3$

(6) ①×6 より $2(2x+7y)-3(3x+4y)=36$

$4x+14y-9x-12y=36$

$-5x+2y=36$ …①′

②×12 より $3(3x-4y)-4(2x-5y)=-24$

$9x-12y-8x+20y=-24$

$x+8y=-24$ …②′

②′-①′×4 より $21x=-168$ $x=-8$

これを②′に代入して $-8+8y=-24$

$8y=-16$ $y=-2$

(7) ①×12 より

$6(1-x)-3(3y-1)=2(x+2y+5)$

$6-6x-9y+3=2x+4y+10$

$-8x-13y=1$

$8x+13y=-1$ …①′

②×xy より

$x+y+1=3y+2x$

$-x-2y=-1$

$x+2y=1$ …②′

②′×8-①′ より

$3y=9$ $y=3$

これを②′に代入して

$x+2×3=1$

$x+6=1$ $x=-5$

(8) ①×100 より　7x−2y=−16 …①′
①②×100 より　20x+12y=−28 …②′
①′×6+②′より　62x=−124　　x=−2
これを①′に代入して
7×(−2)−2y=−16
−14−2y=−16　　−2y=−2　　y=1

トップコーチ
連立方程式は，解をもとの式に代入して式が
成り立っているかどうか検算できるので，必
ず見直しをする習慣をつけておくこと。

▶**20** (1) $x=\dfrac{7}{5}$, $y=\dfrac{21}{10}$
(2) $x=2$, $y=6$
(3) $x=-5$, $y=-20$
(4) $x=12$, $y=16$
(5) $x=3$, $y=2$
(6) $x=2$, $y=6$

解説 (1)　①×2 より　2x+2y=7 …①′
②より　2y=3x …②′
②′を①′に代入して　2x+3x=7
5x=7　　$x=\dfrac{7}{5}$　　これを②′に代入して
$2y=3×\dfrac{7}{5}=\dfrac{21}{5}$　　$y=\dfrac{21}{10}$

(2)　①より　4(y−1)=5(x+2)
4y−4=5x+10　　−5x+4y=14 …①′
②×2−①′より　11x=22　　x=2
これを②に代入して　3×2+2y=18
6+2y=18　　2y=12　　y=6

(3)　②より　3x=y+5　　3x−y=5 …②′
②′−①より　x=−5
これを①に代入して　2×(−5)−y=10
−10−y=10　　−y=20　　y=−20

(4)　①より　3y=4x …①′

②×21 より　7(x−9)=3(y−9)
7x−63=3y−27　　7x−3y=36 …②′
①′を②′に代入して　7x−4x=36
3x=36　　x=12
これを①′に代入して　3y=4×12=48
y=16

(5)　①×12 より　8x−3y=18 …①′
②より　2y=x+1　　−x+2y=1 …②′
①′+②′×8 より　13y=26　　y=2
これを②′に代入して　−x+2×2=1
−x+4=1　　−x=−3　　x=3

(6)　①×10 より　5x+12y=82 …①′
②より　2(y−3)=x+4
2y−6=x+4　　−x+2y=10 …②′
①′+②′×5 より　22y=132　　y=6
これを②′に代入して　−x+2×6=10
−x+12=10　　−x=−2　　x=2

▶**21** (1) $x=1$, $y=2$
(2) $x=1$, $y=-1$
(3) $x=4$, $y=3$
(4) $x=\dfrac{5}{6}$, $y=\dfrac{15}{7}$

解説 (1)　x+1=A, y+1=B とおく。
①より　2A+B=7 …①′
②より　3A−B=3 …②′
①′+②′より　5A=10　　A=2
これを①′に代入して　2×2+B=7
4+B=7　　B=3
よって　x+1=2 より　x=1
y+1=3 より　y=2

(2)　2x+y=A, 2x−y=B とおく。
①より　5A+2B=11 …①′
②より　2A−3B=−7 …②′
①′×3+②′×2 より　19A=19　　A=1
これを①′に代入して　5+2B=11
2B=6　　B=3

よって $\begin{cases} 2x+y=1 & \cdots ③ \\ 2x-y=3 & \cdots ④ \end{cases}$

③+④より $4x=4$ $x=1$

これを③に代入して $2+y=1$ $y=-1$

(3) $x+y=A$, $x-y=B$ とおく。

①より $2A-5B=9$ $\cdots①'$

②×7より $A+28B=35$ $\cdots②'$

②′×2−①′より $61B=61$ $B=1$

これを②′に代入して $A+28=35$

$A=7$

よって $\begin{cases} x+y=7 & \cdots ③ \\ x-y=1 & \cdots ④ \end{cases}$

③+④より $2x=8$ $x=4$

これを③に代入して $4+y=7$ $y=3$

(4) $x+\dfrac{1}{6}=A$, $y-\dfrac{1}{7}=B$ とおく。

①より $2A+3B=8$ $\cdots①'$

②より $3A-2B=-1$ $\cdots②'$

①′×2+②′×3より $13A=13$ $A=1$

これを①′に代入して $2+3B=8$

$3B=6$ $B=2$

よって $x+\dfrac{1}{6}=1$ より $x=\dfrac{5}{6}$

$y-\dfrac{1}{7}=2$ より $y=\dfrac{14}{7}+\dfrac{1}{7}=\dfrac{15}{7}$

(注意) (1)～(3)は，おきかえずにもとの式の
かっこをはずして，x, y の式を整理して連
立方程式を解いてもよい。

▶**22** (1) $x=\dfrac{3}{4}$, $y=\dfrac{3}{5}$

(2) $x=\dfrac{1}{4}$, $y=\dfrac{1}{3}$

(3) $x=2$, $y=1$

(4) $x=3$, $y=-2$

解説 (1) $\dfrac{1}{x}=A$, $\dfrac{1}{y}=B$ とおく。

①より $A+B=3$ $\cdots①'$

②より $2A-B=1$ $\cdots②'$

①′+②′より $3A=4$ $A=\dfrac{4}{3}$

これを①′に代入して $\dfrac{4}{3}+B=3$ $B=\dfrac{5}{3}$

よって $\dfrac{1}{x}=\dfrac{4}{3}$ より $x=\dfrac{3}{4}$

$\dfrac{1}{y}=\dfrac{5}{3}$ より $y=\dfrac{3}{5}$

(2) $\dfrac{1}{x}=A$, $\dfrac{1}{y}=B$ とおく。

①より $A-3B=-5$ $\cdots①'$

②より $A-B=1$ $\cdots②'$

②′−①′より $2B=6$ $B=3$

これを②′に代入して $A-3=1$ $A=4$

よって $\dfrac{1}{x}=4$ より $x=\dfrac{1}{4}$

$\dfrac{1}{y}=3$ より $y=\dfrac{1}{3}$

(3) $\dfrac{1}{x+y}=A$, $\dfrac{1}{x-y}=B$ とおく。

①より $3A+4B=5$ $\cdots①'$

②より $6A-2B=0$ $\cdots②'$

①′+②′×2より $15A=5$ $A=\dfrac{1}{3}$

これを②′に代入して $6\times\dfrac{1}{3}-2B=0$

$2-2B=0$ $-2B=-2$ $B=1$

$\dfrac{1}{x+y}=\dfrac{1}{3}$ より $x+y=3$ $\cdots③$

$\dfrac{1}{x-y}=1$ より $x-y=1$ $\cdots④$

③+④より $2x=4$ $x=2$

これを③に代入して $2+y=3$ $y=1$

(4) $\dfrac{1}{3x+2y}=A$, $\dfrac{1}{2x-y}=B$ とおく。

①より $10A+16B=4$ $\cdots①'$

②×2より $10A-8B=1$ $\cdots②'$

①′−②′より $24B=3$ $B=\dfrac{1}{8}$

これを②′に代入して $10A-8\times\dfrac{1}{8}=1$

$10A-1=1 \qquad 10A=2 \qquad A=\dfrac{1}{5}$

$\dfrac{1}{3x+2y}=\dfrac{1}{5}$ より $\quad 3x+2y=5 \quad \cdots ③$

$\dfrac{1}{2x-y}=\dfrac{1}{8}$ より $\quad 2x-y=8 \quad \cdots ④$

③＋④×2 より $\quad 7x=21 \qquad x=3$

これを③に代入して $\quad 3\times3+2y=5$

$9+2y=5 \qquad 2y=-4 \qquad y=-2$

▶**23** $14:1:10$

(解説) ①を②に代入して

$2x+2y-3(x-4y)=0$

$2x+2y-3x+12y=0$

$-x+14y=0$

よって $\quad x=14y$

これを①に代入して

$z=14y-4y=10y$

$x:y:z=14y:y:10y=14:1:10$

┌─────────────────────────────┐
トップコーチ

「不定方程式」は未知数(文字)の数が与えら
れた式の数より多く，解が1通りに決まら
ない方程式のことで，ふつう，式に定数項が
なく，解を比の形で表す形式になる。
└─────────────────────────────┘

▶**24** ア 2 イ 0 ウ −1

(解説) 3つの等式を，上から順に①，②，
③とする。

①＋②より $\quad a+3b=2 \qquad \cdots ④$

①×2＋③より $\quad 5a+b=10 \qquad \cdots ⑤$

⑤×3－④より $\quad 14a=28 \qquad a=2 \quad \cdots$ ア

これを⑤に代入して $\quad 5\times2+b=10$

$10+b=10 \qquad b=0 \quad \cdots$ イ

②より $\quad 2\times0+c-2=-3 \qquad c=-1 \quad \cdots$ ウ

▶**25** (1) $a=3$, $b=-5$

(2) $a=4$, $b=-1$

(3) $a=-\dfrac{8}{13}$, $b=-\dfrac{22}{13}$ (4) $a=5$

(解説) (1) $x=4$, $y=b$ を $x-y=9$ に代入

して $\quad 4-b=9 \qquad -b=5 \qquad b=-5$

$x=4$, $y=b=-5$ を $ax+y=7$ に代入して

$4a-5=7 \qquad 4a=12 \qquad a=3$

(2) $x=3$, $y=-2$ を $ax+5y=2$ に代入して

$3a-10=2 \qquad 3a=12 \qquad a=4$

$x=3$, $y=-2$ を $2x+by=8$ に代入して

$6-2b=8 \qquad -2b=2 \qquad b=-1$

(3) $x=-1$, $y=2$ を代入して

$ax-by=4$ より $\quad -a-2b=4 \quad \cdots ①$

$bx+3ay=-2$ より $\quad -b+6a=-2$

$6a-b=-2 \quad \cdots ②$

②×2－①より $\quad 13a=-8 \qquad a=-\dfrac{8}{13}$

これを②に代入して $\quad -\dfrac{48}{13}-b=-2$

$-b=\dfrac{48}{13}-\dfrac{26}{13}=\dfrac{22}{13} \qquad b=-\dfrac{22}{13}$

(4) $\begin{cases} 3x+2y=5 & \cdots ① \\ 2x-3y=12 & \cdots ② \end{cases}$

①×3＋②×2 より $\quad 13x=39 \qquad x=3$

これを①に代入して $\quad 9+2y=5$

$2y=-4 \qquad y=-2$

$x=3$, $y=-2$ を $ax+2y=11$ に代入して

$3a-4=11 \qquad 3a=15 \qquad a=5$

▶**26** (1) $a=-2$, $b=-1$

(2) $a=\dfrac{1}{2}$, $b=6$

(解説) (1) ④－①より $\quad 2x-1=3$

$2x=4 \qquad x=2$

これを④に代入して $\quad 6+y=3 \qquad y=-3$

$x=2$, $y=-3$ を②, ③に代入して

$2a-3b+1=0$ …②′

$4a+3b+11=0$ …③′

②′+③′より $6a+12=0$ $6a=-12$

$a=-2$

これを③′に代入して $-8+3b+11=0$

$3b=-3$ $b=-1$

(2) $\begin{cases} \dfrac{2x-3y}{5}=-1 & \cdots① \\ ax+by=19 & \cdots② \end{cases}$

$\begin{cases} 3ax-2by=-33 & \cdots③ \\ 3(x+3y)-(x+4y)=19 & \cdots④ \end{cases}$

①×5より $2x-3y=-5$ …①′

④より $3x+9y-x-4y=19$

$2x+5y=19$ …④′

④′-①′より $8y=24$ $y=3$

これを①′に代入して $2x-9=-5$

$2x=4$ $x=2$

$x=2$, $y=3$ を②, ③に代入して

$2a+3b=19$ …②′

$6a-6b=-33$ …③′

②′×2+③′より $10a=5$ $a=\dfrac{1}{2}$

これを②′に代入して $1+3b=19$

$3b=18$ $b=6$

▶**27** (1) 鉛筆 120 円, 消しゴム 70 円

　　　(2) ① $x+y=39$ ② 80 円

　　　　　③ $x=15$, $y=24$

　　　(3) おとな 136 人, 子ども 112 人

解説 (1) 鉛筆 1 本と消しゴム 1 個の値段をそれぞれ x 円, y 円とする。

$\begin{cases} 3x+2y=500 & \cdots① \\ 4x+5y=830 & \cdots② \end{cases}$

①×5-②×2より $7x=840$ $x=120$

これを①に代入して $360+2y=500$

$2y=140$ $y=70$

(2) ① りんごと柿を合わせると 39 個だから

$x+y=39$ …㋐

② みかんの個数は $50-39=11$（個）

よって, みかん 1 個の値段は

$550÷11=50$（円）

柿 1 個はみかん 1 個より 30 円高いから,

柿 1 個の値段は $50+30=80$（円）

③ りんご 1 個は柿 1 個より 20 円高いから, りんご 1 個の値段は

$80+20=100$（円）

また, りんごと柿の合計金額は

$3970-550=3420$（円）

よって $100x+80y=3420$

両辺を20でわって $5x+4y=171$ …㋑

㋑-㋐×4より $x=15$

これを㋐に代入して $15+y=39$

$y=24$

(3) おとなと子どもの人数をそれぞれ x 人, y 人とする。

$\begin{cases} x+y=248 & \cdots① \\ 400x+250y=82400 & \cdots② \end{cases}$

②÷50より $8x+5y=1648$ …②′

②′-①×5より $3x=408$ $x=136$

これを①に代入して $136+y=248$

$y=112$

▶**28** (1) 弁当 600 円, 飲み物 150 円

　　　(2) A 16kg, B 8kg

解説 (1) 弁当と飲み物の定価をそれぞれ x 円, y 円とする。

$\begin{cases} x+y=750 & \cdots① \\ (1-0.1)x+(1-0.2)y=660 & \cdots② \end{cases}$

②より $0.9x+0.8y=660$

両辺を 10 倍して $9x+8y=6600$ …②′

②′-①×8より $x=600$

これを①に代入して　$600+y=750$

　　$y=150$

(2)　金属 A，B をそれぞれ x kg，y kg 混ぜ
るとする。

　原料 P について　$0.6x+0.3y=12$　…①

　原料 Q について　$0.2x+0.6y=8$　…②

　①×2−②より　$x=16$

　これを②に代入して　$3.2+0.6y=8$

　$0.6y=4.8$　　$6y=48$　　$y=8$

▶**29** (1)　30°　　(2)　$y=60+\dfrac{x}{2}$

　　　(3)　午後 2 時 $22\dfrac{22}{29}$ 分

解説　(1)　長針は 1 時間に 360° 回転する
から 1 分につき　$360°÷60=6°$

短針は 1 時間に 5 分分だけ回転するから

$6°×5=30°$

(2)　短針は 2 時間で　$30°×2=60°$

　x 分で　$30°÷60×x=\dfrac{x°}{2}$

　よって，2 時間 x 分で

　$y=60+\dfrac{x}{2}$

(3)

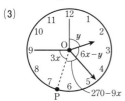

2 時 x 分に題意を満たすとすると，題意より

$\begin{cases} 6x-y=270-9x & \text{…①} \\ y=60+\dfrac{x}{2} & \text{…②} \end{cases}$

②を①に代入して

$6x-\left(60+\dfrac{x}{2}\right)=270-9x$

$\dfrac{11}{2}x-60=270-9x$

$11x-120=540-18x$

$29x=660$

$x=\dfrac{660}{29}=22\dfrac{22}{29}$

▶**30**　おとな 9 人，子ども 6 人

　　　（答えを求める過程は，解説参照）

解説　おとなを x 人，子どもを y 人とする。

午前 10 時から午後 5 時までは 7 時間であ
るから，自転車のレンタル料金は

おとなは　$500+100(7-4)=800$（円）

子どもは　$300+50(7-4)=450$（円）

人数について　$x+y=15$　…①

料金について　$800x+450y=9900$　…②

①×800−②より　$350y=2100$

よって　$y=6$

①より　$x=15-y=15-6=9$

ゆえに，おとなは 9 人，子どもは 6 人で
ある。

▶**31** (1)　スチール缶 10kg, アルミ缶 30kg

　　　(2)　男子 69 人，女子 63 人

解説　(1)　先月のスチール缶とアルミ缶の
回収量をそれぞれ x kg，y kg とする。

$\begin{cases} x+y=40 & \text{…①} \\ (1-0.1)x+(1+0.1)y=42 & \text{…②} \end{cases}$

②より　$0.9x+1.1y=42$

両辺を 10 倍して

$9x+11y=420$　…②′

②′−①×9 より　$2y=60$　　$y=30$

これを①に代入して　$x+30=40$　　$x=10$

(2)　昨年度の男子，女子の人数をそれぞれ x
人，y 人とする。

昨年の入学生徒数は　$132+3=135$（人）

これより　$x+y=135$　…①

男子は 8% 減少し，女子は 5% 増加して，全体で 3 人減少したから

$-0.08x+0.05y=-3$

両辺を100倍して

$-8x+5y=-300$　…②

①×5－②より　$13x=975$　　$x=75$

これを①に代入して　$75+y=135$

$y=60$

よって，今年の人数は，男子が

$(1-0.08)\times75=69(人)$

女子が　$(1+0.05)\times60=63(人)$

トップコーチ

連立方程式の文章題では，きかれたものの個数や量を文字でおいて立式するのがふつうだが，割合がからむ問題は，「もとになる量」を文字でおくのが定石。

昨年度と比較する問題では，きかれたものが今年度の数量であっても，昨年度の数量を x，y とおいて立式する。

▶**32**　(1)　$p=450$, $q=150$

(2)　$a=5.4$, $b=10.8$

(3)　5.5%

解説　(1)　食塩水の量に着目して

$p+q=600$　…①

食塩の量に着目して

$\dfrac{9}{100}p+\dfrac{5}{100}q=\dfrac{8}{100}\times600$

両辺を 100 倍して

$9p+5q=4800$　…②

②－①×5 より　$4p=1800$　　$p=450$

これを①に代入して　$450+q=600$

$q=150$

(2)　A と B を xg ずつ混ぜたとすると

$\dfrac{a}{100}x+\dfrac{b}{100}x=\dfrac{8.1}{100}\times2x$

$ax+bx=16.2x$

$x>0$ であるから，両辺を x でわって

$a+b=16.2$　…①

A を yg，C を $2yg$ 混ぜたとすると

$\dfrac{a}{100}y+\dfrac{8.1}{100}\times2y=\dfrac{7.2}{100}\times3y$

$ay+16.2y=21.6y$

$y>0$ であるから，両辺を y でわって

$a+16.2=21.6$　　$a=5.4$

これを①に代入して　$5.4+b=16.2$

$b=10.8$

(3)　$\begin{cases} \dfrac{2}{100}x+\dfrac{32}{1000}y+\dfrac{64}{1000}z=\dfrac{4}{100}\times300 & \cdots① \\ x+y+z=300 & \cdots② \end{cases}$

①×1000 より

$20x+32y+64z=12000$

$5x+8y+16z=3000$　…①′

①′－②×5 より

$3y+11z=1500$

$3y=1500-11z$

$y=500-\dfrac{11}{3}z$　…③

①′－②×8 より

$-3x+8z=600$

$-3x=600-8z$

$x=-200+\dfrac{8}{3}z$　…④

求める食塩水の濃度を $p\%$ とすると

$\dfrac{35}{1000}x+\dfrac{47}{1000}y+\dfrac{79}{1000}z=\dfrac{p}{100}\times300$

$35x+47y+79z=3000p$　…⑤

⑤に③，④を代入して

$35\left(-200+\dfrac{8}{3}z\right)+47\left(500-\dfrac{11}{3}z\right)+79z$

$=3000p$

$$-7000+\frac{280}{3}z+23500-\frac{517}{3}z+79z$$
$$=3000p$$
$$-21000+280z+70500-517z$$
$$+237z$$
$$=9000p$$
$$517z-517z+49500=9000p$$
$$9000p=49500$$
$$p=5.5$$

▶**33** (1) $x=\dfrac{3}{2}$, $y=\dfrac{5}{2}$

    (2) **5400m, 分速 75m**

解説 (1) $\begin{cases} x+y=4 & \cdots① \\ \dfrac{x}{3}+\dfrac{y}{5}=1 & \cdots② \end{cases}$

②×15 より　$5x+3y=15$ …②′

②′−①×3 より　$2x=3$　　$x=\dfrac{3}{2}$

これを①に代入して

$\dfrac{3}{2}+y=4$

$y=4-\dfrac{3}{2}=\dfrac{5}{2}$

(2) A 町から B 町までの道のりを x m, 歩いて行くのにかかる時間を y 分とする。

$\begin{cases} x=300(y-54) & \cdots① \\ x=180(y-42) & \cdots② \end{cases}$

①, ②より　$300(y-54)=180(y-42)$

両辺を 60 でわって

$5(y-54)=3(y-42)$

$5y-270=3y-126$　　$2y=144$

$y=72$

これを②に代入して

$x=180(72-42)=180\times30=5400$

よって, 歩いて行く速さは

$5400\div72=75$ より, 分速 75m となる。

▶**34** (1) ① **秒速 18m**　② **20m**

      ③ $23\dfrac{17}{21}$ **秒後**

    (2) ① $y=x+57.25$　② $y=\dfrac{4}{3}x$

      ③ **229m**

解説 (1) ①　$64.8\times1000\div3600=18$ より

時速 64.8km＝秒速 18m

② $86.4\times1000\div3600=24$ より

時速 86.4km＝秒速 24m

1 両の長さを x m, トンネルの長さを y m とする。先頭がトンネルに進入してから, 最後尾がトンネルを通り抜けるまでに, 列車は列車の長さとトンネルの長さの和だけ進む。

上り列車について

$4x+y=18\times(50+10)=1080$　…⑦

下り列車について

$10x+y=24\times50=1200$　…⑦

⑦−⑦より　$6x=120$　　$x=20$

これを⑦に代入して　$80+y=1080$

$y=1000$

③　トンネルの長さは 1000m で, 両方の列車は, 1 秒間に

$18+24=42$（m）

ずつ近づいていくから, 出会うのは

$1000\div42=\dfrac{1000}{42}=\dfrac{500}{21}=23\dfrac{17}{21}$（秒後）

(2) ①　バイクが車を抜き去るためには, 車よりも, 50m と車の長さ 5m とバイクの長さ 2.25m の和だけ多く走るから

$y=x+50+5+2.25$

つまり　$y=x+57.25$　…⑦

②　バイクと車の走行時間が等しいとき, 距離は速さに比例するから, 距離の比は

速さの比に等しい。

$x : y = 90 : 120 = 3 : 4$

$3y = 4x$ より $y = \dfrac{4}{3}x$ …㋑

③ ㋑より $x = \dfrac{3}{4}y$ …㋒

㋒を㋐に代入して $y = \dfrac{3}{4}y + 57.25$

$\dfrac{1}{4}y = 57.25$

$y = 57.25 \times 4 = 229$

トップコーチ

列車の移動距離は，列車の先頭がどこからどこまで移動したかで考える。

列車がトンネルに入ってから通り抜けるまでに移動する距離は，

（トンネルの長さ）＋（列車の長さ）

となることに注意する。

▶**35** (1) **287** (2) $x = 19,\ y = 7$

解説 (1) もとの数の百の位の数を x，一の位の数を y とする。

一の位と百の位を入れかえたことから

$100y + 80 + x = 3(100x + 80 + y) - 79$

$100y + 80 + x = 300x + 240 + 3y - 79$

$-299x + 97y = 81$ …①

一の位を十の位に，十の位を百の位に，百の位を一の位におきかえたことから

$800 + 10y + x = 3(100x + 80 + y) + 11$

$800 + 10y + x = 300x + 240 + 3y + 11$

$-299x + 7y = -549$ …②

①－②より $90y = 630$ $y = 7$

これを①に代入して $-299x + 679 = 81$

$-299x = -598$ $x = 2$

よって，もとの整数は **287**

---

(2) $\begin{cases} 3x = 8y + 1 & \cdots① \\ 100y + x = 4(10x + y) - 69 & \cdots② \end{cases}$

①より $3x - 8y = 1$ …①′

②より $100y + x = 40x + 4y - 69$

$39x - 96y = 69$

$13x - 32y = 23$ …②′

②′－①′×4 より $x = 19$

これを①′に代入して $57 - 8y = 1$

$-8y = -56$ $y = 7$

▶**36** (1) $a = 10,\ b = \dfrac{45}{2}$

(2) ① ㋐ **16** ② イ **1350**

③ ウ **6** エ **7**

解説 (1) $\begin{cases} (b - a) \times 40 = 500 & \cdots① \\ \left(\dfrac{4}{3}b - a\right) \times 25 = 500 & \cdots② \end{cases}$

①より $4b - 4a = 50$ …①′

②より $\dfrac{4}{3}b - a = 20$

両辺を3倍して $4b - 3a = 60$ …②′

②′－①′より $a = 10$

これを①′に代入して $4b - 40 = 50$

$4b = 90$ $b = \dfrac{90}{4} = \dfrac{45}{2}$

(2) ① タンク T を満水にしたときの水の量を1とし，ポンプ A，B 1台で1時間に入る水の量をそれぞれ $x,\ y$ とする。

$\begin{cases} 36(x + 2y) = 1 & \cdots㋐ \\ 15(3x + 4y) = 1 & \cdots㋑ \end{cases}$

㋐より $x + 2y = \dfrac{1}{36}$ …㋐′

㋑より $3x + 4y = \dfrac{1}{15}$ …㋑′

㋑′－㋐′×2 より $x = \dfrac{1}{15} - \dfrac{1}{18} = \dfrac{1}{90}$

これを㋐′に代入して $\dfrac{1}{90} + 2y = \dfrac{1}{36}$

$$2y = \frac{1}{36} - \frac{1}{90} = \frac{5}{180} - \frac{2}{180} = \frac{3}{180} = \frac{1}{60}$$

$$y = \frac{1}{120}$$

A を 1 台利用して 12 時間給水したときの水の量は $\frac{12}{90} = \frac{2}{15}$

B 1 台では 1 時間に $\frac{1}{120}$ の水が入るから, かかる時間は

$$\frac{2}{15} \div \frac{1}{120} = \frac{2}{15} \times 120 = 16 (時間) \quad \cdots ア$$

② A, B 1 台で 1 時間にかかる費用をそれぞれ a 円, b 円とする。

$36(a+2b) = 1260$ より

$a+2b = 35$ $\cdots ウ$

$15(3a+4b) = 1275$ より

$3a+4b = 85$ $\cdots エ$

エ $-$ ウ $\times 2$ より $a = 15$

これをウに代入して $15 + 2b = 35$

$2b = 20$ $b = 10$

よって, A は 1 時間 15 円, B は 1 時間 10 円かかる。

A 1 台では 1 時間に全体の $\frac{1}{90}$ の水が入るから, 満水にするには 90 時間かかる。

よって, 費用は $15 \times 90 = 1350 (円)$ $\cdots イ$

③ A を p 台, B を q 台使うとする。

時間について $8\left(\frac{p}{90} + \frac{q}{120}\right) = 1$

$8 \times \frac{4p+3q}{360} = 1$ $4p+3q = 45$ $\cdots オ$

費用について $8(15p+10q) = 1280$

$15p+10q = 160$ $3p+2q = 32$ $\cdots カ$

カ $\times 3 -$ オ $\times 2$ より $p = 6$ $\cdots ウ$

これをカに代入して $18 + 2q = 32$

$2q = 14$ $q = 7$ $\cdots エ$

▶ **37** (1) $x = 300$, $y = 200$

(2) $t = 5$ (3) $n = 5$

解説 (1) 水そうの容積は

$40 \times 90 \times 50 = 180000 (cm^3)$

$180000 cm^3 = 180000 mL$ である。

A のみで入れると 10 分かかるから

$x \times 60 \times 10 = 180000$ よって $x = 300$

A と B から同時に入れると 6 分かかるから $(x+y) \times 60 \times 6 = 180000$ $x+y = 500$

$x = 300$ より $y = 500 - 300 = 200$

(2) $300 \times 60 \times t + (300+200) \times 60 \times (8-t)$

$= 180000$ であるから

$18000t + 30000(8-t) = 180000$

両辺を 6000 でわって

$3t + 5(8-t) = 30$ $-2t = -10$

よって $t = 5$

(3) B のみで 5 分 30 秒で入る水の量と, 木片の水面より下の部分の体積の和が, 水そうの高さ $\frac{175}{9}$ cm までの体積と等しいから

$200 \times 60 \times 5.5 + 10 \times 10 \times (10-2) \times n$

$= 40 \times 90 \times \frac{175}{9}$

$66000 + 800n = 70000$

$800n = 4000$ よって $n = 5$

▶ **38** (1) $a + 7200$

(2) ① $a + 3600 = 150b$

② $a = 2400$, $b = 40$

③ 12 分

解説 (1) $a + 120 \times 60 = a + 7200$

(2) ① $a + 120 \times 30 = 5b \times 30$ より

$a + 3600 = 150b$ $\cdots ア$

② 6 か所開くと 20 分後に待っている客はいなくなるから

$a + 120 \times 20 = 6b \times 20$ より

$a+2400=120b$ ···㋐

㋐－㋑より　$1200=30b$　　$b=40$

これを㋑に代入して　$a+2400=4800$

$a=2400$

③　x 分で待っている客がいなくなるとすると

$2400+120x=40\times8\times x$

$2400+120x=320x$

$200x=2400$　　$x=12$

トップコーチ

「ニュートン算」の基本的な式の形式は，

はじめに待っていた人数$=p$（人）

1 分間に増える人数$=q$（人）

1 分間に入り口を通過する人数$=r$（人）

待っている人がいなくなるまでにかかった時間$=t$（分）とおくと，

$p+qt=rt$　となる。

▶**39**　(1)　①　$A=100x+y$，$B=10y+x$

②　528　③　328，823

(2)　①　ア…5　イウ…10

エオ…30　カキ…54

クケ…72

②　コ…5　サ…3

シスセ…270　ソタチ…258

解説　(1)　①　$A=100x+y$

下 2 けたの数を 10 倍すると上 2 けたの数になるから　$B=10y+x$

②　$x+y=33$　···(i)

$A-B=243$ より

$(100x+y)-(10y+x)=243$

$99x-9y=243$　　$11x-y=27$　···(ii)

(i)+(ii)より　$12x=60$　　$x=5$

これを(i)に代入して

$5+y=33$　　$y=28$

よって　$A=528$

③　$x+y=31$　···(iii)

$A-B=45n$（n は自然数）とおく。

$(100x+y)-(10y+x)=45n$

$99x-9y=45n$　　$11x-y=5n$　···(iv)

(iii)+(iv)より　$12x=5n+31$

$5n=12x-31$　　$n=\dfrac{12x-31}{5}$

$x=1$，2，3，···，9 を代入して n が自然数になるものを求める。

$x=3$ のとき　$n=1$，$y=28$

$x=8$ のとき　$n=13$，$y=23$

よって　$A=328$，823

(2)　①　$a+b+c=5$　···(i)

$a+2b+3c=10$　···(ii)

$S=30a+30b+30\times(1-0.2)b+30c$

$\qquad+30\times(1-0.2)c+30\times(1-0.4)c$

$S=30a+54b+72c$　···(iii)

②　(ii)－(i)より　$b+2c=5$

$(b, c)=(1, 2)$，$(3, 1)$，$(5, 0)$ の 3 通り

(iii)にそれぞれ代入すると

Ⅰ．$(a, b, c)=(2, 1, 2)$ のとき

$S=30\times2+54\times1+72\times2=258$

Ⅱ．$(a, b, c)=(1, 3, 1)$ のとき

$S=30\times1+54\times3+72\times1=264$

Ⅲ．$(a, b, c)=(0, 5, 0)$ のとき

$S=30\times0+54\times5+72\times0=270$

S の最大値は 270，最小値は 258

第2回	**実力テスト**

1 (1) $x=1$, $y=-2$
(2) $x=5$, $y=-2$
(3) $x=-3$, $y=2$
(4) $x=9$, $y=2$

解説 (1) ①を②に代入して
$y=2y+5-3$ $-y=2$ $y=-2$
これを①に代入して $x=-4+5=1$

(2) ②より $x=-2y+1$ …②′
②′を①に代入して $2(-2y+1)-3y=16$
$-4y+2-3y=16$
$-7y=14$ $y=-2$
これを②′に代入して $x=4+1=5$

(3) ②より $y=-3x-7$ …②′
②′を①に代入して $2x+5(-3x-7)=4$
$2x-15x-35=4$ $-13x=39$
$x=-3$
これを②′に代入して $y=9-7=2$

(4) ①より $x=2y+5$ …①′
①′を②に代入して $2(2y+5)-3y=12$
$4y+10-3y=12$ $y=2$
これを①′に代入して $x=4+5=9$

2 (1) $x=1$, $y=2$
(2) $x=\dfrac{3}{4}$, $y=-\dfrac{2}{3}$
(3) $x=-\dfrac{4}{3}$, $y=-2$
(4) $x=2$, $y=-3$

解説 (1) ①-②より $2x=2$ $x=1$
これを②に代入して $3-y=1$ $y=2$

(2) ①×12より $8x+3y=4$ …①′
②×8より $4x-3y=5$ …②′
①′+②′より $12x=9$ $x=\dfrac{9}{12}=\dfrac{3}{4}$
これを②′に代入して $3-3y=5$

$-3y=2$ $y=-\dfrac{2}{3}$

(3) ①より $3x+3y-4y+8=6$
$3x-y=-2$ …①′
②×6より $3x+2(4-2y)=12$
$3x+8-4y=12$ $3x-4y=4$ …②′
①′-②′より $3y=-6$ $y=-2$
これを①′に代入して $3x+2=-2$
$3x=-4$ $x=-\dfrac{4}{3}$

(4) ①×17-②×11より
$-12y=36$ $y=-3$
これを①に代入して $11x+39=61$
$11x=22$ $x=2$

3 (1) $x=\dfrac{1}{3}$, $y=1$
(2) $x=\dfrac{1}{5}$, $y=\dfrac{1}{7}$

解説 (1) ②より $-(y+1)=3(x-1)$
$-y-1=3x-3$ $3x+y=2$ …②′
①-②′×3より $4y=4$ $y=1$
これを②′に代入して $3x+1=2$
$3x=1$ $x=\dfrac{1}{3}$

(2) ①×2-②より $\dfrac{7}{x}=35$ $\dfrac{1}{x}=5$
よって $x=\dfrac{1}{5}$
これを①に代入して $15+\dfrac{1}{y}=22$
$\dfrac{1}{y}=7$ $y=\dfrac{1}{7}$

4 45g, 52g, 67g, 70g
解説 4個の石の重さを軽い順に a, b, c, dとする。題意より

$$\begin{cases} b+c+d=189 & \cdots ① \\ a+c+d=182 & \cdots ② \\ a+b+d=167 & \cdots ③ \\ a+b+c=164 & \cdots ④ \end{cases}$$

①+②+③+④より

$3a+3b+3c+3d=702$

$a+b+c+d=234$ $\cdots ⑤$

⑤−①より $a=45$

⑤−②より $b=52$

⑤−③より $c=67$

⑤−④より $d=70$

---

5 (1) $a=4$, $b=-2$

(2) $a=\dfrac{8}{5}$, $b=-28$

解説 (1) $\begin{cases} 2x+3y=13 & \cdots ③ \\ ax+by=2 & \cdots ④ \end{cases}$

$\begin{cases} 4x-y=5 & \cdots ⑤ \\ ay-bx=16 & \cdots ⑥ \end{cases}$

③×2−⑤より $7y=21$ $y=3$

これを③に代入して

$2x+9=13$

$2x=4$ $x=2$

$x=2$, $y=3$ を④, ⑥に代入して

$2a+3b=2$ $\cdots ④'$

$3a-2b=16$ $\cdots ⑥'$

④'×2+⑥'×3 より

$13a=52$ $a=4$

これを④'に代入して

$8+3b=2$

$3b=-6$ $b=-2$

(2) $\begin{cases} x-2y=7 & \cdots ③ \\ ax+3y=5 & \cdots ④ \end{cases}$

②は x と y を入れかえる。

$\begin{cases} -5x+3y=b & \cdots ⑤ \\ x+2y=3 & \cdots ⑥ \end{cases}$

③+⑥より $2x=10$ $x=5$

これを⑥に代入して $5+2y=3$

$2y=-2$ $y=-1$

$x=5$, $y=-1$ を④, ⑤に代入して

$5a-3=5$ $5a=8$ $a=\dfrac{8}{5}$

$-25-3=b$ $b=-28$

---

6 (1) ア $\dfrac{y}{x}+\dfrac{30.8-y}{1.1x}$

イ $\dfrac{y}{x}+\dfrac{30.8-y}{1.2x}$

(2) $x=3.5$, $y=7.7$

解説 (1) BC 間の道のりは $(30.8-y)$km

よって, K君の方は $\dfrac{y}{x}+\dfrac{30.8-y}{1.1x}$

O君の方は $\dfrac{y}{x}+\dfrac{30.8-y}{1.2x}$

(2) $\dfrac{y}{x}+\dfrac{30.8-y}{1.1x}=8.2$ の両辺に $1.1x$ をかけて $1.1y+(30.8-y)=9.02x$

$0.1y=9.02x-30.8$

$y=90.2x-308$ $\cdots ①$

$\dfrac{y}{x}+\dfrac{30.8-y}{1.2x}=7.7$ の両辺に $1.2x$ をかけて

$1.2y+(30.8-y)=9.24x$

$0.2y=9.24x-30.8$ $2y=92.4x-308$

$y=46.2x-154$ $\cdots ②$

①−②より $44x-154=0$

$44x=154$ $x=\dfrac{154}{44}=\dfrac{7}{2}=3.5$

これを①に代入して

$y=90.2×3.5-308=315.7-308=7.7$

---

7 $x=94$, $y=23$

解説 A君が取った球は $1+y$(個) $\cdots ①$

B君が取った球は

$$\frac{x-1}{3}+\left\{\frac{2(x-1)}{3}-y\right\}\times\frac{1}{3}$$

$$=\frac{3(x-1)}{9}+\frac{2(x-1)-3y}{9}$$

$$=\frac{5x-3y-5}{9}\ (個)\quad\cdots ②$$

最後に残った球は

$$\left\{\frac{2(x-1)}{3}-y\right\}\times\frac{2}{3}=\frac{2x-2-3y}{3}\times\frac{2}{3}$$

$$=\frac{4x-6y-4}{9}\ (個)\quad\cdots ③$$

①は③より2個少ないから

$$1+y=\frac{4x-6y-4}{9}-2$$

両辺を9倍して

$$9+9y=4x-6y-4-18$$

$$4x-15y=31\quad\cdots ④$$

②は①の2倍より4個少ないから

$$\frac{5x-3y-5}{9}=2(1+y)-4$$

両辺を9倍して

$$5x-3y-5=18+18y-36$$

$$5x-21y=-13\quad\cdots ⑤$$

④×5−⑤×4より　$9y=207$　　$y=23$

これを④に代入して　$4x-345=31$

$$4x=376\qquad x=94$$

---

3 | 1次関数

▶**40** (1) $y=\dfrac{1}{3}x+5$　　(2) $y=3x+5$

　　　(3) $y=2x+1$　　(4) $y=\dfrac{2}{3}x+5$

解説 (1)　$x=0$ のとき $y=5$ であるから，
$y=ax+5$ とおく。$x=3$ のとき $y=6$ であ
るから，$6=3a+5$ より　$a=\dfrac{1}{3}$

　　よって　$y=\dfrac{1}{3}x+5$

(2)　変化の割合が3であるから，$y=3x+b$
とおく。$x=-1$ のとき $y=2$ となるから
$2=-3+b$　　$b=5$
よって　$y=3x+5$

(3)　点 $(0,\ 1)$ を通るから，$y=ax+1$ とおく。
点 $(2,\ 5)$ を通るから　$5=2a+1$
$2a=4$　　$a=2$
よって　$y=2x+1$

(4)　$y=ax+b$ とおく。
$x=-6$ のとき $y=1$ であるから
$-6a+b=1$　$\cdots ①$
$x=3$ のとき $y=7$ であるから
$3a+b=7$　$\cdots ②$

②−①より　$9a=6$　　$a=\dfrac{6}{9}=\dfrac{2}{3}$

これを②に代入して　$2+b=7$　　$b=5$

よって　$y=\dfrac{2}{3}x+5$

トップコーチ

＜1次関数の式の求め方＞

・グラフの傾き（＝ 変化の割合）が a，切片
　が b である1次関数の式は　$y=ax+b$

・グラフが2点 $(x_1,\ y_1)$，$(x_2,\ y_2)$ を通る直
　線である1次関数の式を求めるには，

$y=ax+b$ とおいて

$$\begin{cases} y_1=ax_1+b \\ y_2=ax_2+b \end{cases}$$

これを解いて，a, b の値を求める。

・2点 $(x_1,\ y_1)$, $(x_2,\ y_2)$ を通る直線の傾き a は

$$a=\frac{y_2-y_1}{x_2-x_1}$$

このとき，$y=ax+b$ に $x=x_1$, $y=y_1$ を代入して，b の値を求める。

▶**41** イ

解説 $y=0$ のとき，$0=-\dfrac{2}{3}x+6$ より

$0=-2x+18$　　$2x=18$　　$x=9$

グラフ上の点で，x 座標，y 座標がともに正の整数となるのは，x 座標が $0<x<9$ を満たす 3 の倍数のときであるから　$x=3,\ 6$
よって，そのような点は 2 個である。

▶**42** (1) $a=7$　　　(2) $k=\dfrac{16}{3}$

解説 (1) 2 点 $(1,\ -1)$, $(4,\ 2)$ を通る直線の式を $y=mx+n$ とおく。

$$\begin{cases} m+n=-1 & \cdots① \\ 4m+n=2 & \cdots② \end{cases}$$

②－①より　$3m=3$　　$m=1$
これを①に代入して　$1+n=-1$
$n=-2$　　よって　$y=x-2$
この直線上に点 $(a,\ 5)$ があるから
$a-2=5$　　$a=7$

(2) 2 点 A$(-2,\ -4)$，B$(1,\ 3)$ を通る直線の式を $y=ax+b$ とおく。

$$\begin{cases} -2a+b=-4 & \cdots① \\ a+b=3 & \cdots② \end{cases}$$

②－①より　$3a=7$　　$a=\dfrac{7}{3}$

これを②に代入して　$\dfrac{7}{3}+b=3$

$b=3-\dfrac{7}{3}=\dfrac{2}{3}$

よって　$y=\dfrac{7}{3}x+\dfrac{2}{3}$

点 C$(2,\ k)$ がこの直線上にあるから

$k=\dfrac{14}{3}+\dfrac{2}{3}=\dfrac{16}{3}$

▶**43** (1) $y=-\dfrac{3}{4}x+24$

　　(2) $0\leqq y\leqq24$　　(3) $0\leqq x\leqq32$

解説 (1) 4 分間に 3cm の割合で燃えていくから，1 分間では $\dfrac{3}{4}$ cm 燃える。最初は 24cm であるから　$y=24-\dfrac{3}{4}x$

つまり　$y=-\dfrac{3}{4}x+24$

(2) 全部燃えたとき，$y=0$ であるから，y の変域は　$0\leqq y\leqq24$

(3) $y=0$ のとき　$0=-\dfrac{3}{4}x+24$

$0=-3x+96$　　$3x=96$　　$x=32$
よって，x の変域は　$0\leqq x\leqq32$

▶**44** ア $-\dfrac{c}{b}$　イ 0　ウ $-\dfrac{c}{a}$

　　エ 0　オ $-\dfrac{a}{b}$　カ $\dfrac{c}{b}$

　　キ 比例　ク 傾き　ケ 切片

解説 $ax+by+c=0$ で，$a=0$, $b\neq0$ のとき $by+c=0$　　$by=-c$

よって　$y=-\dfrac{c}{b}$　…ア

この式で $c=0$ とすると　$y=0$　…イ
$ax+by+c=0$ で，$a\neq0$, $b=0$ のとき
$ax+c=0$　　$ax=-c$

よって　$x=-\dfrac{c}{a}$　…ウ

この式で $c=0$ とすると　$x=0$　…エ

$ax+by+c=0$ で，$a \neq 0$, $b \neq 0$ のとき

$by=-ax-c$　　$y=-\dfrac{a}{b}x-\dfrac{c}{b}$　…オ，カ

この式で $c=0$ とすると　$y=-\dfrac{a}{b}x$

これは，比例(**キ**)の式である。

$y=ax+b$, $y=ax+c$ $(b \neq c)$ のように，傾き(**ク**)が等しい2直線は平行である。

また，$y=ax+b$, $y=mx+b$ $(a \neq m)$ のように，切片(**ケ**)が等しい2直線は y 軸上の点 $(0, b)$ で交わる。

▶**45**　(1)　$y=3x-6$　(2)　$a=3$

解説　(1)　$y=2x-4$ と x 軸の交点を求める。$y=0$ を代入して　$0=2x-4$

$-2x=-4$　　$x=2$

よって，交点は $(2, 0)$

2点 $(2, 0)$, $(3, 3)$ を通る直線の式を $y=ax+b$ とおく。

$\begin{cases} 2a+b=0 & \cdots① \\ 3a+b=3 & \cdots② \end{cases}$

②−①より　$a=3$

これを①に代入して　$6+b=0$　　$b=-6$

よって　$y=3x-6$

(2)　$a=0$ のとき　$y=-\dfrac{1}{3}x$ と $x=1$ は平行ではないから　$a \neq 0$

このとき，$x+ay=1$ より

$ay=-x+1$　　$y=-\dfrac{1}{a}x+\dfrac{1}{a}$

この直線が $y=-\dfrac{1}{3}x+a$ と平行であるから

$-\dfrac{1}{a}=-\dfrac{1}{3}$　　よって　$a=3$

このとき，切片は $\dfrac{1}{3} \neq 3$ より一致しないから，2直線は同一ではない。

▶**46**　(1)　$\left(-\dfrac{3}{4}, \dfrac{5}{2}\right)$

(2)　$a=-2$, $b=6$

解説　(1)　直線 ℓ の切片は4で，x が2増えると y が4増えているから，傾きは

$\dfrac{4}{2}=2$

よって，直線 ℓ の式は　$y=2x+4$　…①

直線 m の切片は2で，x が3増えると y が2減っているから，傾きは $-\dfrac{2}{3}$

よって，直線 m の式は　$y=-\dfrac{2}{3}x+2$　…②

①を②に代入して　$2x+4=-\dfrac{2}{3}x+2$

両辺を3倍して　$6x+12=-2x+6$

$8x=-6$　　$x=-\dfrac{6}{8}=-\dfrac{3}{4}$

これを①に代入して　$y=-\dfrac{3}{2}+4=\dfrac{5}{2}$

よって，交点 P の座標は $\left(-\dfrac{3}{4}, \dfrac{5}{2}\right)$

(2)　2直線が交点 $\left(\dfrac{1}{2}, 5\right)$ を通るから

$\begin{cases} \dfrac{1}{2}a+b=5 & \cdots① \\ \dfrac{1}{2}b-a=5 & \cdots② \end{cases}$

①×2 より　$a+2b=10$　　…①′

②×2 より　$-2a+b=10$　…②′

①′×2+②′ より　$5b=30$　　$b=6$

これを①′に代入して　$a+12=10$

$a=-2$

▶**47**　(1)　$a=7$　(2)　$\dfrac{5}{2}$

解説　(1)　$\begin{cases} y=4x+6 & \cdots① \\ y=-2x+12 & \cdots② \end{cases}$

①を②に代入して　$4x+6=-2x+12$

$6x=6$　　$x=1$

これを①に代入して　$y=4+6=10$

よって，2直線①，②の交点の座標は

$(1, 10)$ で，この点を直線 $y=ax+3$ が通

るとき，3直線が1点で交わる。

このとき，$a+3=10$ より　$a=7$

(2)　$y=\dfrac{1}{3}x+\dfrac{5}{3}$　　…①

　　　$y=2x-5$　　…②

　　　$y=-\dfrac{1}{2}x+\dfrac{5}{2}$　　…③

①と②の交点の座標を求める。

$\dfrac{1}{3}x+\dfrac{5}{3}=2x-5$ より　$x+5=6x-15$

$-5x=-20$　　$x=4$

②より　$y=8-5=3$

よって，交点の座標は $(4, 3)$

②と③の交点の座標を求める。

$2x-5=-\dfrac{1}{2}x+\dfrac{5}{2}$ より　$4x-10=-x+5$

$5x=15$　　$x=3$

②より　$y=6-5=1$

よって，交点の座標は $(3, 1)$

①と③の交点の座標を求める。

$\dfrac{1}{3}x+\dfrac{5}{3}=-\dfrac{1}{2}x+\dfrac{5}{2}$ より

$2x+10=-3x+15$　　$5x=5$　　$x=1$

①より　$y=\dfrac{1}{3}+\dfrac{5}{3}=\dfrac{6}{3}=2$

よって，交点の座標は $(1, 2)$

これより，三角
形は右の図のよ
うになる。その
面積は，長方形
の面積から3
つの直角三角形
の面積をひいて

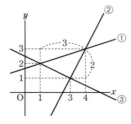

$2\times3-\dfrac{1}{2}\times2\times1-\dfrac{1}{2}\times3\times1-\dfrac{1}{2}\times1\times2$

$=6-1-\dfrac{3}{2}-1=\dfrac{5}{2}$

▶**48** (1)　①　$y=2x$　　②　$a=9$

　　(2)　①　$y=-x+10$

　　　　②　$\left(\dfrac{27}{5}, \dfrac{23}{5}\right)$

解説 (1)　①　原点を通るから，$y=mx$ と

おく。点 A$(3, 6)$ を通るから

$6=3m$　　$m=2$

よって　$y=2x$

②　AD⊥OB より，点 D の x 座標は3で

ある。このとき AD$=6$ で，

AD$=$DB より，DB$=6$ となる。

よって　$a=3+6=9$

(2)　①　$y=ax+b$ とおく。

2点 A$(4, 6)$，B$(6, 4)$ を通るから

$\begin{cases} 4a+b=6 & \cdots ⑦ \\ 6a+b=4 & \cdots ④ \end{cases}$

④$-$⑦より　$2a=-2$　　$a=-1$

これを⑦に代入して　$-4+b=6$

$b=10$

よって　$y=-x+10$

②　直線 OA は原点を通るから，その式を

$y=mx$ とおく。点 A$(4, 6)$ を通るから

$6=4m$　　$m=\dfrac{6}{4}=\dfrac{3}{2}$

よって　$y=\dfrac{3}{2}x$

点 R の x 座標を t とすると，直線 AB 上

にあるから，y 座標は $-t+10$ となる。

PQ$=$QR のとき，点 Q は線分 PR の中

点であるから，点 Q の座標を t を用い

て表すと

$$\left(\frac{-1+t}{2},\ \frac{2+(-t+10)}{2}\right)$$

つまり，$\left(\dfrac{t-1}{2},\ \dfrac{-t+12}{2}\right)$ となる。

点 Q は直線 OA 上の点であるから

$$\frac{-t+12}{2}=\frac{3}{2}\times\frac{t-1}{2}$$

両辺を 4 倍して　$-2t+24=3t-3$

$5t=27$　　$t=\dfrac{27}{5}$

このとき　$-t+10=-\dfrac{27}{5}+\dfrac{50}{5}=\dfrac{23}{5}$

よって，点 R の座標は $\left(\dfrac{27}{5},\ \dfrac{23}{5}\right)$

▶ **49** (1) $a=\dfrac{1}{3}$

(2) ① 60　② $y=-\dfrac{4}{7}x+\dfrac{60}{7}$

③ $y=\dfrac{11}{2}x-10$

(3) ① $\left(\dfrac{16}{5},\ \dfrac{8}{5}\right)$

② $y=-\dfrac{2}{9}x+\dfrac{8}{3}$

解説 (1) $\begin{cases} y=-x+4 &\cdots① \\ y=x &\cdots② \end{cases}$

①で，$y=0$ のとき　$-x+4=0$　　$x=4$

よって，点 A の座標は $(4,\ 0)$

②を①に代入して　$x=-x+4$

$2x=4$　　$x=2$

これを②に代入して　$y=2$

よって，点 B の座標は $(2,\ 2)$

原点 O を通る直線が △OAB の面積を 2 等分するのは，この直線が線分 AB の中点を通る場合である。

$\left(\dfrac{4+2}{2},\ \dfrac{0+2}{2}\right)$ より，中点の座標は $(3,\ 1)$

となり，$y=ax$ が中点 $(3,\ 1)$ を通るから

$1=3a$　　$a=\dfrac{1}{3}$

(2) ① x 軸，y 軸，点 A を通り y 軸に平行な直線，点 B を通り x 軸に平行な直線で囲まれる長方形の面積から，3 つの直角三角形の面積をひく。

$16\times8-\dfrac{1}{2}\times8\times4-\dfrac{1}{2}\times2\times16-\dfrac{1}{2}\times6\times12$

$=128-16-16-36=60$

② 線分 OB の中点の座標は $(1,\ 8)$ である。

求める直線の式を $y=ax+b$ とおく。

点 A を通るから　$8a+b=4$　…㋐

点 $(1,\ 8)$ を通るから　$a+b=8$　…㋑

㋐－㋑より　$7a=-4$　　$a=-\dfrac{4}{7}$

これを㋑に代入して　$-\dfrac{4}{7}+b=8$

$b=8+\dfrac{4}{7}=\dfrac{60}{7}$

よって　$y=-\dfrac{4}{7}x+\dfrac{60}{7}$

③ △OAB の面積の半分は　$60\div2=30$

直線 BP は y 軸と平行であるから

$BP=16-1=15$

$△OBP=\dfrac{1}{2}\times15\times2=15$

よって，線分 AB 上に点 Q$(p,\ q)$ を

$△BPQ=30-15=15$

となるようにとると，直線 PQ は △OAB の面積を 2 等分する。このとき

$△BPQ=\dfrac{1}{2}\times15\times(p-2)=15$

$p-2=2$　　$p=4$

直線 AB の式は，$y=-2x+20$ であるから　$q=-2p+20=-8+20=12$

2 点 P$(2,\ 1)$，Q$(4,\ 12)$ を通る直線の式を $y=mx+n$ とおく。

$\begin{cases} 2m+n=1 & \cdots ⑦ \\ 4m+n=12 & \cdots ① \end{cases}$

① − ⑦ より $2m=11$ $m=\dfrac{11}{2}$

これを⑦に代入して $11+n=1$

$n=-10$

よって，求める直線の式は

$y=\dfrac{11}{2}x-10$

(3) ① 原点 O から m に下ろした垂線の傾きを a とすると，2 直線の直交条件から

$-2a=-1$ $a=\dfrac{1}{2}$

よって，この垂線の式は $y=\dfrac{1}{2}x$

これと，$y=-2x+8$ の交点の座標を求める。

$\dfrac{1}{2}x=-2x+8$ より $x=-4x+16$

$5x=16$ $x=\dfrac{16}{5}$

これを $y=\dfrac{1}{2}x$ に代入して $y=\dfrac{8}{5}$

よって，点 P の座標は $\left(\dfrac{16}{5},\ \dfrac{8}{5}\right)$

② $y=\dfrac{2}{3}x$ と $y=-2x+8$ から

$\dfrac{2}{3}x=-2x+8$ $2x=-6x+24$

$8x=24$ $x=3$

これを $y=\dfrac{2}{3}x$ に代入して $y=2$

よって，点 A の座標は $(3,\ 2)$

$y=-2x+8$ で，$y=0$ のとき

$-2x+8=0$ より $x=4$

よって，点 B の座標は $(4,\ 0)$

$x=0$ のとき $y=8$

よって，点 C の座標は $(0,\ 8)$

$\triangle \text{OBC}=\dfrac{1}{2}\times 4\times 8=16$

線分 OC 上に点 D$(0,\ d)$ を

$\triangle \text{ACD}=16\div 2=8$

となるようにとると，直線 AD は

$\triangle \text{OBC}$ の面積を 2 等分する。このとき

$\triangle \text{ACD}=\dfrac{1}{2}\times (8-d)\times 3=8$

$24-3d=16$ $-3d=-8$ $d=\dfrac{8}{3}$

直線 n の式を $y=bx+\dfrac{8}{3}$ とおく。

点 A$(3,\ 2)$ を通るから

$3b+\dfrac{8}{3}=2$ $3b=-\dfrac{2}{3}$ $b=-\dfrac{2}{9}$

よって，直線 n の式は $y=-\dfrac{2}{9}x+\dfrac{8}{3}$

トップコーチ

＜三角形の面積を 2 等分する直線の求め方＞

① 頂点を通る，面積の 2 等分線
⇒ $\triangle \text{ABC}$ で頂点 A を通り $\triangle \text{ABC}$ の面積を 2 等分する直線は辺 BC の中点を M とすると，直線 AM である。

② 辺上の点を通る，面積の 2 等分線
⇒ $\triangle \text{ABC}$ で辺 AC 上の点 P を通り $\triangle \text{ABC}$ の面積を 2 等分する直線は，辺 BC の中点を M とすると，PM∥AN となる辺 BC 上の点 N と，点 P を結んだ直線 PN である。

※**49**(2)③，(3)② は上記の解法で求めることもできる。具体的に面積を計算しない解法である。

▶**50** (1) (6, 4)　(2) $\left(0, \dfrac{20}{3}\right)$

解説 (1)　点 B(0, 2) を通るから，直線 ℓ
の式を $y=ax+2$ とおく。

点 A(−6, 0) を通るから　$-6a+2=0$

$-6a=-2$　　$a=\dfrac{1}{3}$

よって，直線 ℓ の式は　$y=\dfrac{1}{3}x+2$

2 直線 ℓ，m の式から

$\dfrac{1}{3}x+2=2x-8$　　$x+6=6x-24$

$-5x=-30$　　$x=6$

これを $y=2x-8$ に代入して

$y=12-8=4$

よって，点 D の座標は (6, 4)

(2)　$y=2x-8$ で，$y=0$ のとき

$2x-8=0$ より　$x=4$

よって，点 C の座標は (4, 0)

△ABE の面積と四角形 BOCD の面積が等
しいとき，△EAO≡△DAC となる。

点 E の座標を (0, e) とすると，

$\dfrac{1}{2}\times6\times e=\dfrac{1}{2}\times(6+4)\times4$

$3e=20$　　$e=\dfrac{20}{3}$

よって，点 E の座標は $\left(0, \dfrac{20}{3}\right)$

▶**51** (1) ①　$y=-\dfrac{1}{3}x+4$

②　(3, 3)　③　(4, 1)

(2) ①　(4, 11)

②　$y=-\dfrac{2}{7}x+7$　③　$y=\dfrac{12}{7}x$

(3) ①　$\left(\dfrac{5}{2}, \dfrac{9}{2}\right)$　②　$\left(5, \dfrac{9}{2}\right)$

③　$y=-\dfrac{5}{7}x+\dfrac{44}{7}$

解説 (1) ①　直線 m に平行であるから，

傾きは $-\dfrac{1}{3}$ で，点 A(0, 4) を通るから，

切片は 4 である。よって，求める直線
の式は

$y=-\dfrac{1}{3}x+4$　…⑦

②　⑦と ℓ の
式から

$-\dfrac{1}{3}x+4$

$=\dfrac{1}{2}x+\dfrac{3}{2}$

$-2x+24=3x+9$　　$-5x=-15$

$x=3$

これを⑦に代入して　$y=-1+4=3$

よって，点 D の座標は (3, 3)

③　ℓ と m の式から

$\dfrac{1}{2}x+\dfrac{3}{2}=-\dfrac{1}{3}x+\dfrac{7}{3}$

$3x+9=-2x+14$　　$5x=5$

$x=1$

これを ℓ の式に代入して

$y=\dfrac{1}{2}+\dfrac{3}{2}=2$

よって，点 B の座標は (1, 2)

線分 BD の中点の座標は

$\left(\dfrac{1+3}{2}, \dfrac{2+3}{2}\right)$ より　$\left(2, \dfrac{5}{2}\right)$

平行四辺形の対角線は，それぞれの中点
で交わるから，線分 AC の中点もこの点
である。

点 C の座標を (p, q) とすると

$\dfrac{0+p}{2}=2$ より　$p=4$

$\dfrac{4+q}{2}=\dfrac{5}{2}$ より　$q=1$

よって，点 C の座標は (4, 1)

(2) ① 線分 AC の中点の座標は

$\left(\dfrac{0+7}{2},\ \dfrac{7+5}{2}\right)$ より $\left(\dfrac{7}{2},\ 6\right)$

平行四辺形の対角線は，それぞれの中点で交わるから，線分 BD の中点もこの点である。

点 D の座標を $(p,\ q)$ とすると

$\dfrac{3+p}{2}=\dfrac{7}{2}$ より $p=4$

$\dfrac{1+q}{2}=6$ より $q=11$

よって，点 D の座標は $(4,\ 11)$

② 点 A$(0,\ 7)$ を通るから，求める直線の式を $y=ax+7$ とおく。

点 C$(7,\ 5)$ を通るから

$7a+7=5$ $7a=-2$ $a=-\dfrac{2}{7}$

よって $y=-\dfrac{2}{7}x+7$

③ 平行四辺形の面積は，対角線の交点を通る直線で 2 等分される。

原点を通るから，求める直線の式を $y=mx$ とおく。

対角線の交点 $\left(\dfrac{7}{2},\ 6\right)$ を通るから

$6=\dfrac{7}{2}m$ $m=\dfrac{12}{7}$

よって $y=\dfrac{12}{7}x$

(3) ① $\left(\dfrac{4+1}{2},\ \dfrac{7+2}{2}\right)$ より $\left(\dfrac{5}{2},\ \dfrac{9}{2}\right)$

② 点 P の座標を $(0,\ p)$，点 Q の座標を $(q,\ r)$ とおく。線分 PQ の中点と線分 AB の中点は一致するから

$\dfrac{0+q}{2}=\dfrac{5}{2}$ より $q=5$

$\dfrac{p+r}{2}=\dfrac{9}{2}$ より $r=9-p$

よって，点 Q の x 座標は 5 で一定であるから，点 Q は点 $(5,\ 0)$ を通り y 軸に平行な直線上を動く。線分 PQ が最短となるのは PQ が x 軸と平行になるときである。このとき，点 Q の y 座標は線分 PQ の中点 M の y 座標と等しいから，

点 Q の座標は $\left(5,\ \dfrac{9}{2}\right)$ となる。

③ 平行四辺形の面積は，対角線の交点を通る直線で 2 等分される。

求める直線の式を $y=ax+b$ とおく。

2 点 $(6,\ 2)$，$\left(\dfrac{5}{2},\ \dfrac{9}{2}\right)$ を通るから

$\begin{cases} 6a+b=2 & \cdots ⑦ \\ \dfrac{5}{2}a+b=\dfrac{9}{2} & \cdots ⑦ \end{cases}$

①×2 より $5a+2b=9$ …①′

⑦×2−①′ より $7a=-5$ $a=-\dfrac{5}{7}$

これを⑦に代入して $-\dfrac{30}{7}+b=2$

$b=2+\dfrac{30}{7}=\dfrac{44}{7}$

よって $y=-\dfrac{5}{7}x+\dfrac{44}{7}$

トップコーチ

＜平行四辺形の面積の二等分線の求め方＞

平行四辺形は点対称な図形なので，対角線の中点 M を通る直線（図の ℓ，m）によってその面積が 2 等分される。

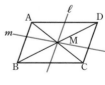

▶**52** $y=\dfrac{2}{3}x+2$

【解説】 辺 AD の中点を L，辺 BC の中点を M，線分 LM の中点を N とする。

$\dfrac{2+3}{2}=\dfrac{5}{2}$，$\dfrac{3+6}{2}=\dfrac{9}{2}$ より L$\left(\dfrac{5}{2},\ \dfrac{9}{2}\right)$

$\dfrac{2+5}{2}=\dfrac{7}{2}$，$\dfrac{-1+8}{2}=\dfrac{7}{2}$ より M$\left(\dfrac{7}{2},\ \dfrac{7}{2}\right)$

$\left(\dfrac{5}{2}+\dfrac{7}{2}\right)\div 2=6\div 2=3$,

$\left(\dfrac{9}{2}+\dfrac{7}{2}\right)\div 2=8\div 2=4$ より N(3, 4)

直線 EA，EN，ED の傾きは，それぞれ

$\dfrac{3-2}{2-0}=\dfrac{1}{2}$，$\dfrac{4-2}{3-0}=\dfrac{2}{3}$，$\dfrac{6-2}{3-0}=\dfrac{4}{3}$ であるか

ら，直線 EN は辺 AD と交わる。その交点を P とする。直線 EB，EN，EC の傾きは，

それぞれ $\dfrac{-1-2}{2-0}=-\dfrac{3}{2}$，$\dfrac{2}{3}$，$\dfrac{8-2}{5-0}=\dfrac{6}{5}$ で

あるから，直線 EN は辺 BC と交わる。そ
の交点を Q とする。

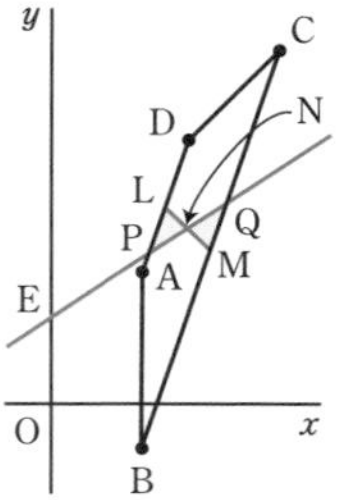

NL＝NM，

∠LNP＝∠MNQ，

∠NLP＝∠NMQ より

△NLP≡△NMQ

よって LP＝MQ

台形 ABQP と台形

ABCD は，高さが等しく，

AP＋BQ＝(AL－LP)＋(BM＋MQ)

$\qquad$ ＝AL＋BM＝$\dfrac{1}{2}$(AD＋BC)

であるから，台形 ABQP の面積は台形

ABCD の面積の $\dfrac{1}{2}$ となる。

ゆえに，直線 EN が求める直線であり，傾

きが $\dfrac{2}{3}$，y 切片が 2 であるから，その式は

$y=\dfrac{2}{3}x+2$

▶**53** (1) $\dfrac{5}{6}$ 秒後

(2) 右の図

(3) $t=\dfrac{17}{6}$,

$\qquad$ 4, $\dfrac{47}{10}$

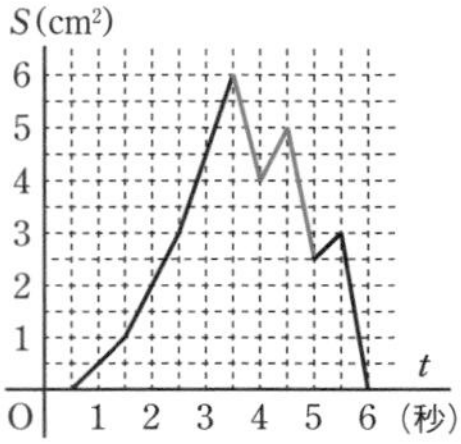

【解説】 (1) 点 P
が点 (0, 1) と点 (1, 1) の間にあるときで

ある。$y=\dfrac{3}{2}x$ で，$y=1$ のとき $1=\dfrac{3}{2}x$

よって $x=\dfrac{2}{3}$

このとき，点 P は原点 O から出発して

$1+\dfrac{2}{3}=\dfrac{5}{3}$ (cm) 動いている。

毎秒 2cm の速さで進むから

$\dfrac{5}{3}\div 2=\dfrac{5}{6}$ (秒後)

(2) $t=\dfrac{7}{2}$ のとき，$2\times\dfrac{7}{2}=7$ より，点 P の座

標は (4, 3) である。

$\dfrac{7}{2}\leqq t<4$ のとき

点 P は (4, 3) と (4, 2) の間にある。

OQ＝4，PQ＝3－(2t－7)＝－2t＋10 より

$S=\dfrac{1}{2}\times 4\times(-2t+10)=-4t+20$

$4\leqq t<\dfrac{9}{2}$ のとき

点 P は (4, 2) と (5, 2) の間にある。

OQ＝4＋(2t－8)＝2t－4，PQ＝2 より

$S=\dfrac{1}{2}\times(2t-4)\times 2=2t-4$

$\dfrac{9}{2}\leqq t\leqq 5$ のとき

点 P は (5, 2) と (5, 1) の間にある。

OQ＝5，PQ＝2－(2t－9)＝－2t＋11 より

$S=\dfrac{1}{2}\times 5\times(-2t+11)=-5t+\dfrac{55}{2}$

よって，グラフは解答の図のようになる。

(3) グラフより，$S=4$ となる t の値は
$t=4$ を含めて3個ある。

$\dfrac{5}{2} \leqq t < \dfrac{7}{2}$ のとき

点 P は $(2, 3)$ と $(4, 3)$ の間にある。
$OQ=2+(2t-5)=2t-3$，$PQ=3$ より
$S=\dfrac{1}{2}\times(2t-3)\times3=3t-\dfrac{9}{2}$

$S=4$ のとき　$4=3t-\dfrac{9}{2}$　　$3t=\dfrac{17}{2}$

よって　$t=\dfrac{17}{6}$

$\dfrac{9}{2} \leqq t < 5$ のとき

$S=-5t+\dfrac{55}{2}$ に $S=4$ を代入して

$4=-5t+\dfrac{55}{2}$　　$5t=\dfrac{47}{2}$　　$t=\dfrac{47}{10}$

ゆえに，求める t の値は　$t=\dfrac{17}{6}$, 4, $\dfrac{47}{10}$

▶**54** (1) $\left(\dfrac{36}{25}, \dfrac{48}{25}\right)$　　(2) $\dfrac{12}{5}$ 秒後

(3) $\dfrac{20}{7}$ 秒後

解説 (1) 直線 OA の式は　$y=\dfrac{4}{3}x$

直線 BC の傾きは $\dfrac{3-0}{0-4}=-\dfrac{3}{4}$ であるから，

その式は　$y=-\dfrac{3}{4}x+3$

2直線の式から y を消去して

$\dfrac{4}{3}x=-\dfrac{3}{4}x+3$　　$16x=-9x+36$

$25x=36$　　よって　$x=\dfrac{36}{25}$

このとき　$y=\dfrac{4}{3}\times\dfrac{36}{25}=\dfrac{48}{25}$

よって，点 D の座標は　$\left(\dfrac{36}{25}, \dfrac{48}{25}\right)$

(2) x 座標に着目すると，5秒後に3になる

から，x 座標は毎秒 $\dfrac{3}{5}$ だけ増加する。

$\dfrac{36}{25}\div\dfrac{3}{5}=\dfrac{36}{25}\times\dfrac{5}{3}=\dfrac{12}{5}$ より，点 P が点 D

を通過するのは $\dfrac{12}{5}$ 秒後である。

(3) 出発して t 秒後に平行になるとする。

t 秒後の x 座標を t で表すと点 P は $\dfrac{3}{5}t$，

点 Q は $4-\dfrac{4}{5}t$ である。

線分 PQ が y 軸に平行になるとき，点 P，
Q の x 座標が一致するから

$\dfrac{3}{5}t=4-\dfrac{4}{5}t$　　$\dfrac{7}{5}t=4$

よって　$t=\dfrac{20}{7}$（秒後）

▶**55** (1) ア　$\dfrac{45-a}{6}$

(2) イ　-35　　ウ　$\dfrac{4}{3}$　　エ　$\dfrac{40}{3}$

解説 (1) $\begin{cases} 5x-6y=a & \cdots① \\ y=bx+b & \cdots② \end{cases}$

①に $x=9$ を代入して　$45-6y=a$
$6y=45-a$

よって　$y=\dfrac{45-a}{6}$　$\cdots$ア

(2) ②は点 A $\left(9, \dfrac{45-a}{6}\right)$ を通るから

$\dfrac{45-a}{6}=9b+b$　　$45-a=60b$

よって　$a=45-60b$
①の y 切片は，$-6y=a$ より

$y=-\dfrac{a}{6}=-\dfrac{45-60b}{6}=10b-\dfrac{15}{2}$

②の y 切片は b
直線①，②と y 軸との交点をそれぞれ B，

C とすると

$\frac{1}{2} \times BC \times 9 = \frac{81}{4}$ より　$BC = \frac{9}{2}$

点 B が点 C より上にあるとき

$10b - \frac{15}{2} - b = \frac{9}{2}$　　$9b = 12$　　$b = \frac{4}{3}$

点 B が点 C より下にあるとき

$b - \left(10b - \frac{15}{2}\right) = \frac{9}{2}$　　$-9b = -3$

$b = \frac{1}{3}$　　$b > 1$ より，これは不適。

よって　$b = \frac{4}{3}$　…ウ

$a = 45 - 60 \times \frac{4}{3} = -35$　…イ

$\frac{45 - a}{6} = \frac{45 - (-35)}{6} = \frac{80}{6} = \frac{40}{3}$ より，

点 A の座標は　$\left(9, \frac{40}{3}\right)$　…エ

▶**56** (1)　$a = 18$

(2)　①　$a = 6$　　②　$(4, 9)$

　　　③　$(-3, -4)$

解説　(1)　$y = -x + 9$ で，$y = 0$ のとき

$0 = -x + 9$　　$x = 9$

よって，点 P の x 座標は 9 である。

点 A の x 座標は，点 P の x 座標の $\frac{1}{3}$ である

るから　$9 \times \frac{1}{3} = 3$

このとき　$y = -3 + 9 = 6$

よって，点 A の座標は $(3, 6)$

$y = \frac{a}{x}$ のグラフがこの点を通るから

$6 = \frac{a}{3}$　　$a = 18$

(2)　①　直線 m について，$x = -6$ のとき

$y = -6 + 5 = -1$

よって，点 A の座標は $(-6, -1)$

$y = \frac{a}{x}$ のグラフがこの点を通るから

$-1 = \frac{a}{-6}$　　$a = 6$

②　2 直線 m, n の式から

$x + 5 = 3x - 3$　　$-2x = -8$　　$x = 4$

これを m の式に代入して

$y = 4 + 5 = 9$

よって，点 C の座標は $(4, 9)$

③　直線 n について，$y = 0$ のとき

$0 = 3x - 3$　　$3x = 3$　　$x = 1$

よって，点 D の座標は $(1, 0)$

点 D を通り，直線 m に平行な直線は，

傾きが 1 であるから，$y = x + b$ とおける。

点 D$(1, 0)$ を通るから　$0 = 1 + b$

$b = -1$

よって　$y = x - 1$　…⑦

直線 n について，$y = -6$ のとき

$-6 = 3x - 3$　　$-3x = 3$　　$x = -1$

よって，点 B の座標は $(-1, -6)$

直線 AB の式を $y = px + q$ とおく。

2 点 A$(-6, -1)$, B$(-1, -6)$ を通る

から

$\begin{cases} -6p + q = -1 & …① \\ -p + q = -6 & …⑦ \end{cases}$

⑦－① より　$5p = -5$　　$p = -1$

これを⑦に代入して　$1 + q = -6$

$q = -7$

よって　$y = -x - 7$　…エ

⑦，エより

$x - 1 = -x - 7$　　$2x = -6$　　$x = -3$

これを⑦に代入して

$y = -3 - 1 = -4$

よって，点 E の座標は $(-3, -4)$

▶**57** (1) $(-2, -1)$　　(2) $-\dfrac{1}{3}$

(3) $y=3x-5$　　(4) $\left(\dfrac{1}{2}, 0\right)$

解説 (1) x 座標, y 座標ともに -1 をか
けて, $(-2, -1)$ となる。

(2) x の増加量は　$2-(-4)=6$

このときの y の増加量は　$1-3=-2$

よって, 傾きは　$\dfrac{-2}{6}=-\dfrac{1}{3}$

(3) △AOB の面積は, 点 A, B から x 軸に
垂線を下ろしてできる台形の面積から, 2
つの直角三角形の面積をひいて

$\dfrac{1}{2}(3+1)\times(4+2)-\dfrac{1}{2}\times4\times3-\dfrac{1}{2}\times2\times1$

$=12-6-1=5$

△COB＝△AOB より

$\dfrac{1}{2}\times OC\times2=5$　　$OC=5$

直線②の傾きは正であるから, 点 C の y
座標は 1 より小さい。よって, 点 C の座
標は $(0, -5)$ となる。

直線②は点 $(0, -5)$ を通るから, その式
を $y=ax-5$ とおく。点 B$(2, 1)$ を通るか
ら　$1=2a-5$　　$2a=6$　　$a=3$

よって, 直線②の式は　$y=3x-5$

(4) x 軸に関して点 A$(-4, 3)$ と対称な点を
A′ とすると, A′ の座標は $(-4, -3)$ で,
3 点 A′, P, B が同一直線上にあるとき,
AP＋PB の長さは最短となる。

直線 A′B の式を $y=mx+n$ とおく。

2 点 A′$(-4, -3)$, B$(2, 1)$ を通るから

$\begin{cases} -4m+n=-3 & \cdots ⑦ \\ 2m+n=1 & \cdots ① \end{cases}$

①－⑦より　$6m=4$　　$m=\dfrac{2}{3}$

これを①に代入して　$\dfrac{4}{3}+n=1$

$n=-\dfrac{1}{3}$

よって　$y=\dfrac{2}{3}x-\dfrac{1}{3}$

この式で, $y=0$ とすると

$\dfrac{2}{3}x-\dfrac{1}{3}=0$　　$2x-1=0$　　$x=\dfrac{1}{2}$

よって, 点 P の座標は $\left(\dfrac{1}{2}, 0\right)$

▶**58** (1) **100個**

(2) ① **3個**　　② **9個**

③ $-\dfrac{3}{2}<a≦-1$

解説 (1) 直線 AC の式を $y=ax+b$ とお
く。2 点 A$(-15, 0)$, C$(3, 9)$ を通るか
ら

$\begin{cases} -15a+b=0 & \cdots ① \\ 3a+b=9 & \cdots ② \end{cases}$

②－①より　$18a=9$　　$a=\dfrac{1}{2}$

これを①に代入して　$-\dfrac{15}{2}+b=0$

$b=\dfrac{15}{2}$　　よって　$y=\dfrac{1}{2}x+\dfrac{15}{2}$

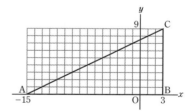

図より, x 座標, y 座標がともに整数であ
る点は, 線分 AB 上には
$15+1+3=19$(個)

直線 AC の傾きが $\dfrac{1}{2}$ であるから, $y=1$ の
とき, 条件を満たす点は 2 個減って 17 個。
以下 15 個, 13 個, …, 1 個となる。

よって，全部で

19＋17＋15＋13＋11＋9＋7＋5＋3＋1
＝100（個）

(2) ① 線分 OA は，$y=\dfrac{1}{2}x$ $(0\leqq x\leqq 4)$ で表される。y 座標が整数となるのは，$x=0$，2，4 の場合であるから，点 (x, y) で，x，y がともに整数である点は，$(0, 0)$，$(2, 1)$，$(4, 2)$ の 3 個である。

② 右の図から，条件を満たす点は 9 個である。

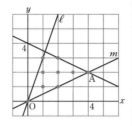

③ 右の図から，$a=-1$ のとき 11 個になり，$a=-\dfrac{3}{2}$ のとき 12 個になる。よって，ちょうど 11 個になる a の値の範囲は $-\dfrac{3}{2}<a\leqq-1$

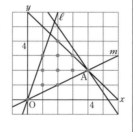

▶**59** (1) $y=2x+6$ (2) 18π
       (3) 36π (4) 54π

解説 (1) 点 A$(0, 6)$ を通るから，直線 AB の式を $y=ax+6$ とおく。点 B$(-3, 0)$ を通るから $0=-3a+6$ $3a=6$ $a=2$ よって $y=2x+6$

(2) 底面の円の半径が OB＝3，高さが OA＝6 の円錐ができるから，体積は
$\dfrac{1}{3}\times(\pi\times 3^2)\times 6=18\pi$

(3) 底面の円の半径が OA＝6，高さが OB＝3 の円錐ができるから，体積は
$\dfrac{1}{3}\times(\pi\times 6^2)\times 3=36\pi$

(4) 直線 AB 上の，x 座標が $x=2$ である点の y 座標は $y=4+6=10$ 右の図から，できる立体は，

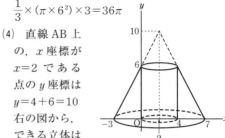

底面の円の半径が 5，高さが 10 の円錐から，底面の円の半径が 2，高さが 4 の円錐と，底面の円の半径が 2，高さが 6 の円柱を除いたものである。よって，求める体積は
$\dfrac{1}{3}\times(\pi\times 5^2)\times 10-\dfrac{1}{3}\times(\pi\times 2^2)\times 4$
$\qquad\qquad\qquad\qquad -(\pi\times 2^2)\times 6$
$=\dfrac{250}{3}\pi-\dfrac{16}{3}\pi-24\pi$
$=\dfrac{234}{3}\pi-24\pi=78\pi-24\pi=54\pi$

▶**60** (1) ① $y=-\dfrac{5}{2}x+5$

② $\left(-\dfrac{10}{9}, 0\right)$

(2) ① $(4, 2)$ ② $-\dfrac{5}{2}t+10$

③ $\left(\dfrac{20}{7}, \dfrac{30}{7}\right)$

(3) ① $\left(30-\dfrac{11}{3}t, \dfrac{5}{3}t\right)$

② $\dfrac{120}{13}$ 秒後

解説 (1) ① OA と DG の交点を H とする。四角形 DEFG は正方形であるから，EO＝OF より，DH＝HG となり，D と G は y 軸について対称な点である。し

たがって，2直線 AD，AG も y 軸について対称となり，点 C は y 軸について点 B と対称な点であるから，点 C の座標は $(2,\ 0)$ である。点 A$(0,\ 5)$ を通るから，直線 AC の式を $y=ax+5$ とおく。点 C$(2,\ 0)$ を通るから

$$0=2a+5 \qquad -2a=5 \qquad a=-\dfrac{5}{2}$$

よって $\quad y=-\dfrac{5}{2}x+5$

② 点 E の座標を $(-t,\ 0)$ とおくと，点 F の座標は $(t,\ 0)$ となる。

EF$=2t$

FG$=-\dfrac{5}{2}t+5$

四角形 DEFG は正方形であるから
EF$=$FG

これより $\quad 2t=-\dfrac{5}{2}t+5$

$$4t=-5t+10 \qquad 9t=10 \qquad t=\dfrac{10}{9}$$

よって，点 E の座標は $\left(-\dfrac{10}{9},\ 0\right)$

(2) ① ℓ と m の式から

$$-2x+10=\dfrac{1}{2}x \qquad -4x+20=x$$

$$-5x=-20 \qquad x=4$$

これを m の式に代入して $\quad y=2$

よって，点 A の座標は $(4,\ 2)$

② 点 P の y 座標は $\dfrac{1}{2}t$，点 Q の y 座標は $-2t+10$ であるから

$$\text{PQ}=-2t+10-\dfrac{1}{2}t=-\dfrac{5}{2}t+10$$

③ PR$=t$ で，四角形 PQSR が正方形になるとき，PR$=$PQ であるから

$$t=-\dfrac{5}{2}t+10 \qquad 2t=-5t+20$$

$$7t=20 \qquad t=\dfrac{20}{7}$$

点 Q は ℓ 上の点であるから，$x=\dfrac{20}{7}$ のときの y 座標は

$$y=-\dfrac{40}{7}+10=\dfrac{30}{7}$$

よって，点 Q の座標は $\left(\dfrac{20}{7},\ \dfrac{30}{7}\right)$

(3) ① 直線 BC の切片は 25，傾きは

$$-\dfrac{25}{30}=-\dfrac{5}{6}$$

であるから，直線 BC の式は

$$y=-\dfrac{5}{6}x+25$$

t 秒後に，PC$=2t$ となる。ただし，$0<t<20$ である。このとき，点 P の x 座標は $30-2t$ となるから，点 Q の y 座標は

$$y=-\dfrac{5}{6}(30-2t)+25$$

$$=-25+\dfrac{5}{3}t+25=\dfrac{5}{3}t$$

PS$=$PQ より，点 S の x 座標は

$$30-2t-\dfrac{5}{3}t=30-\dfrac{11}{3}t$$

よって，点 R の座標は

$$\left(30-\dfrac{11}{3}t,\ \dfrac{5}{3}t\right)$$

② 点 R が直線 AB 上にあるとき，正方形 PQRS は △ABC に内接する。

直線 AB の切片は 25，傾きは $\dfrac{25}{10}=\dfrac{5}{2}$ であるから，直線 AB の式は

$$y=\dfrac{5}{2}x+25$$

点 R がこの直線上にあるから

$$\frac{5}{3}t=\frac{5}{2}\left(30-\frac{11}{3}t\right)+25$$

両辺を 6 倍して　$10t=450-55t+150$

$$65t=600 \qquad t=\frac{600}{65}=\frac{120}{13}$$

トップコーチ

x 軸または y 軸と，2 直線でできる三角形に
内接する長方形の
4 つの頂点の座標
は「将棋倒し法」
で求めることがで
きる。

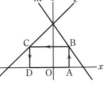

右の図で A$(t,\ 0)$ と
すると，B の x 座標 $=t$ を m の式に代入し
て，B の y 座標が求まり，C の y 座標も決定
する。ℓ の式に C の y 座標を代入して，C の
x 座標が求まり，D の座標が決定する。

▶**61** (1) ① $y=-\dfrac{1}{2}x+3$

② $\left(\dfrac{14}{3},\ \dfrac{2}{3}\right)$　③ $(21,\ 17)$

④ $(10,\ 6)$

(2) ① $y=-\dfrac{2}{3}x+4$

② $\left(\dfrac{8}{3},\ \dfrac{32}{9}\right)$　③ $\dfrac{28}{3}$

解説 (1)　①　点 B$(0,\ 3)$ を通るから，直
線 m の式を $y=ax+3$ とおく。

点 A$(6,\ 0)$ を通るから　$0=6a+3$

$$-6a=3 \qquad a=-\frac{1}{2}$$

よって　$y=-\dfrac{1}{2}x+3$

②　直線 ℓ，m の式から

$$x-4=-\frac{1}{2}x+3 \qquad 2x-8=-x+6$$

$$3x=14 \qquad x=\frac{14}{3}$$

これを ℓ の式に代入して

$$y=\frac{14}{3}-4=\frac{2}{3}$$

よって，点 E の座標は $\left(\dfrac{14}{3},\ \dfrac{2}{3}\right)$

③　△BDE＝△AEP より

△BDE＋△AED＝△AEP＋△AED

よって　△BDA＝△PDA

DA を共通の底辺とすると，2 つの三角
形の高さは等しいから　BP∥DA

点 D の座標は $(0,\ -4)$ であるから，

直線 DA の傾きは　$\dfrac{0-(-4)}{6-0}=\dfrac{2}{3}$

よって，直線 BP の式は　$y=\dfrac{2}{3}x+3$

直線 ℓ と直線 BP の式から

$$x-4=\frac{2}{3}x+3 \qquad 3x-12=2x+9$$

$$x=21$$

これを ℓ の式に代入して

$$y=21-4=17$$

よって，点 P の座標は $(21,\ 17)$

(別解) 点 C の座標は $(4,\ 0)$，点 D の
座標は $(0,\ -4)$ であるから，

AC＝$6-4=2$，BD＝$3-(-4)=7$

△AEP＝△BDE より

△ACP－△ACE＝△BDE

点 P の y 座標を p とすると

$$\frac{1}{2}\times2\times p-\frac{1}{2}\times2\times\frac{2}{3}=\frac{1}{2}\times7\times\frac{14}{3}$$

$$p-\frac{2}{3}=\frac{49}{3} \qquad p=\frac{51}{3}=17$$

点 P は ℓ 上の点であるから，x 座標は

$17=x-4$ より　$x=21$

よって，点 P の座標は $(21,\ 17)$

④ AD＝AP のとき，線分 PD の中点を M とすると，AM⊥PD となるから，直線 AM の傾きを b とすると

$1 \times b = -1$ $b = -1$

直線 AM の式を $y = -x + c$ とおく。

点 A(6, 0) を通るから $0 = -6 + c$

$c = 6$

よって $y = -x + 6$

この直線と ℓ の式から

$-x + 6 = x - 4$ $-2x = -10$ $x = 5$

これを ℓ の式に代入して $y = 5 - 4 = 1$

よって，点 M の座標は (5, 1)

点 P の座標を $(t, t-4)$ とおくと，M は線分 PD の中点であるから，

x 座標について，$\dfrac{t+0}{2} = 5$ より $t = 10$

このとき，P の y 座標は $10 - 4 = 6$ で，

$\dfrac{6 + (-4)}{2} = 1$

となり，線分 PD の中点の y 座標は，M の y 座標と一致する。

よって，点 P の座標は (10, 6)

(2) ① 点 A(0, 4) を通るから，直線 AC の式を $y = ax + 4$ とおく。

点 C(6, 0) を通るから

$0 = 6a + 4$ $-6a = 4$ $a = -\dfrac{2}{3}$

よって $y = -\dfrac{2}{3}x + 4$

② 点 Q を通り AC に平行な直線と x 軸，y 軸との交点をそれぞれ D，E とし，点 D の座標を $(d, 0)$ とする。

△DAC＝△QAC＝△ABO より

$\dfrac{1}{2} \times (d-6) \times 4 = \dfrac{1}{2} \times 2 \times 4$

$2d - 12 = 4$ $2d = 16$ $d = 8$

よって，点 D の座標は (8, 0)

直線 DE の傾きは，直線 AC の傾きに等しく，$-\dfrac{2}{3}$ であるから，直線 DE の式を $y = -\dfrac{2}{3}x + e$ とおく。点 (8, 0) を通るから

$0 = -\dfrac{16}{3} + e$ $e = \dfrac{16}{3}$

よって，直線 DE の式は $y = -\dfrac{2}{3}x + \dfrac{16}{3}$

点 P の y 座標を p とすると

△OPC＝$\dfrac{1}{2}$△ABC より

$\dfrac{1}{2} \times 6 \times p = \dfrac{1}{2} \times \dfrac{1}{2} \times (6+2) \times 4$

$3p = 8$ $p = \dfrac{8}{3}$

直線 AC の式は $y = -\dfrac{2}{3}x + 4$ で，

$y = \dfrac{8}{3}$ のとき，$\dfrac{8}{3} = -\dfrac{2}{3}x + 4$ より

$8 = -2x + 12$ $2x = 4$ $x = 2$

よって，点 P の座標は $\left(2, \dfrac{8}{3}\right)$

直線 OP の式を $y = mx$ とすると

$\dfrac{8}{3} = 2m$ $m = \dfrac{4}{3}$

よって，直線 OP の式は $y = \dfrac{4}{3}x$

点 Q は直線 OP と直線 DE の交点であるから，2 直線の式から

$\dfrac{4}{3}x = -\dfrac{2}{3}x + \dfrac{16}{3}$ $2x = \dfrac{16}{3}$

$x = \dfrac{8}{3}$

これを直線 OP の式に代入して $y = \dfrac{32}{9}$

よって，点 Q の座標は $\left(\dfrac{8}{3}, \dfrac{32}{9}\right)$

③ 線分 PQ が動いてできる図形は，台形

ACDE である。

台形 ACDE $= \triangle$OED$- \triangle$OAC

$= \dfrac{1}{2} \times 8 \times \dfrac{16}{3} - \dfrac{1}{2} \times 6 \times 4$

$= \dfrac{64}{3} - 12 = \dfrac{64}{3} - \dfrac{36}{3} = \dfrac{28}{3}$

▶**62** (1)　$-7 \leqq b \leqq 1$

(2)　$a \leqq -\dfrac{3}{2}$,　$a \geqq 5$

解説 (1)　$y = 2x + b$ が点 B$(4, 1)$ を通る

とき　$1 = 8 + b$　　$b = -7$

点 A$(1, 3)$ を通るとき

$3 = 2 + b$

$b = 1$

よって，b のとる値の範囲は　$-7 \leqq b \leqq 1$

(2)　$y = ax - 2$ が点 A$(1, 3)$ を通るとき

$3 = a - 2$　　$a = 5$

点 C$(-2, 1)$ を通るとき

$1 = -2a - 2$

$2a = -3$

$a = -\dfrac{3}{2}$

右の図より，a の

とる値の範囲は

$a \leqq -\dfrac{3}{2}$,　$a \geqq 5$

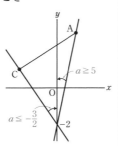

▶**63** (1)　**A, B, D**　　(2)　**10**

(3)　$\dfrac{23}{2}$　　(4)　$(-1, 5)$, $(12, 5)$

(5)　$\left(0, -\dfrac{1}{3}\right)$, $\left(0, \dfrac{19}{3}\right)$

解説 (1)　線分 OA, OB, OD は長方形の

内部を通らないが，線分 OC は長方形の内

部を通る。よって，原点 O の見える点は

A, B, D である。

(2)　点 P$(-1, 2)$ の見える点は A と D であ

るから，求める面積は

$\triangle$PAD $= \dfrac{1}{2} \times (5 - 1) \times (4 + 1) = 10$

(3)　点 Q$(-1, 6)$ の見える点は A, C, D で

あるから，求める面積は

$\triangle$QAD $+ \triangle$QCD

$= \dfrac{1}{2} \times 4 \times 5 + \dfrac{1}{2} \times 3 \times 1 = \dfrac{23}{2}$

(4)　求める点を R$(x, 5)$ とおく。

$x < 4$ のとき，点 R の見える点は A と D で

あるから，$\triangle$RAD $= 10$ より

$\dfrac{1}{2} \times 4 \times (4 - x) = 10$　　$8 - 2x = 10$

$-2x = 2$　　$x = -1$

$x > 7$ のとき，点 R の見える点は B と C で

あるから，$\triangle$RBC $= 10$ より

$\dfrac{1}{2} \times 4 \times (x - 7) = 10$　　$2x - 14 = 10$

$2x = 24$　　$x = 12$

よって，求める点の座標は

$(-1, 5)$, $(12, 5)$

(5)　求める点を S$(0, y)$ とおく。

$\triangle$SAD $= \dfrac{1}{2} \times 4 \times 4 = 8$

$y < 1$ のとき，点 S の見える点は A, B, D

であるから，$\triangle$SAB $+ \triangle$SAD $= 10$ より

$\dfrac{1}{2} \times 3 \times (1 - y) + 8 = 10$

$3 - 3y + 16 = 20$　　$-3y = 1$　　$y = -\dfrac{1}{3}$

$y > 5$ のとき，点 S の見える点は A, C, D

であるから，$\triangle$SCD $+ \triangle$SAD $= 10$ より

$\dfrac{1}{2} \times 3 \times (y - 5) + 8 = 10$

$3y - 15 + 16 = 20$　　$3y = 19$　　$y = \dfrac{19}{3}$

よって，求める点の座標は

$\left(0, -\dfrac{1}{3}\right)$, $\left(0, \dfrac{19}{3}\right)$

| 第**3**回 | **実力テスト** |

---

1 (1) $y=-\dfrac{1}{2}x+5$ (2) $y=-\dfrac{1}{3}x-1$

(3) $a=-\dfrac{15}{4}$ (4) $a=-3$, $b=-5$

解説 (1) 平行な直線の傾きは等しいから,

求める直線の式を $y=-\dfrac{1}{2}x+b$ とおく。

点 $(6,\ 2)$ を通るから $2=-3+b$

$b=5$ よって $y=-\dfrac{1}{2}x+5$

(2) 求める直線の式を $y=ax+b$ とおく。垂直な2直線の傾きの積は -1 であるから

$3a=-1$ $a=-\dfrac{1}{3}$

また, 点 $\left(1,\ -\dfrac{4}{3}\right)$ を通るから

$-\dfrac{4}{3}=-\dfrac{1}{3}+b$ $b=-\dfrac{4}{3}+\dfrac{1}{3}=-1$

よって $y=-\dfrac{1}{3}x-1$

(3) $y=\dfrac{3}{4}x-1$ で, $y=0$ のとき

$\dfrac{3}{4}x-1=0$ $\dfrac{3}{4}x=1$ $x=\dfrac{4}{3}$

$y=ax+5$ も x 軸上の点 $\left(\dfrac{4}{3},\ 0\right)$ を通るから

$\dfrac{4}{3}a+5=0$ $\dfrac{4}{3}a=-5$ $a=-\dfrac{15}{4}$

(4) $a<0$ であるから, グラフは右下がりである。よって, $x=-4$ のとき $y=7$, $x=1$ のとき $y=-8$ となる。これより

$\begin{cases} -4a+b=7 & \cdots① \\ a+b=-8 & \cdots② \end{cases}$

②$-$①より $5a=-15$ $a=-3$

これを②に代入して $-3+b=-8$

$b=-5$

---

2 $y=-x+6$

解説 $y=2x$ で, $x=2$ のとき $y=4$ であるから, 点 A の座標は $(2,\ 4)$

$y=\dfrac{1}{2}x$ で, $x=2$ のとき $y=1$ であるから,

点 B の座標は $(2,\ 1)$

AB$=4-1=3$ であるから, BC$=3$

点 C の x 座標は, $2+3=5$ であるから, 点 C の座標は $(5,\ 1)$ となる。

直線 AC の式を $y=ax+b$ とする。

2点 A$(2,\ 4)$, C$(5,\ 1)$ を通るから

$\begin{cases} 2a+b=4 & \cdots① \\ 5a+b=1 & \cdots② \end{cases}$

②$-$①より $3a=-3$ $a=-1$

これを①に代入して $-2+b=4$ $b=6$

よって $y=-x+6$

---

3 ア 12 イ $y=6x+1$

解説 ①$+$②より $3x=0$ $x=0$

これを②に代入して $y-5=0$ $y=5$

よって, 点 A の座標は $(0,\ 5)$

①$+$③より $2x+4=0$ $x=-2$

これを③に代入して $-2+y-1=0$ $y=3$

よって, 点 B の座標は $(-2,\ 3)$

②$-$③より $x-4=0$ $x=4$

これを③に代入して $4+y-1=0$ $y=-3$

よって, 点 C の座標は $(4,\ -3)$

③で, $x=0$ のとき $y-1=0$ $y=1$

よって, 点 D の座標は $(0,\ 1)$

$\triangle$ABC$=\triangle$ABD$+\triangle$ACD

$=\dfrac{1}{2}\times(5-1)\times2+\dfrac{1}{2}\times(5-1)\times4$

$=4+8=12$ $\cdots$ア

$\triangle$CDE の面積が 7 のとき

$\triangle$AED$=\triangle$ACD$-\triangle$CDE$=8-7=1$

点 E の x 座標を e とすると

$$\frac{1}{2}\times(5-1)\times e=1 \qquad e=\frac{1}{2}$$

点 E は直線②上の点であるから，y 座標は
$1+y-5=0$ より　$y=4$

よって，点 E の座標は $\left(\frac{1}{2},\ 4\right)$

点 D$(0,\ 1)$ を通るから，直線 DE の式を
$y=ax+1$ とおく。点 E$\left(\frac{1}{2},\ 4\right)$ を通るから

$$4=\frac{1}{2}a+1 \qquad 8=a+2 \qquad a=6$$

よって，直線 DE の式は
$y=6x+1$ …イ

4 (1) **9cm²**　　　(2) $y=\dfrac{1}{3}x+3$

　　(3) ① $t=18$　　② $S=t+9$

 (1)　$\triangle OAB=\dfrac{1}{2}\times3\times6=9(\text{cm}^2)$

(2) 点 A$(0,\ 3)$ を通るから，直線 ℓ の式を
$y=ax+3$ とおく。
　　点 B$(6,\ 5)$ を通るから　$5=6a+3$

$$6a=2 \qquad a=\frac{1}{3}$$

　　よって，直線 ℓ の式は　$y=\dfrac{1}{3}x+3$

(3) ①　線分 OB の中点 M の座標は
$\left(\dfrac{0+6}{2},\ \dfrac{0+5}{2}\right)$ より　$\left(3,\ \dfrac{5}{2}\right)$

　　直線 AM の式を $y=mx+3$ とおく。
　　点 M$\left(3,\ \dfrac{5}{2}\right)$ を通るから

$$\frac{5}{2}=3m+3 \qquad 5=6m+6$$

$$6m=-1 \qquad m=-\frac{1}{6}$$

　　よって　$y=-\dfrac{1}{6}x+3$

t 秒後の点 P の座標は $(t,\ 0)$ で，線分

AP が $\triangle OAB$ の面積を 2 等分するのは
点 P が直線 AM 上にあるときである。

このとき　$0=-\dfrac{1}{6}t+3$

$$\frac{1}{6}t=3 \qquad t=18$$

② $\triangle APB=\triangle OAB+\triangle OPB-\triangle OAP$

$$\qquad\quad =9+\frac{1}{2}\times t\times5-\frac{1}{2}\times t\times3$$

$$\qquad\quad =t+9$$

　　よって　$S=t+9$

5 (1) $\left(\dfrac{3}{13},\ \dfrac{12}{13}\right)$

　　(2) U の方が π **cm³** 大きい

解説 (1)　直線 OB の傾きは 4 であるから，
直線 ℓ の式は　$y=4x$

直線 AC の傾きは $-\dfrac{1}{3}$，切片は 1 であるか

ら，直線 m の式は　$y=-\dfrac{1}{3}x+1$

ℓ と m の式から

$$4x=-\frac{1}{3}x+1 \qquad 12x=-x+3$$

$$13x=3 \qquad x=\frac{3}{13}$$

これを ℓ の式に代入して　$y=\dfrac{12}{13}$

よって，点 D の座標は $\left(\dfrac{3}{13},\ \dfrac{12}{13}\right)$

(2)　直線 AB の式を $y=ax+b$ とおく。
　　2 点 A$(3,\ 0)$，B$(1,\ 4)$ を通るから

$$\begin{cases} 3a+b=0 & \cdots① \\ a+b=4 & \cdots② \end{cases}$$

　　①－②より　$2a=-4 \qquad a=-2$
　　これを②に代入して　$-2+b=4 \qquad b=6$
　　よって　$y=-2x+6$
　　これより，点 E の座標は $(0,\ 6)$

U の体積は

$$\frac{1}{3}\times(\pi\times3^2)\times6-\frac{1}{3}\times(\pi\times1^2)\times4$$

$$-\frac{1}{3}\times(\pi\times1^2)\times(6-4)$$

$$=\frac{54}{3}\pi-\frac{4}{3}\pi-\frac{2}{3}\pi=\frac{48}{3}\pi=16\pi$$

V の体積は

$$\frac{1}{3}\times(\pi\times3^2)\times6-\frac{1}{3}\times(\pi\times3^2)\times1$$

$$=18\pi-3\pi=15\pi$$

U の体積 － V の体積は

$$16\pi-15\pi=\pi$$

よって，U の方が $\pi\,cm^3$ 大きい。

4 1次関数の応用

▶**64** （例） y 座標は 6, $y=-x+6$

解説 x が増加すると y は減少するから，傾きは負で，切片は 4 より大きい。
切片を 6 とし，求める 1 次関数の式を
$y=ax+6$ とする。$x=2$ のとき $y=4$ であるから

$$2a+6=4 \qquad 2a=-2 \qquad a=-1$$

よって $y=-x+6$

（切片を b とすると，$b>4$ で，1 次関数の式は，$y=\dfrac{4-b}{2}x+b$ となる。この式にあてはまるものはすべて正解である。）

▶**65** (1) ① $y=\dfrac{9}{4}x$

② 毎時 3km, $y=-3x+15$

③ $\dfrac{18}{7}$km

(2) $a=95$, $b=\dfrac{160}{3}$

解説 (1) ① 原点と点 (4, 9) を通る直線で，傾きは $\dfrac{9}{4}$ である。

よって $y=\dfrac{9}{4}x$

② $5-2=3$ より，3 時間で 9km 進んでいる。$\dfrac{9}{3}=3$ より，速さは毎時 3km である。また，直線の傾きは -3 である。求める直線の式を $y=-3x+b$ とおく。点 (5, 0) を通るから

$$0=-15+b \qquad b=15$$

よって $y=-3x+15$

③ $y=\dfrac{9}{4}x$ と $y=-3x+15$ から

$$\frac{9}{4}x=-3x+15$$

$9x=-12x+60$ $21x=60$ $x=\dfrac{20}{7}$

これを $y=\dfrac{9}{4}x$ に代入して $y=\dfrac{45}{7}$

よって，B 地点からの道のりは

$9-\dfrac{45}{7}=\dfrac{63}{7}-\dfrac{45}{7}=\dfrac{18}{7}$(km)

(2) B のグラフは，2 点 (20, 0)，(120, 16) を通る直線であるから，その式を $y=mx+n$ とおく。

$\begin{cases} 20m+n=0 & \cdots① \\ 120m+n=16 & \cdots② \end{cases}$

②－①より $100m=16$ $m=\dfrac{4}{25}$

これを①に代入して $\dfrac{16}{5}+n=0$

$n=-\dfrac{16}{5}$

よって，B のグラフの式は $y=\dfrac{4}{25}x-\dfrac{16}{5}$

グラフが点 $(a,\ 12)$ を通るから

$\dfrac{4}{25}a-\dfrac{16}{5}=12$ $4a-80=300$

$4a=380$ $a=95$

A の 0 分から b 分までのグラフは，原点と点 (20, 3) を通る直線であるから，その式は $y=\dfrac{3}{20}x$ …③

A の b 分から 120 分までのグラフは，2 点 (95, 13)，(120, 16) を通る直線であるから，その式を $y=px+q$ とおく。

$\begin{cases} 95p+q=13 & \cdots④ \\ 120p+q=16 & \cdots⑤ \end{cases}$

⑤－④より $25p=3$ $p=\dfrac{3}{25}$

これを④に代入して $\dfrac{57}{5}+q=13$

$q=\dfrac{65}{5}-\dfrac{57}{5}=\dfrac{8}{5}$

よって $y=\dfrac{3}{25}x+\dfrac{8}{5}$ …⑥

③と⑥から

$\dfrac{3}{20}x=\dfrac{3}{25}x+\dfrac{8}{5}$

両辺を 100 倍して $15x=12x+160$

$3x=160$ $x=\dfrac{160}{3}$

これが速さを変えた時間であるから，

$b=\dfrac{160}{3}$

トップコーチ

x 軸に時間，y 軸に道のりをとったとき，等速直線運動は 1 次関数となる。1 次関数のグラフの傾きは変化の割合と一致するから，傾きは，単位時間内に進んだ道のりの割合，すなわち速さを表すことになる。

▶**66** (1) ① ア…350，イ…1200

②

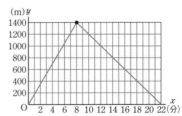

③ $y=-100x+2200$

(2) ① 分速 160m

② 16 分 40 秒後

解説 (1) ① $1400÷8=175$

$175×2=350$ …**ア**

$22-8=14$

$1400÷14=100$

$10-8=2$

$1400-100×2=1200$ …**イ**

③ 公園からの復路の速さは毎分 100m で
あるから

$y=-100x+b$ とおける。

$(x,\ y)=(22,\ 0)$ を代入すると

$0=-2200+b$ $b=2200$

よって $y=-100x+2200$

$(8\leqq x\leqq 22)$

(2)

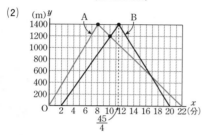

① $y=-100x+2200$ に $x=10$ を代入して

$y=-1000+2200$

$y=1200$

$1200\div 8=150$

B さんが A さんに出会うまでの速さは
毎分 150m である。

よって，$150+10=160$ より

分速 160m

② $1400-1200=200$

$200\div 160=\dfrac{5}{4}$ $10+\dfrac{5}{4}=\dfrac{45}{4}$

$y=-160x+k$ に

$(x,\ y)=\left(\dfrac{45}{4},\ 1400\right)$ を代入して

$1400=-160\times\dfrac{45}{4}+k$

$k=1400+1800=3200$

$y=-160x+3200$

$\begin{cases}y=-160x+3200\\y=-100x+2200\end{cases}$

を解いて

2 直線の交点は $(x,\ y)=\left(\dfrac{50}{3},\ \dfrac{1600}{3}\right)$

よって $\dfrac{50}{3}$分 $=16\dfrac{2}{3}$分 $=16$ 分 40 秒

▶**67** (1) ① **8 分後，毎分 80m**

② **12 分後**   ③ **毎分 124m**

(2) ① **ア   0   イ   500**

ウ   620   エ   720

オ $y=4x-1480$

② **毎秒 2.5m**   ③ **620 秒後**

解説 (1) ① 2 人が離れたときであるか
ら，8 分後である。

$14-8=6$ (分) で，840m 離れたから 1
分間に $840\div 6=140$ (m) 離れている。

花子さんは毎分 60m で歩いているから，

$140-60=80$ より，太郎さんの速さは
毎分 80m である。

② 2 人は 1 分間に 140m ずつ離れるから
560m 離れるのにかかる時間は

$560\div 140=4$ (分)

よって，家を出てから $8+4=12$ (分後)

③ グラフより，花子さんが映画館に着い
たのは 23 分後であるから，家から映画
館までの道のりは $60\times 23=1380$ (m)

太郎さんが家までもどった道のりは

$60\times 8=480$ (m)

太郎さんが花子さんと同時に映画館に着
くには，$23-8=15$ (分) で

$1380+480=1860$ (m) 進まなければなら

ない。$\dfrac{1860}{15}=124$ より，求める速さは

毎分 124m である。

(2) ① ①のとき，$200\times 5\div 2=500$ より，

x の変域は $0\leqq x\leqq 500$ …ア，イ

2 分 $=120$ 秒であるから，再び走り始め
るのは $500+120=620$ (秒後)

トラック 2 周は 400m で，毎秒 4m で走

ると, $400 \div 4 = 100$ (秒) かかるから,
$620 + 100 = 720$ より, ③ のときの x の
変域は $620 \leqq x \leqq 720$ …ウ, エ
このとき, 毎秒 4m で走るから,
$y = 4x + b$ とおく。 $x = 620$ のとき
$y = 1000$ であるから
$1000 = 2480 + b$ $b = -1480$
よって, y を x で表すと
$y = 4x - 1480$ …オ

② 3分40秒$= 220$ 秒であるから, Bさ
んは 2000m を, $1020 - 220 = 800$ (秒)
で走っている。
$\dfrac{2000}{800} = \dfrac{5}{2} = 2.5$
より, 速さは毎秒 2.5m である。

③ B さんが 1000m 走るのにかかる時間
は
$\dfrac{1000}{2.5} = 400$ (秒)
A さんがスタートしてから
$220 + 400 = 620$ (秒)
これは A さんが再び走り始めるときで
あるから, 走行距離は等しくなっている。
$220 \leqq x \leqq 620$ の範囲では B さんの方が
はやいから, 走行距離が等しくなるのは
これが最初である。
よって, 620 秒後である。

▶**68** (1) ① **車間距離 30m,**
　　　　　　バスの幅 2.5m
　　　② $y = 2x - 55$
　　　③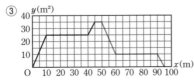
　(2) **9.5 秒後**

【解説】 (1) ① グラフの水平な部分は, バ
スが完全にトンネルに入ってから乗用車
がトンネルに入り始めるまでを表してい
るから, 車間距離は $40 - 10 = 30$ (m)
グラフより, バスの長さは 10m, バス
の上面の面積は 25m² であるから,
バスの幅は $25 \div 10 = 2.5$ (m)

② 傾きは $\dfrac{10}{5} = 2$ であるから,
$y = 2x + b$ とおく。
点 $(40, 25)$ を通るから
$25 = 80 + b$ $b = -55$
よって $y = 2x - 55$

③ $45 \leqq x \leqq 50$ の範囲では, バスと乗用
車はともにトンネルの中にあるから, グ
ラフは水平となる。
$50 \leqq x \leqq 60$ の範囲で, バスはトンネル
から出るから, $x = 60$ のとき
$y = 35 - 25 = 10$ となる。
この後, 車間距離の 30m は乗用車だけ
がトンネル内にあるから, $60 \leqq x \leqq 90$
の範囲では, グラフは水平になる。
$x = 90$ のとき, 乗用車はトンネルから出
始め, 乗用車の長さは 5m であるから,
$x = 95$ のとき, $y = 0$ となる。
(2) $36 \times 1000 \div 3600 = 10$ より
時速 36km = 秒速 10m
よって, 95m 進むのにかかる時間は
$\dfrac{95}{10} = 9.5$ (秒)

▶**69** (1) ① **4cm²**
　　　② (ア) $y = 2x$
　　　　(イ)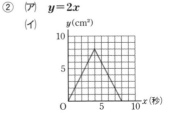

(2) ① $y=2x+7$, $7\leqq y\leqq 21$

② $y=\dfrac{21}{2}$

解説 (1) ① 2秒後に，BP=2cm となるから

$\triangle DBP=\dfrac{1}{2}\times 2\times 4=4\,(cm^2)$

② ㋐ x秒後に，BP=$x$cm となるから

$y=\dfrac{1}{2}\times x\times 4$ よって $y=2x$

㋑ $4\leqq x\leqq 8$ のとき，点 P は辺 DC 上にあり，x=BC+CP となる。

DP=(BC+CD)−(BC+CP)

　　=$8-x$

$\triangle DBP=\dfrac{1}{2}\times DP\times BC$

　　　　$=\dfrac{1}{2}\times(8-x)\times 4$

　　　　$=-2x+16$

よって $y=-2x+16$

グラフは，原点，(4, 8)，(8, 0)を順に結んだ折れ線となる。

(2) ① $\triangle ABP$ の面積は，台形 ABCD の面積から $\triangle APD$，$\triangle BPC$ の面積をひいて求める。

$y=\dfrac{1}{2}\times(2+6)\times 7-\dfrac{1}{2}\times 2\times x$

$\qquad\qquad\qquad -\dfrac{1}{2}\times 6\times(7-x)$

$=28-x-21+3x=2x+7$

よって $y=2x+7$

$x=0$ のとき $y=7$，$x=7$ のとき $y=21$ であるから，y の変域は $7\leqq y\leqq 21$

② 右の図のように座標軸をとる。AB は一定であるから，$\triangle ABP$の

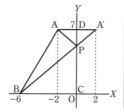

周の長さが最小となるのは，AP+PB が最小となるときである。

点 A と Y 軸について対称な点を A′ とすると，AP+PB=A′P+PB であるから，点 P が線分 A′B 上にあるとき最小となる。点 A′ の座標は (2, 7) であるから，2 点 A′(2, 7)，B(−6, 0) を通る直線の式を $Y=aX+b$ とおくと

$\begin{cases} 2a+b=7 & \cdots㋐ \\ -6a+b=0 & \cdots㋑ \end{cases}$

㋐−㋑より $8a=7$ $a=\dfrac{7}{8}$

これを㋑に代入して $-\dfrac{21}{4}+b=0$

$b=\dfrac{21}{4}$

このとき DP=$7-\dfrac{21}{4}=\dfrac{7}{4}$

①の $y=2x+7$ で，x=DP=$\dfrac{7}{4}$ のとき

$y=\dfrac{7}{2}+7=\dfrac{21}{2}$

▶**70** (1) $S=3$ 　(2) $S=6$

　　(3) $S=\dfrac{3}{2}t$ 　(4) $t=\dfrac{5}{3}$

解説 (1) $t=1$ のとき，P(0, 2)，Q(0, 3)であるから

$S=\dfrac{1}{2}\times(3-2)\times 6=3$

(2) $t=3$ のとき，P(2, 0)，Q(0, 1)であるから

$S=\triangle OPB+\triangle OQB=\dfrac{1}{2}\times 2\times 3+\dfrac{1}{2}\times 1\times 6$

　　$=3+3=6$

(3) $4\leqq t\leqq 6$ のとき，P，Q はともに x 軸上にあり，P(2t−4, 0)，Q(t−4, 0)であるから

$S=\dfrac{1}{2}\{(2t-4)-(t-4)\}\times3=\dfrac{3}{2}t$

(4) $0\leqq t<2$ のとき，P，Q はともに y 軸上にあり，P$(0,\ 4-2t)$，Q$(0,\ 4-t)$ であるから

$S=\dfrac{1}{2}\{(4-t)-(4-2t)\}\times6=3t$

$S=5$ のとき，$5=3t$ より $t=\dfrac{5}{3}$

これは $0\leqq t<2$ を満たす。

$2\leqq t<4$ のとき，P は x 軸上，Q は y 軸上にあり，P$(2t-4,\ 0)$，Q$(0,\ 4-t)$ であるから

$S=\triangle\text{OPB}+\triangle\text{OQB}$

$\quad=\dfrac{1}{2}\times(2t-4)\times3+\dfrac{1}{2}\times(4-t)\times6$

$\quad=3t-6+12-3t$

$\quad=6$

このとき，$S=5$ となることはない。

$4\leqq t\leqq6$ のとき，(3)より $S=\dfrac{3}{2}t$

$S=5$ のとき，$5=\dfrac{3}{2}t$ より $t=\dfrac{10}{3}$

これは，$4\leqq t\leqq6$ を満たさない。

以上より，$S=5$ となる t の値は $t=\dfrac{5}{3}$

トップコーチ

動点問題は 1 次関数の応用として，入試でよく出題される形式である。動点が 1 つの辺から他の辺に移ると，それにともない式の形が変わるので，変域と式をセットにして，こまめに図をかいて考えることが大事である。

▶**71** (1) ① $x=6$　② $y=\dfrac{6}{5}x+8$

　　　　③ **18cm**

　　(2) $x=\dfrac{88}{a}$

解説 (1) ① $y=12$ のときの水の体積は

$48\times50\times12=28800\,(\text{cm}^3)$

1 分間に $4.8\text{L}=4800\text{cm}^3$ の水を入れるから，かかる時間 x は

$x=28800\div4800=6$

② $x=10$ のとき，水そうに入る水の量は

$4800\times10=48000\,(\text{cm}^3)$

$y=20$ のときの水の体積は

$48\times50\times20=48000\,(\text{cm}^3)$

よって，$x=10$ のとき $y=20$ である。

面 IJKL より上の部分について，

$4800\div(80\times50)=\dfrac{4800}{4000}=\dfrac{6}{5}$

より，1 分間に $\dfrac{6}{5}$cm ずつ水面は高くなる。10 分後から x 分後までの $(x-10)$ 分で水面は $\dfrac{6}{5}(x-10)$cm 高くなるから，水を入れ始めてから x 分後の水面の高さ y は

$y=\dfrac{6}{5}(x-10)+20$

よって $y=\dfrac{6}{5}x+8$ …㋐

㋐に $x=35$ を代入すると

$y=\dfrac{6}{5}\times35+8=50$ となって，$x=35$ のとき満水になる。

③ $x=20$ のとき，㋐に代入して

$y=\dfrac{6}{5}\times20+8=24+8=32$

よって，面 ABCD から水面までの距離は

$50-32=18\,(\text{cm})$

(2) $y=30$ のときの水の量は

$48000+80\times50\times(30-20)$

$=48000+40000=88000\,(\text{cm}^3)$

a L$=1000a$ cm^3 であるから，$y=30$ とな

るのにかかる時間 x は

$$x=\frac{88000}{1000a}=\frac{88}{a} \qquad よって \quad x=\frac{88}{a}$$

▶**72** (1) **毎分 24L** (2) **25cm 低い**

(3) **21 分 12 秒後**

解説 (1) 26 分から 37 分までの 11 分間に，腰をかける段のないところで水の深さが 80−60=20(cm) 高くなっている。

よって，1 分間に入る水の量は

$$110×120×20÷11=24000(cm^3)$$

すなわち，毎分 24L である。

(2) グラフより，14 分後に下の段の高さになる。このとき，水の深さは

$$24000×14÷(80×120)=35(cm)$$

上の段の高さは 60cm であるから

$$60−35=25$$

よって，25cm 低い。

(3) グラフより，$y=50$ となる x の値は $14≦x≦26$ の範囲にある。

このときの直線の式を $y=ax+b$ とおく。

2 点 (14，35)，(26，60) を通るから

$$\begin{cases} 14a+b=35 & ⋯① \\ 26a+b=60 & ⋯② \end{cases}$$

②−①より $12a=25$ $a=\dfrac{25}{12}$

これを①に代入して

$$\frac{175}{6}+b=35$$

$$b=\frac{210}{6}-\frac{175}{6}=\frac{35}{6}$$

よって $y=\dfrac{25}{12}x+\dfrac{35}{6}$

$y=50$ のとき $50=\dfrac{25}{12}x+\dfrac{35}{6}$

両辺を 12 倍して $600=25x+70$

$$25x=530 \qquad x=\frac{530}{25}=21.2$$

$0.2×60=12$ より，0.2 分 =12 秒であるから，21 分 12 秒後である。

▶**73** (1) **2** (2) $y=\dfrac{3}{4}x+25$

(3) $a=8$，$b=28$

解説 (1) $x=20$ のとき $y=40$ であるから，

比例定数は $\dfrac{40}{20}=2$

(2) 求める直線の式を $y=mx+n$ とおく。

2 点 (20，40)，(40，55) を通るから

$$\begin{cases} 20m+n=40 & ⋯① \\ 40m+n=55 & ⋯② \end{cases}$$

②−①より $20m=15$ $m=\dfrac{15}{20}=\dfrac{3}{4}$

これを①に代入して $15+n=40$

$n=25$ よって $y=\dfrac{3}{4}x+25$

(3) 0 分から 20 分までの 20 分間で 40cm 変化する。また，20 分から 40 分までの 20 分間で 15cm 変化する。これより，20 分間で 30cm 変化するのは a，b が $0<a<20$，$20<b<40$ を満たす値のときである。

a 分後の水の深さは，(1)より $2a(cm)$

b 分後の水の深さは，(2)より

$$\frac{3}{4}b+25(cm)$$

この差が 30cm であるから

$$\frac{3}{4}b+25-2a=30$$

$$3b-8a=20 \qquad ⋯③$$

また $b-a=20$ ⋯④

④×3−③より

$$5a=40 \qquad a=8$$

これを④に代入して

$$b-8=20 \qquad b=28$$

▶**74** (1) $V=300h$

(2) ① **16.5cm** ② **8秒後**

③

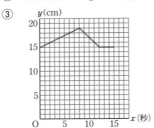

解説 (1) 鉄の体積と，上昇した分の水の体積は等しいから

$V=15×20×h$ よって $V=300h$

(2) ① 水そうAの底面積は

$15×20=300$（cm²）

水そうBの底面積 $10×10=100$（cm²）

水そうAに入っている水の量は

$300×15=4500$（cm³）

3秒後に水そうBの底面は水そうAの底面から $15-3=12$（cm）のところにあるから，水面の高さを a cmとすると

$300a=4500+100(a-12)$

$300a=4500+100a-1200$

$200a=3300$

$a=16.5$

② 水そうBの上の面が水そうAの水面と同じ高さになったとき，水面の高さが最大となる。この水面の高さを b cmとすると

$300b=4500+100×12$

$300b=5700$ $b=19$

このとき，$19-12=7$（cm）より，水そうBの底面と水そうAの底面の距離は7cmである。最初は15cmであったから水そうBは，$15-7=8$（cm）沈んでいる。よって，8秒後である。

③ 水そうBが8秒後からさらに沈むと，水そうBの中に水が入り，水面が下がる。水そうBが満水になるのは，水そうBの上の面がもとの水面の高さの15cmのところにくるときである。このとき，水そうBは12cm沈む。これは12秒後である。水そうBが沈んでからは，水面の高さは15cmで変わらない。よって，グラフは点 $(0, 15)$，$(8, 19)$，$(12, 15)$，$(15, 15)$ を順に結んでできる折れ線である。

▶**75** (1) **17分**

(2) ① ㋐ $a=50$

　　　　㋑ **15分20秒後**

② $b=100$

解説 (1) スタートからゴールまでの道のりは $(50+400)×2=900$（m）

歩いた時間は

$900÷60=15$（分）

5分歩いて1分休憩するから，

$15÷5=3$，$3-1=2$ より，休憩は2回で，2分である。よって，散歩にかかる時間は

$15+2=17$（分）

(2) ① ㋐ ひろし君がAまで歩くのにかかる時間は

$200÷60=\dfrac{10}{3}$（分）

5分かからないから，休憩はない。

よって，おさむ君が200m歩くのにかかった時間は

$\dfrac{40}{60}+\dfrac{10}{3}=\dfrac{2}{3}+\dfrac{10}{3}=\dfrac{12}{3}=4$（分）

ゆえに，$200÷4=50$ より，おさむ君の速さは分速50mであるから $a=50$

① ひろし君が2回休憩した後，ゴールするまでの x と y の関係は，分速60mで歩くから $y=60x+b$ とおくと，12分後に600mの地点から出発することより

$600=60\times12+b$ $b=600-720=-120$

よって $y=60x-120$ $(12\leqq x\leqq17)$

おさむ君は，分速50mで，ひろし君より40秒 $=\dfrac{2}{3}$ 分早く出発するから

$$y=50\left(x+\dfrac{2}{3}\right)$$

$60x-120=50\left(x+\dfrac{2}{3}\right)$ とすると

$6x-12=5x+\dfrac{10}{3}$ よって $x=\dfrac{46}{3}$

$x=\dfrac{46}{3}$ 分 $=15$ 分 $+\dfrac{1}{3}$ 分 $=15$ 分 20 秒

これは2回目の休憩の後出発した12分後とゴールする17分後の間であるから，題意を満たす。したがって，一番最後に出会ったのは15分20秒後である。

② ひろし君が休憩するのは，

$60\times5=300,\ 60\times10=600$ より，スタートから300mと600mの地点である。

おさむ君がCの角を曲がったときには，ひろし君はまだBの角を曲がっていなかったから，おさむ君の方が速い。よって，2人がすれ違う地点はBCの中点よりもBに近い方であり，スタートから300mの地点である。この地点でひろし君が休憩を終えるのは，スタートしてから6分後であるから，おさむ君は6分間に $900-300=600$ (m) 進む。その速さは $600\div6=100$ より，分速100mである。

よって $b=100$

▶**76** (1) **毎分 120cm³**

(2) **6分**

(3) **10分後**

(4)

解説 (1) グラフより，毎分1cmずつ水面は高くなっている。

$12\times10\times1=120$ より，蛇口Pから出た水の量は，毎分120cm³である。

(2) Cの高さ6cmまで水が入ったときであるから

$12\times10\times6\div120=6$ (分)

(3) A，B，Cとも底面積が等しいから，1つの蛇口からの水で，1分間に1cmずつ水面は高くなる。2つの蛇口で深さ $8+6+6=20$ (cm) の水が入っているから

$20\div2=10$ (分後)

(4) Bの水面の高さは，(2)より0分～6分のときは0cmである。

6分～8分までは，Cだけから水が入るから，毎分1cmずつ高くなる。

(3)より，8分～10分までは，AとCから水が入るから，毎分2cmずつ高くなる。

10分～12分まではBとCに水が2つの蛇口から入るから，毎分1cmずつ高くなる。12分～15分までは，A，B，Cに水が2つの蛇口から入るから，毎分 $\dfrac{2}{3}$ cm ずつ高くなる。よって，グラフは解答の図のようになる。

▶**77** (1) ① ア 6　イ $\dfrac{17}{2}$

②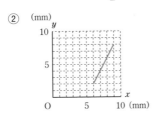

(2) ① $y=-2x+10$
　　（求め方は，解説参照）

② $\dfrac{40}{9}$

解説 (1) ① $30+y$ が，長方形 APQB の
まわりの長さになるから
$30+y=(x+10)\times2$
よって　$y=2x-10$
$x=8$ のとき　$y=16-10=6$　…ア
$y=7$ のとき　$7=2x-10$
$2x=17$　　$x=\dfrac{17}{2}$　…イ

② $x=6$ のとき　$y=12-10=2$
$x=9$ のとき　$y=18-10=8$
よって，グラフは解答の図のようになる。

(2) ① $30-y$ が，長方形 APQB のまわり
の長さになるから
$30-y=(x+10)\times2$
よって　$y=-2x+10$

② PS＝4RS＝$4y$ であるから
QS＝PR＝PS＋SR＝$4y+y=5y$
PQ＝PS＋QS＝$4y+5y=9y$
PQ＝10 より　$9y=10$　　$y=\dfrac{10}{9}$
よって　$\dfrac{10}{9}=-2x+10$
$2x=\dfrac{80}{9}$　　$x=\dfrac{40}{9}$

▶**78** (1) 午前 7 時 58 分

(2) 下の図の黒い太線

(3) 下の図の青い線

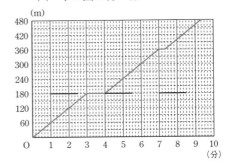

(4) 毎分 180m，午前 8 時 6 分 40 秒

解説 (1) $90\times2=180$，$40\times2=80$ より，
2 つの信号は 180 と 80 の最小公倍数であ
る 720 秒ごとに同時に青になる。
720 秒 ＝12 分より，8 時 10 分より前は，
8 時 10 分 －12 分 ＝7 時 58 分に同時に青
になっている。

(2) 家から信号 A までは 180m で，青にな
っているのは，7 時 58 分から，3 分ごと
に 1.5 分であるから，8 時台の次の時刻で
ある。
1 分〜2.5 分，4 分〜5.5 分，7 分〜8.5 分

(3) $180\div60=3$ より，$(0,0)$ と $(3,180)$ を
直線で結ぶ。信号 A は赤であるから，青
になるまで止まり，
$(360-180)\div60=3$，$4+3=7$ より，
$(4,180)$ と $(7,360)$ を直線で結ぶ。
信号 B も赤であるから，青になるまで
止まり，$(480-360)\div60=2$，
7 分 20 秒 ＋2 分 ＝9 分 20 秒より
$\left(7+\dfrac{1}{3},360\right)$ と $\left(9+\dfrac{1}{3},480\right)$ を直線で結ぶ。

(4) グラフより，2 点 $\left(8+\dfrac{2}{3},\ 360\right)$，

$\left(9+\dfrac{1}{3},\ 480\right)$ を通る直線を考える。

傾きは

$(480-360)\div\left\{9+\dfrac{1}{3}-\left(8+\dfrac{2}{3}\right)\right\}$

$=120\div\dfrac{2}{3}$

$=120\times\dfrac{3}{2}=180$

よって，$y=180x+b$ とおくと

$480=180\left(9+\dfrac{1}{3}\right)+b$

$b=480-1620-60=-1200$

ゆえに，直線の式は　$y=180x-1200$

$y=0$ のとき　$180x-1200=0$

$180x=1200$　　　$x=\dfrac{1200}{180}=\dfrac{20}{3}$

$\dfrac{20}{3}$ 分 $=6$ 分 40 秒であるから，太郎君が追いかける速さは毎分 180m で，家を出る時刻は，午前 8 時 6 分 40 秒である。

(補足) 2 点 $(6,\ 0)$，$\left(9+\dfrac{1}{3},\ 480\right)$ を通る直線を考えると，午前 8 時 6 分に太郎君が出発すると，信号 A は青だが，信号 B が赤であることがわかる。

そこで，点 $\left(9+\dfrac{1}{3},\ 480\right)$ を通る直線で，傾きを増やしていくと，信号 B も青である点 $\left(8+\dfrac{2}{3},\ 360\right)$ が見つかる。

第4回	**実力テスト**

1 (1) $a=2$，$b=8$

　　(2) **午後 4 時 0 分**　(3) **15 分間**

解説 (1) 3 人の速さの比が $5:3:1$ で，C 君の速さが毎時 a km であるから，A 君の速さは毎時 $5a$ km で，B 君の速さは毎時 $3a$ km である。

午後 2 時に B 君が A 君に追い越されるから

$3a\times2+b=5a\times2$

よって　$b=4a$　…①

午後 5 時に C 君と A 君が同時に Ⓓ に着くから

$a\times5+b+32=5a\times5$

よって　$b=20a-32$　…②

②を①に代入して　$20a-32=4a$

$16a=32$　　　$a=2$

これを①に代入して　$b=8$

(2) 午後 x 時の Ⓐ 地からの 3 人の道のり y は

A 君は　$y=10x$

B 君は　$y=6x+8$

C 君は　$y=2x+40$

A 君が B 君と C 君のちょうど真ん中の位置にくるとき

$10x=\dfrac{(6x+8)+(2x+40)}{2}$

$20x=8x+48$　　　$12x=48$　　　$x=4$

よって，午後 4 時 0 分である。

(3) 午後 6 時の B 君の位置は

$y=6\times6+8=44$

より，Ⓐ 地から 44km の地点である。

Ⓐ 地から Ⓓ 地までは，A 君が 5 時間かかるから　$10\times5=50$(km)

これより，B 君と C 君がすれ違ったのは

Ⓓ地から $50-44=6$ (km)の地点である。
毎時 8km で 6km 進むのにかかる時間は
$\dfrac{6}{8}=\dfrac{3}{4}$ (時間)

$\dfrac{3}{4}\times60=45$ より $\dfrac{3}{4}$時間 $=45$ 分

よって，C 君が出発したのは 6 時より 45 分前，つまり，5 時 15 分である。C 君は 5 時から 5 時 15 分までの 15 分間休んだ。

$\boxed{2}$ (1) **3cm** (2) **15 秒後**

(3) $\boldsymbol{a=5, \ b=9}$ (4) $\boldsymbol{y=\dfrac{1}{2}x+\dfrac{1}{2}}$

解説 (1) 3 秒間に入る水の量は
$50\times3=150$ (cm³)
仕切りの左側の部分の底面積は
$5\times10=50$ (cm²)
よって，水面の高さは $150\div50=3$ (cm)

(2) 容器の容積は，仕切りの部分を除いて
$5\times(10+2+8)\times8-5\times2\times5$
$=800-50=750$ (cm³)
よって，満水になるのは
$750\div50=15$ (秒後)

(3) 仕切りの左側の部分が水面の高さ 5cm になるのは
$5\times10\times5\div50=5$ (秒後)
仕切りの右側の部分が水面の高さ 5cm になるのは
$5+5\times8\times5\div50=5+4=9$ (秒後)
よって $a=5, \ b=9$

(4) $5<y\leqq8$ のとき，水面は仕切りより上にある。このとき，
$50\div\{5\times(10+2+8)\}=50\div100=\dfrac{1}{2}$
より，毎秒 $\dfrac{1}{2}$ cm ずつ水面は高くなる。

(2)より，$x=15$ のとき $y=8$ であるから，
求める式を $y=\dfrac{1}{2}x+c$ とおくと

$8=\dfrac{15}{2}+c$ $c=\dfrac{16}{2}-\dfrac{15}{2}=\dfrac{1}{2}$

よって $y=\dfrac{1}{2}x+\dfrac{1}{2}$

(別解) (3)より $x=9$ のとき $y=5$
(2)より $x=15$ のとき $y=8$ であるから，求める式を $y=mx+n$ とおくと

$\begin{cases} 9m+n=5 \\ 15m+n=8 \end{cases}$

これを解いて $m=\dfrac{1}{2}, \ n=\dfrac{1}{2}$

よって $y=\dfrac{1}{2}x+\dfrac{1}{2}$

$\boxed{3}$ (1) ① **84cm³** ② **4cm**

③ $\boldsymbol{y=3x-12}$

(2)

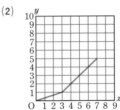

解説 (1) ① 7 秒で満水になるから，そのときの水の体積は
$12\times7=84$ (cm³)

② 下の直方体の部分は 5 秒で満水になる。このとき，グラフから下の部分の直方体の高さは 3cm であるから
$BC\times5\times3=12\times5$
$15BC=60$ $BC=4$

③ 求める式を $y=ax+b$ とおく。
2 点 $(5, 3)$，$(7, 9)$ を通るから
$\begin{cases} 5a+b=3 & \cdots ⑦ \\ 7a+b=9 & \cdots ① \end{cases}$

①−⑦より　$2a=6$　　$a=3$

これを⑦に代入して　$15+b=3$

$b=-12$

よって　$y=3x-12$

(2)　図3のグラフから　$DE=9$cm

図4の下の直方体の高さを h とする。図1で縦4cm, 横 h cm, 高さ $9-3=6$ (cm) の直方体の部分が満水になるのに

$7-5=2$ (秒)かかるから

$4×h×6=12×2$　　$h=1$

図4で, 下の直方体の部分が満水になるのは

$4×9×1÷12=3$ (秒後)

満水になるのは7秒後で, そのときの高さは　$AB=5$cm

よって, グラフは原点, (3, 1), (7, 5) を順に結んだ折れ線となる。

---

5 平行線と角

▶**79**　(1)　**37°**　　　　(2)　**25°**
　　　　　(3)　**115°**　　　(4)　**40°**

解説　(1)　折れ線の頂点を通り, ℓ に平行な直線を引く。

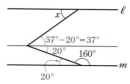

右の図より, 錯角は等しいから

$\angle x=37°$

(2)　右の図より, 三角形の1つの外角はそれと隣り合わない2つの内角の和に等しいから

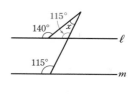

$\angle x+115°=140°$

$\angle x=25°$

(3)　右の図より, 三角形の1つの外角はそれと隣り合わない2つの内角の和に等しいから

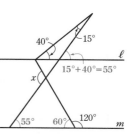

$\angle x=55°+60°=115°$

(4)　折れ線の頂点を通り, ℓ に平行な直線を引く。右の図で,

$\angle a=360°-320°-25°=15°$

$\angle b=70°-45°=25°$

よって　$\angle x=\angle a+\angle b=15°+25°=40°$

トップコーチ

＜関係を表す角＞

①右の図で∠APD
と∠BPC の関係を
「対頂角」という。
対頂角は常に等しい。
（∠APC と∠BPD も対頂角である）

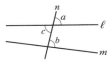

②2 直線 ℓ, m に 1
本の直線 n が交わっ
てできる角のうち,
右の図の∠a と
∠b のように各交点から見た位置（ともに
「右上」）が等しい角の関係を「同位角」とい
い, ∠c と∠b のように各交点から見た位置
が反対（「左下」と「右上」）で2直線の内側
にできる角の関係を「錯角」という。また,
ℓ∥m となるとき,
同位角と錯角はとも
に等しくなる。
（右の図で
　　$\angle a = \angle b = \angle c$）

▶**80**　ア　2　　イ　360　　ウ　3
　　　　エ　2

解説　n 角形は, 1つの頂点から対角線を
引くことによって, $(n-2)$ 個の三角形に分
割される。よって, n 角形の内角の和は,
$180° \times (n-2)$　…ア
正 n 角形の1つの内角の大きさは
$\dfrac{180° \times (n-2)}{n}$ である。
n 角形の外角の和は
　　$180° \times n - 180° \times (n-2)$
$= 180° \times n - 180° \times n + 360° = 360°$　…イ
n 角形の対角線の本数は, 各頂点から, その
頂点と両隣りの頂点の3つの点以外と結ん
で対角線が引けるから, 1つの頂点から引け

る対角線の数は　$(n-3)$ 本　…ウ
よって, n 個の頂点から引ける対角線の数は
対角線 AC と対角線 CA が同じものであるこ
とから, 同じものを2回ずつ数えているの
で, $\dfrac{n(n-3)}{2}$ 本となる。　…エ

▶**81**　(1)　**15°**　　(2)　**28°**　　(3)　**85°**

解説　(1)　△ABC は AB＝AC の二等辺三
角形であるから
　∠C＝$(180°-20°) \div 2 = 80°$
点 C を通り ℓ に平行な直線を引いて考え
ると
　∠x＋65°＝80°　∠x＝15°

(2)　直線 ED と ℓ との交点を G とする。
CD∥ℓ より, 同位角は等しいから,
　∠x＝∠EGF
　∠x＋∠GEF＝118° より
　∠x＝118°－90°＝28°

(3)　右の図のよ
うに, 点 A を
通り ℓ に平行
な直線と正六
角形の辺を延
長した直線を
引く。正六角

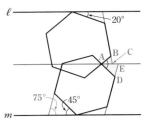

形の1つの内角の大きさは120°, 外角の
大きさは60°である。
　∠BCE＝180°－20°－60°＝100°
　∠ABC＝60°
よって　∠BAE＝100°－60°＝40°
平行四辺形の対角の大きさは等しいから
　∠AED＝75°
　∠ADE＝60°
よって　∠DAE＝180°－75°－60°＝45°
　∠x＝∠BAE＋∠DAE＝40°＋45°＝85°

▶*82* (1) **53°**   (2) **40°**

     (3) **55°**   (4) **33°**

解説 (1) BA＝BE より

$\angle$AEB＝(180°－32°)÷2＝74°

EC＝ED より

$\angle x$＝(180°－$\angle$CED)÷2

  ＝(180°－$\angle$AEB)÷2

  ＝(180°－74°)÷2＝106°÷2＝53°

(2) $\angle x$＋42°＋53°＝135° より

$\angle x$＝135°－42°－53°＝40°

(3) 右の図で,

四角形の内角

の和は 360°

であるから

$\angle a$＋74°＋88°

  ＋70°＝360°

$\angle a$＝360°－74°－88°－70°＝128°

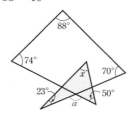

色をつけた図形に着目して

$\angle x$＋23°＋50°＝128°

$\angle x$＝128°－23°－50°＝55°

(4) 右の図で,

$\angle a$＝26°＋23°＋22°

  ＝71°

$\angle b$＝$\angle a$＋25°＋27°

  ＝71°＋25°＋27°

  ＝123°

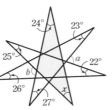

色をつけた三角形の内角の和は 180° であ

るから

$\angle x$＋$\angle b$＋24°＝180°

$\angle x$＝180°－123°－24°＝33°

▶*83* (1) **52°**   (2) **118°**

解説 (1) $\angle$ABA′＝23° であるから,

△A′BD の内角の和に着目して

$\angle$A＝$\angle$A′＝180°－105°－23°＝52°

(2) $\angle$AHE＝180°－$\angle$DHE

    ＝180°－69°＝111°

四角形 ABEH の内角の和に着目して

$\angle$A＋41°＋90°＋111°＝360°

$\angle$A＝360°－41°－90°－111°＝118°

平行四辺形の対角の大きさは等しいから

$\angle$BCD＝$\angle$A＝118°

▶*84* (1) **70°**   (2) **105°**   (3) **3cm**

解説 (1) △DBC において

$\angle$DBC＋$\angle$DCB＝180°－125°＝55°

DB, DC は, それぞれ $\angle$ABC, $\angle$ACB の

二等分線であるから

$\angle$ABC＋$\angle$ACB＝2($\angle$DBC＋$\angle$DCB)

        ＝2×55°＝110°

よって, △ABC において

$\angle$A＝180°－($\angle$ABC＋$\angle$ACB)

  ＝180°－110°＝70°

(2) EG, FG は, それぞれ $\angle$BEC, $\angle$AFB

の二等分線であるから

$\angle$BEG＝$\angle$GED, $\angle$BFG＝$\angle$GFD …①

四角形 GEDF に着目して

$\angle$EGF＋$\angle$GED＋$\angle$GFD＝$\angle$EDF …②

四角形 BEGF に着目して

$\angle$B＋$\angle$BEG＋$\angle$BFG＝$\angle$EGF …③

①を利用して, ②－③より

$\angle$EGF－$\angle$B＝$\angle$EDF－$\angle$EGF

2$\angle$EGF＝$\angle$B＋$\angle$ADC

    ＝360°－(70°＋80°)＝210°

よって $\angle$EGF＝105°

(3) AD∥BC より, 錯角は等しいから

$\angle$DAE＝$\angle$AEB

AE は, $\angle$BAD の二等分線であるから

$\angle$DAE＝$\angle$EAB

よって，∠AEB＝∠EAB となり，△BAE
は AB＝BE の二等辺三角形となるから
BE＝6.5cm
同様にして　CF＝CD＝6.5cm
BC＝AD＝10cm であるから
EF＝BE＋CF－BC
　　＝6.5＋6.5－10＝3（cm）

▶**85** (1)　ア　**130**　　イ　**50**

　　　(2)　ウ　**90**　　エ　$\dfrac{1}{2}$

　　　　　オ　**45**　　カ　$\dfrac{1}{4}$

解説 (1)　∠OBC＝44°÷2＝22°
∠OCB＝56°÷2＝28°
よって　∠BOC＝180°－22°－28°
　　　　　　　　＝130°　…ア
∠A′BC＝(180°－44°)÷2＝68°
∠A′CB＝(180°－56°)÷2＝62°
よって　∠BA′C＝180°－68°－62°
　　　　　　　　＝50°　…イ

(2)　∠A′＝180°－$\dfrac{180°－∠ABC}{2}$

　　　　　　　－$\dfrac{180°－∠ACB}{2}$

　　　＝$\dfrac{∠ABC＋∠ACB}{2}$＝$\dfrac{180°－∠A}{2}$

　　　＝90°－$\dfrac{1}{2}$∠A　…ウ，エ

∠A″ と ∠A′ の関係も同様であるから
∠A″＝90°－$\dfrac{1}{2}$∠A′＝90°－$\dfrac{1}{2}$$\left(90°－\dfrac{1}{2}∠A\right)$

　　　＝90°－45°＋$\dfrac{1}{4}$∠A

　　　＝45°＋$\dfrac{1}{4}$∠A　…オ，カ

▶**86** (1)　$x＝100$，$y＝140$

　　　(2)　∠$x＝75°$

解説 (1)　∠BPC
　　＝60°＋∠ABP＋∠ACP
　　＝60°＋$\dfrac{1}{3}$(∠ABC＋∠ACB)
　　＝60°＋$\dfrac{1}{3}$(180°－60°)
　　＝60°＋40°
　　＝100°
よって　$x＝100$
∠BQC＝60°＋∠ABQ＋∠ACQ
　　　　＝60°＋$\dfrac{2}{3}$(∠ABC＋∠ACB)
　　　　＝60°＋$\dfrac{2}{3}$×120°
　　　　＝140°
よって　$y＝140$

(2)　∠DBC＝∠a，∠DCB＝∠b とすると
45°＋∠a＋2∠b＝125°　…①
125°＋∠a＋∠b＝180°　…②
すなわち
∠a＋2∠b＝80°　…①′
∠a＋∠b＝55°　…②′
①′－②′より　∠b＝25°
②′より　∠a＝30°
∠x＝3∠b より
∠x＝3×25°＝75°

▶**87** **900°**

(解説)

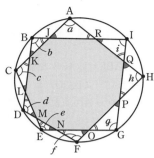

図のように頂点に A〜R の記号をつけると，
九角形 JKLMNOPQR の外角の和が 2 種類あ
ることに気づく。

◿の印の和が 360°，◿の印の和が 360°
したがって

$\angle a+\angle b+\angle c+\angle d+\angle e+\angle f+\angle g+$
$\angle h+\angle i+360°+360°$
＝（9 個の三角形の内角の和）

が成り立つから

$\angle a+\angle b+\angle c+\angle d+\angle e+\angle f+\angle g+$
$\angle h+\angle i$
$=180°\times9-180°\times4$
$=180°\times5$
$=900°$

▶**88** (1) **18°** (2) **$4a°$**

(3) ア $\dfrac{3a-180}{4}$ イ **108**

(解説) (1) EC＝DE より ∠EDC＝∠C
∠AED＝∠EDC＋∠C＝2∠C
AD＝DE より
∠EAD＝∠AED＝2∠C
よって ∠BAC＝∠BAD＋∠CAD
　　　　　　＝2∠CAD
　　　　　　＝2×2∠C
　　　　　　＝4∠C

三角形の内角の和は 180° であるから
∠C＋∠BAC＋∠B＝180°
∠C＋4∠C＋90°＝180°
5∠C＝90° ∠C＝18°

(2) OA＝AB より ∠OBA＝∠AOB＝$a°$
∠BAC＝∠AOB＋∠OBA
　　　＝$a°+a°=2a°$
AB＝BC より ∠BCA＝∠BAC＝$2a°$
∠CBD＝∠BCO＋∠COB
　　　＝$2a°+a°=3a°$
BC＝CD より ∠ODC＝∠CBD＝$3a°$
よって
∠XCD＝∠COD＋∠ODC＝$a°+3a°$
　　　＝$4a°$

(3) AB＝AC より
$\angle C=\dfrac{180°-a°}{2}$
CE＝CF より
$\angle CEF=(180°-\angle C)\div2$
$=\left(180°-\dfrac{180°-a°}{2}\right)\div2$
$=\dfrac{180°+a°}{2}\div2=\dfrac{180°+a°}{4}$
∠DEA＝∠CEF であるから
$d°+\angle DEA=a°$ より
$d°=a°-\dfrac{180°+a°}{4}$
$=\dfrac{4a°-(180°+a°)}{4}=\dfrac{3a°-180°}{4}$
よって $d=\dfrac{3a-180}{4}$ …ア
さらに，FB＝FD のとき
$d°=\angle B=\angle C=\dfrac{180°-a°}{2}$
これより $\dfrac{3a-180}{4}=\dfrac{180-a}{2}$
$3a-180=360-2a$
$5a=540$ $a=108$ …イ

第**5**回	**実力テスト**

1 　(1) **65°**　　　(2) **40°**
　　　(3) **∠x＝35°，∠y＝60°**

解説 (1) ℓ∥m より，同位角は等しいか
ら，三角形の3つの内角は ∠a，40°，75°
となる。
　よって　∠a＝180°－40°－75°＝65°
(2) 正六角形の1つの内角は120°であり，
　∠BAD＝∠FAD＝∠CDA＝60° である。
　直線 ℓ 上で，点Aの右側に点Gをとると，
　∠GAD＝180°－20°－60°＝100°
　ℓ∥m より，錯角は等しいから
　∠x＋∠CDA＝∠GAD
　　よって　∠x＝100°－60°＝40°
(3) ∠x＝20°＋15°＝35°
　∠y＝20°＋25°＋15°＝60°

2 　(1) **20°**　　(2) **65°**　　(3) **55°**

解説 (1) DB＝DC より
　∠DCB＝∠DBC＝40°
　∠ADC＝∠DCB＋∠DBC＝40°＋40°＝80°
　DC＝AC より　∠A＝∠ADC＝80°
　∠x＝180°－80°×2＝20°
(2) AB∥DE より，錯角は等しいから
　∠BAE＝∠AED＝46°
　$\frac{2}{5}$∠BAD＝∠BAE＝46° より
　∠BAD＝46°×$\frac{5}{2}$＝115°
　平行四辺形の隣り合う角の和は180°であ
るから
　∠ADC＝180°－∠BAD
　　　　＝180°－115°＝65°
(3) AD＝AE より　∠D＝∠AED
　∠AED＝(180°－40°)÷2＝140°÷2＝70°

AB∥DC より，錯角は等しいから
∠BAE＝∠AED＝70°
ひし形の4辺の長さは等しいから
AB＝AD＝AE
よって，∠ABE＝∠AEB となり
∠ABE＝(180°－∠BAE)÷2
　　　＝(180°－70°)÷2
　　　＝110°÷2＝55°

3 　**72°**

解説　正五角形の1つの外角の大きさは
360°÷5＝72°
よって，1つの内角の大きさは
180°－72°＝108°
△ABE は，AB＝AE の二等辺三角形である
から
∠AEF＝(180°－108°)÷2＝72°÷2＝36°
同様にして　∠EAF＝36°
よって　∠EFD＝∠EAF＋∠AEF
　　　　　　　＝36°＋36°＝72°

4 　(1) **125°**　(2) **44°**　(3) **78°**

解説 (1) ∠x＝∠A＋∠ABD＋∠ACE
　＝70°＋$\frac{1}{2}$(∠ABC＋∠ACB)
　＝70°＋$\frac{1}{2}$(180°－70°)＝70°＋55°＝125°
(2) ∠ADE＝∠x，∠ADB＝∠y とし，
　AD と BE の交点をGとする。
　BD＝BE より
　∠E＝∠BDE＝∠x＋∠y
　∠DAC＝∠ADB＝∠y であるから，
　△AFG において
　∠GAF＋∠AGF＝∠GFC より
　∠y＋∠EGD＝92°
　∠EGD＝92°－∠y

△DEG の内角の和に着目して

∠GDE＋∠E＋∠EGD＝180° より

$\angle x+(\angle x+\angle y)+(92°-\angle y)=180°$

$2\angle x=180°-92°=88°$

よって　∠ADE＝$\angle x$＝44°

(3)　∠A＝180°−∠ABC−∠ACB

　　　＝180°−∠DEB−80°

　　　＝100°−62°＝38°

よって　∠D＝∠A＝38°

∠AGD＝∠ABD＋∠A＋∠D

　　　＝26°＋38°＋38°＝102°

∠AGF＝180°−∠AGD＝180°−102°＝78°

5　(1)　**135°**　　　(2)　**32cm²**

解説　(1)　正八角形の 1 つの外角は

$360°÷8=45°$

よって，1 つの内角の大きさは

$180°-45°=135°$

(2)　直角二等辺三角形の面積は，対角線の長さが 4cm の正方形の面積の半分であるから，求める面積はその 8 倍で

$\left(\dfrac{1}{2}×4×4\right)×\dfrac{1}{2}×8=32\,(\text{cm}^2)$

---

6 三角形の合同

▶**89**　**△ABC≡△NMO**

　　3 組の辺の長さがそれぞれ等しい。

　　△DEF≡△QRP

　　1 組の辺とその両端の角がそれぞれ等しい。

解説　AB＝NM＝4cm，　BC＝MO＝2cm，CA＝ON＝3cm より，3 組の辺の長さがそれぞれ等しいから　△ABC≡△NMO

EF＝RP＝5cm，∠E＝∠R＝50°，

∠P＝180°−50°−70°＝60° より

∠F＝∠P＝60°

よって，1 組の辺とその両端の角がそれぞれ等しいから　△DEF≡△QRP

トップコーチ

＜三角形の合同条件＞

① 3 組の辺の長さがそれぞれ等しい。

② 2 組の辺とその間の角がそれぞれ等しい。

③ 1 組の辺とその両端の角がそれぞれ等しい。

＜直角三角形の合同条件＞

① 直角三角形において，斜辺と他の 1 辺がそれぞれ等しい。

② 直角三角形において，斜辺と 1 つの鋭角がそれぞれ等しい。

三角形が合同であるとは，一方の三角形を

(i)平行移動　(ii)回転移動

(iii)対称移動(裏返す)

のいずれか，またはそれらの組み合わせで，もう片方の三角形にぴったり重ね合わすことができるという意味である。△ABC と △NMO のように反転(裏返し)している場合も合同であるということに注意する。

▶**90**

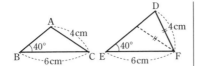

解説　EF＝6cm となるように辺 EF をかき，∠E＝40° となるように半直線を引く。点 F を中心とする半径 4cm の円はその半直線と異なる 2 点で交わり，そのうち AB と異なる長さになる方を点 D とする。

▶**91**　エ

解説　△FBC と △FEC において
∠FBC＝∠FEC＝90°　…①
FC＝FC（共通）　…②
正方形の 4 辺の長さは等しいから
BC＝DC
また，DC＝EC であるから
BC＝EC　…③
①，②，③より，直角三角形の斜辺と他の 1 辺がそれぞれ等しいから
△FBC≡△FEC

▶**92**　84°

解説　∠BFC＝180°－∠CFE
　　　　　＝180°－122°＝58°
∠A＋∠ABF＝∠BFC より
∠A＝∠BFC－∠ABF
　　＝58°－32°＝26°
△ABC≡△BED より
∠EBD＝∠A＝26°
よって　∠FCD＝∠EBD＋∠BFC
　　　　　　　　＝26°＋58°＝84°

▶**93**　ア　DO　　　イ　BO
　　　ウ　∠COB　　エ　2 組の辺とその間の角がそれぞれ等しい。

▶**94**　(1)　2cm　　　　　(2)　120°

解説　(1)　∠BAC の二等分線と BC との交点を M とすると，二等辺三角形の頂角の二等分線は底辺を垂直に 2 等分するから
AM⊥BC，BM＝MC＝2cm
このとき，∠ABM＝45°，∠BMA＝90° であるから，△ABM は AM＝BM の直角二等辺三角形である。
よって　AM＝BM＝2cm
ℓ∥BC より　DF＝AM＝2cm
(2)　CD＝BC＝4cm，DF＝2cm，
　∠CFD＝90° であるから，
　△CFD は正三角形を半分に切った形で，
　∠CDF＝60°，∠DCF＝30° となる。
BC＝CD より　∠CBD＝∠CDB
∠CBD＋∠CDB＝∠DCF より
2∠CBD＝30°　　∠CBD＝15°
∠ABE＝∠ABC－∠CBD
　　　　＝45°－15°＝30°
よって　∠AED＝∠ABE＋∠BAE
　　　　　　　　＝30°＋90°＝120°

▶**95**　(1)　①　20　　②　$y＝x＋1$
　　　(2)　B(1，－3)，D(3，5)

解説　(1)　①　頂点 B を通って y 軸に平行な直線を引き，その直線に頂点 A，C から垂線 AD，CE を引く。このとき，D(8，3) となる。

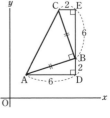

△ABD と △BCE において

∠ADB＝∠BEC＝90°

AB＝BC

∠BAD＝180°－∠ADB－∠ABD

$\qquad$ ＝180°－∠ABC－∠ABD

$\qquad$ ＝∠CBE

直角三角形で，斜辺と１つの鋭角がそ
れぞれ等しいから

△ABD≡△BCE

CE＝BD＝5－3＝2

BE＝AD＝8－2＝6

よって，求める面積 S は

S＝台形 ADEC－△ADB－△BEC

$\quad=\dfrac{1}{2} \times (2+6) \times 8 - \dfrac{1}{2} \times 6 \times 2 - \dfrac{1}{2} \times 2 \times 6$

$\quad=32-6-6$

$\quad=20$

② 点 A と辺 BC の中点を通る直線によって，△ABC の面積は２等分される。

点 C の x 座標は 8－2＝6

y 座標は 5＋6＝11

よって C(6, 11)

辺 BC の中点の座標は

$\left(\dfrac{8+6}{2}, \dfrac{5+11}{2}\right)$ より (7, 8)

求める直線の式を $y=ax+b$ とおく。

2 点 A(2, 3)，(7, 8) を通るから

$\begin{cases} 2a+b=3 & \cdots ⑦ \\ 7a+b=8 & \cdots ④ \end{cases}$

④－⑦より

5a＝5 $\quad$ a＝1

これを⑦に代入して

2＋b＝3 $\quad$ b＝1

よって $\quad y=x+1$

(2) 対角線 AC の中点の座標は

$\left(\dfrac{-2+6}{2}, \dfrac{2+0}{2}\right)$

より (2, 1)

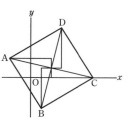

図のように，対角線と，対角線の交点から x 軸，y 軸に平行な直線を引いて４つの直角三角形を作る。対角線はそれぞれの中点で垂直に交わるから，４つの直角三角形の斜辺の長さは等しく，対頂角が等しいことから，１つの鋭角も等しい。これより，４つの直角三角形は合同である。

直角三角形の斜辺以外の辺の長さは

6－2＝4，1－0＝1 である。

よって，点 B の x 座標は 2－1＝1

y 座標は 1－4＝－3

これより B(1, －3)

点 D の x 座標は 2＋1＝3

y 座標は 1＋4＝5

これより D(3, 5)

▶**96** (1) ① △ACD ② 120°
$\qquad$ (2) ① △CGD ② 45°
$\qquad$ ③ $a^2\,\mathbf{cm}^2$

(解説) (1) ① △BCE と △ACD において，△ABC と △ECD はともに正三角形であるから

BC＝AC $\cdots ⑦$

CE＝CD $\cdots ④$

∠ACB＝∠ECD＝60° であるから

∠BCE＝∠ACB＋∠ACE

$\qquad$ ＝∠ECD＋∠ACE

$\qquad$ ＝∠ACD $\cdots ⑦$

⑦，④，⑦より，2 組の辺とその間の角

がそれぞれ等しいから

△BCE≡△ACD

② ∠BPD＝∠BAP＋∠ABP

∠BAC＋∠CAD＋∠ABP

＝∠BAC＋∠CBE＋∠ABP

＝∠BAC＋∠ABC

＝60°＋60°＝120°

(2) ① △AED と △CGD において，正方形の 4 辺の長さは等しいから

AD＝CD　…㋐

DE＝DG　…㋑

∠ADC＝∠EDG＝90° であるから

∠ADE＝∠ADC＋∠CDE

＝∠EDG＋∠CDE

＝∠CDG　…㋒

㋐，㋑，㋒より，2 組の辺とその間の角がそれぞれ等しいから

△AED≡△CGD

② ①より，△CGD≡△AED であるから

∠DCG＝∠DAE＝45°

③ CE＝AC＝a cm

CG＝AE＝AC＋CE＝a＋a＝$2a$(cm)

∠GCE＝180°－∠ACG

＝180°－(45°＋45°)＝90°

よって，△CEG の面積は

△CEG＝$\frac{1}{2}×a×2a＝a^2$(cm²)

トップコーチ

大小 2 つの正三角形をくっつけた図形は頻出タイプである。常に ∠BPD＝120° となることを覚えておこう。

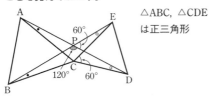

△ABC，△CDE は正三角形

▶**97** 16π cm²

解説　線分 AB を左まわりに 90° 回転させた線分を，図のように線分 A′B′ とする。かげをつけた部分の面積は，△ABP の面積とおうぎ形 PBB′ の面積の和から，△A′B′P の面積とおうぎ形 PAA′ の面積をひいて求められる。

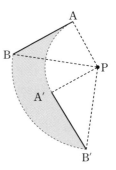

△ABP≡△A′B′P であるから，面積は等しい。

よって，求める面積は

△ABP＋おうぎ形 PBB′－△A′B′P

－おうぎ形 PAA′

$=\pi×10^2×\dfrac{90}{360}－\pi×6^2×\dfrac{90}{360}$

$=25\pi－9\pi＝16\pi$(cm²)

| 第6回 | **実力テスト** |

1 (1) ∠T　　(2) 辺 DE

解説 　六角形⑤は，六角形⑥を回転させた図である。対応する頂点の順にかくと
六角形 ABCDEF ≡ 六角形 TUPQRS である。
よって　∠A に対応する角は ∠T
　　　　辺 QR に対応する辺は辺 DE

2 △ABC≡△NMO(△NOM)
　　 1 組の辺とその両端の角がそれぞれ等しい。
　　 △DEF≡△KLJ
　　 2 組の辺とその間の角がそれぞれ等しい。

解説 　AB＝NM＝8cm，∠B＝∠M＝70°
また，∠N＝180°−70°−70°＝40° より
∠A＝∠N
1 組の辺とその両端の角がそれぞれ等しいから　△ABC≡△NMO
(∠M＝∠O であるから △ABC≡△NOM としてもよい。)
DE＝KL＝5cm，DF＝KJ＝10cm
また，∠K＝180°−90°−30°＝60° であるから　∠D＝∠K
2 組の辺とその間の角がそれぞれ等しいから
△DEF≡△KLJ

3 (1) ○　**3 組の辺がそれぞれ等しい。**
　　 (2) ×
　　 (3) ○　**1 組の辺とその両端の角がそれぞれ等しい。**
　　 (4) ○　**直角三角形において，斜辺と他の 1 辺がそれぞれ等しい。**
　　 (5) ○　**1 組の辺とその両端の角がそれぞれ等しい。**
　　 (6) ×
　　 (7) ○　**直角三角形において，斜辺と 1 つの鋭角がそれぞれ等しい。**
　　 (8) ○　**2 組の辺とその間の角がそれぞれ等しい。**

解説 　(2) 少なくとも 1 組の辺の長さが等しくないと，合同にはならない。
(6) 2 組の辺はそれぞれ等しいが，その間の角は等しいとは限らない。

4 (1) 101°　　(2) 150°

解説 　(1) AB＝AC より
∠BAC＝180°−63°×2＝54°
∠DAF＝54°−38°＝16°
△ADE≡△ABC より
∠ADE＝∠ABC＝63°
△ADF で　∠AFD＝180°−16°−63°＝101°
(別解) △ADE≡△ABC より
∠DAE＝∠BAC
∠FAE＝∠DAE−∠DAF
　　　＝∠BAC−∠DAF＝38°
AB＝AC より　∠ACB＝∠ABC＝63°
これより　∠AEF＝∠ACB＝63°
∠AFD＝∠FAE＋∠AEF
　　　＝38°＋63°＝101°
(2) ∠DAE＝90°−30°＝60°
∠DAG＝90°−∠DAE＝90°−60°＝30°
△ADG は AD＝AG の二等辺三角形であるから　∠ADG＝(180°−30°)÷2＝75°
また，AE＝AD，∠DAE＝60° より，
△AED は正三角形であるから
ED＝EA＝EF
∠DEF＝90°−60°＝30°

△EDF は ED＝EF の二等辺三角形であるから

∠EDF＝(180°－30°)÷2＝75°

∠ADE＝60° であるから

∠GDF＝360°－∠ADG－∠ADE－∠EDF

$\qquad$＝360°－75°－60°－75°＝150°

5 (1) ① $y=-\dfrac{1}{a}x+a+\dfrac{1}{a}$

$\qquad$ ② E(4, 0), F(0, 4)

$\qquad$ (2) $y=5x$

解説 (1) ① 直線 AB の式を $y=mx+n$ とおく。$y=ax$ に垂直であるから

$am=-1$ $\qquad$ $m=-\dfrac{1}{a}$

点 (1, a) を通るから $\quad a=m+n$

$n=a-m=a-\left(-\dfrac{1}{a}\right)=a+\dfrac{1}{a}$

よって，直線 AB の式は

$y=-\dfrac{1}{a}x+a+\dfrac{1}{a}$

② △OAB≡△BCF より $\quad$ OA＝BC

四角形 ABCD は正方形であるから

AB＝BC

よって，OA＝AB となり，△OAB は直角二等辺三角形であるから

∠AOB＝45°

∠AOE＝90°－∠AOB＝90°－45°＝45°

よって，直線 ℓ の傾きは 1 となる。

したがって $\quad a=1$

これより，直線 AB の式は $y=-x+2$ となり，点 B の座標は (0, 2) となる。

OB＝BF より，点 F の座標は (0, 4)，直線 EF の式は $y=-x+4$ となる。

$y=0$ を代入して $\quad 0=-x+4$

$x=4$

よって，点 E の座標は (4, 0)

(2) 点 P から直線 AB に垂線を下ろし，直線 AB との交点を H とする。

△OAB と △BHP において

∠OAB＝∠BHP＝90° …①

OB＝BP …②

また，∠OAB＝∠OBP＝90° であるから

∠BOA＝180°－∠OBA－∠OAB

$\qquad$＝180°－∠OBA－∠OBP

$\qquad$＝∠PBH …③

①，②，③より，直角三角形で，斜辺と1つの鋭角がそれぞれ等しいから

△OAB≡△BHP

HP＝AB＝4 より，点 P の x 座標は

6－4＝2

BH＝OA＝6 より，点 P の y 座標は

4＋6＝10

よって，2 点 O(0, 0)，P(2, 10) を通る直線の式を $y=ax$ とおくと

10＝2a $\qquad$ a＝5

よって，直線 OP の式は $\quad y=5x$

7 図形の論証

▶**98** △BDM と △CAM において，点 M は BC の中点であるから　BM＝CM　…①
対頂角は等しいから　∠BMD＝∠CMA　…②
BD∥AC より，錯角は等しいから
∠DBM＝∠ACM　…③
①，②，③より，1 組の辺とその両端の角がそれぞれ等しいから　△BDM≡△CAM
よって，対応する辺の長さは等しいから
BD＝CA

トップコーチ

＜証明の書き方＞
① 合同を証明する 2 つの三角形を頂点の対応順に並べ，「△～ と △… において」からはじめる。
② 対応する辺や角について，仮定されたことや，仮定されたことから論理的に導かれることを明記した上で，等しいものを並べる。
③ ②で書き並べたものが「合同条件」のうち，どの条件を満たしているのかを示す。
④ 最後に「△～≡△…」と結論を書く。

▶**99** (1) $y＝\dfrac{1}{2}x＋45$

(2)　△DAP≡△DCQ より
　　∠QDC＝∠PDA＝$x°$
　　DR は ∠PDC の二等分線であるから
　　∠CDR＝$\dfrac{1}{2}(90°－x°)$
　　∠QDR＝∠QDC＋∠CDR
　　　　　＝$x°＋\dfrac{1}{2}(90°－x°)＝\dfrac{1}{2}x°＋45°$
　　　　　＝$y°$
　　よって，∠QDR＝∠QRD となるから，
　　△QDR は QD＝QR の二等辺三角形である。

解説 (1)　DR は ∠PDC の二等分線であるから
∠CDR＝$\dfrac{1}{2}(90°－x°)$
よって
∠DRC＝180°－∠RCD－∠CDR
　　　＝$180°－90°－\dfrac{1}{2}(90°－x°)$
　　　＝$\dfrac{1}{2}x°＋45°$
ゆえに　$y＝\dfrac{1}{2}x＋45$

▶**100** (1)

(2)　A と P，B と P を直線で結ぶ。
　　△OAP と △OBP において，
　　OA＝OB　…①
　　AP＝BP　…②
　　OP＝OP（共通）　…③
　　①，②，③より，3 組の辺の長さがそれぞれ等しいから　△OAP≡△OBP
　　よって　∠AOP＝∠BOP
　　ゆえに，OP は ∠XOY の二等分線である。

▶**101** (1) ア　∠DAC　　イ　共通
ウ　2 組の辺とその間の角がそれぞれ等しい。
エ　∠C　　オ　CD　　カ　∠CDA
キ　∠CDA　　ク　∠CDA　　ケ　BC
(2) コ　共通　　サ　∠DAC
シ　∠DAC　　ス　∠ADC
セ　1 組の辺とその両端の角がそれぞれ等しい。

(3) ①ウ   ②イ   ③オ   ④イとオ

▶ *102* △ACD と △BCD において,
△ABC は正三角形であるから
AC＝BC …①
△ADB は ∠D＝90° の直角二等辺三角形で
あるから AD＝BD …②
(1) DC＝DC(共通) …③
  ①，②，③より，3 組の辺の長さがそれぞ
れ等しいから △ACD≡△BCD
(2) ∠DAC＝45°＋60°＝105°
  また ∠DBC＝45°＋60°＝105°
  よって ∠DAC＝∠DBC …④
  ①，②，④より，2 組の辺とその間の角が
それぞれ等しいから △ACD≡△BCD

▶ *103* (1) BD は ∠ABC の二等分線であ
るから ∠ABD＝∠CBD …①
AD∥BC より，錯角は等しいから
∠CBD＝∠ADB …②
  ①，②より ∠ABD＝∠ADB …③
  よって，△ABD は，AB＝AD の二等辺三
角形である。
(2) △ABQ と △ADP において
  (1)より AB＝AD …④
  ∠BAQ＝∠BAC－∠QAP
      ＝90°－∠QAP
AD∥BC より，錯角は等しいから
∠DAR＝∠ARB＝90°
∠DAP＝∠DAR－∠QAP
      ＝90°－∠QAP
  よって ∠BAQ＝∠DAP …⑤
  ③，④，⑤より，1 組の辺とその両端の角
がそれぞれ等しいから △ABQ≡△ADP

▶ *104* △AED と △CEF において
E は AC の中点であるから AE＝CE …①
対頂角は等しいから ∠AED＝∠CEF …②
AD∥BC より，錯角は等しいから
      ∠DAE＝∠FCE … ③
①，②，③より，1 組の辺とその両端の角が
それぞれ等しいから △AED≡△CEF

▶ *105* △BCF と △ACE において
仮定より CF＝CE …①
△ABC は正三角形であるから
      BC＝AC …②
正三角形の 1 つの内角は 60° で，AB∥EC よ
り，錯角は等しいから
      ∠ACE＝∠CAB＝60°
また ∠BCF＝60°
よって ∠BCF＝∠ACE …③
①，②，③より，2 組の辺とその間の角がそ
れぞれ等しいから △BCF≡△ACE

▶ *106* △AFE と △BCE において
AC⊥BE より
      ∠AEF＝∠BEC＝90° …①
∠BAC＝45° より，△ABE は直角二等辺三
角形であるから AE＝BE …②
△AFE と △BFD の内角について
AD⊥BC より ∠BDF＝90°
よって ∠AEF＝∠BDF
対頂角は等しいから ∠AFE＝∠BFD
∠FAE＝180°－∠AEF－∠AFE
      ＝180°－∠BDF－∠BFD＝∠DBF
よって ∠FAE＝∠CBE …③
①，②，③より，1 組の辺とその両端の角が
それぞれ等しいから △AFE≡△BCE

▶**107** (1) ① 2∠a

② △ADE と △CED において

長方形の対辺の長さは等しいから

AD＝CE   …㋐

AE＝CD   …㋑

DE＝ED(共通)   …㋒

㋐，㋑，㋒より，3組の辺がそれぞれ等

しいから　△ADE≡△CED

よって　∠FDE＝∠FED

(2) △FAB と △FED において

長方形の1つの内角は90°で，対辺の長さ

は等しいから

∠FAB＝∠FED＝90° …①

AB＝ED …②

対頂角は等しいから　∠AFB＝∠EFD

∠ABF＝180°−∠FAB−∠AFB

＝180°−∠FED−∠EFD

＝∠EDF

よって　∠ABF＝∠EDF …③

①，②，③より，1組の辺とその両端の角

がそれぞれ等しいから　△FAB≡△FED

（解説）(1) ①　△ACB≡△ACE より

∠ACB＝∠ACE＝∠a

AD∥BC より，錯角は等しいから

∠CFD＝∠FCB

＝∠ACE＋∠ACB

＝∠a＋∠a＝2∠a

▶**108**

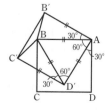

△ABB′ と △D′BC′において

四角形 AD′C′B′ は正方形であるから

AB′＝D′C′ …①

△ABD′は AB＝AD′で頂角 ∠BAD′が60度

の二等辺三角形，つまり正三角形であるから

AB＝D′B …②

∠BAB′＝∠BD′C′＝30° …③

①〜③より，2組の辺とその間の角がそれぞ

れ等しいので

△ABB′≡△D′BC′

対応する辺の長さは等しいので

BB′＝BC′

▶**109** (1)

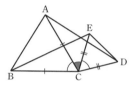

△ACD と △BCE において

△ABC は正三角形なので

AC＝BC …①

△CDE は正三角形なので

CD＝CE …②

∠ACD＝60°＋∠ACE

∠BCE＝60°＋∠ACE

よって

∠ACD＝∠BCE …③

①〜③より，2組の辺とその間の角がそれ

ぞれ等しいので

△ACD≡△BCE

(2) △BCG と △DCE において

正方形の辺の長さは等しいから

BC＝DC …①

CG＝CE …②

∠BCD＝∠GCE＝90° であるから

∠BCG＝∠BCD−∠GCD

＝∠GCE−∠GCD

＝∠DCE

よって　∠BCG＝∠DCE　…③

①，②，③より，2組の辺とその間の角が
それぞれ等しいから　△BCG≡△DCE

よって　BG＝DE

(3)　△ACK と △DCB において

正六角形の辺の長さは等しいから

　　AC＝DC　…①

　　CK＝CB　…②

正六角形の1つの外角は　360°÷6＝60°
であるから　∠ACK＝∠DCB＝60°　…③

①，②，③より，2組の辺とその間の角が
それぞれ等しいから　△ACK≡△DCB

トップコーチ

2つの正多角形を利用して，2辺とその間の
角がそれぞれ等しいことを証明するタイプの
問題では，対応する角を記号ではなく，60°，
90°，120°，180°（直線上の角の和）など，具
体量で表すのがポイント。

(1)

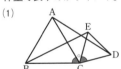

∠BCE＝60°＋∠ACE＝∠ACD

(2)では ∠BCG＝90°−∠GCD＝∠DCE

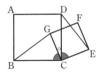

(3)では ∠ACK＝120°−∠KCD＝∠DCB
となっている。

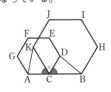

▶**110**　(1)　(a)　ア　　(b)　エ

(2)　△ABD と △EAF において

　　AB＝EA　…⑦

　　∠ADB＝∠EFA＝90°　…⑧

BD は ∠ABC の二等分線であり，∠ABC
の大きさが ∠ACB の2倍であるから

$$\angle ABD = \frac{1}{2}\angle ABC = \frac{1}{2} \times 2\angle ACB$$
$$= \angle ACB$$

これと③より　∠ABD＝∠CAE

すなわち　∠ABD＝∠EAF　…⑨

⑦，⑧，⑨より，直角三角形の斜辺と1
つの鋭角がそれぞれ等しいから

　　△ABD≡△EAF

よって　BD＝AF

⑥より，AC＝2AF であるから

　　AC＝2BD

▶**111**　(1)　P を中心とし，XY と2点 A，
B で交わる円をかき，A，B を中心とする
半径の等しい2円の交点の1つを Q とす
る。P と Q を結べばよい。

(2)　△PAQ と △PBQ において，作図より
PA＝PB，AQ＝BQ，PQ は共通
3組の辺がそれぞれ等しいから

　　△PAQ≡△PBQ

よって　∠APQ＝∠BPQ　…①

AB と PQ の交点を H とする。

△PAH と △PBH において　PA＝PB

①より　∠APH＝∠BPH，PH は共通

ゆえに　△PAH≡△PBH

よって　∠PHA＝∠PHB

また　∠PHA＋∠PHB＝180° より

　　∠PHA＝90°

よって　PQ⊥XY

▶**112** 対頂角は等しいから
$\angle AEF = \angle BEC$ …①
△ABC≡△DEC より，BC=EC であるから
$\angle BEC = \angle EBC$ …②
さらに，AB=AC より
$\angle DEC = \angle ABC = \angle ACB$
錯角が等しいから ED∥BC
同位角が等しいから
$\angle EBC = \angle FED$ …③
①，②，③より $\angle AEF = \angle DEF$

▶**113** (1) 折り返す前の点 B の位置を B′とすると，AD∥B′C より，錯角は等しいから
$\angle EAC = \angle ACB'$ …①
△AB′C≡△ABC より
$\angle ACB' = \angle ACB = \angle ACE$ …②
①，②より $\angle EAC = \angle ACE$ …③
よって，△EAC は二等辺三角形となり
AE=EC が成り立つ。
(2) △AME において，MF は AE の垂直二等分線であるから MA=ME
よって，$\angle MEA = \angle MAE$ となり
$\angle EMN = \angle MEA + \angle MAE$
$= 2\angle MAE = 2\angle EAC$ …④
△CNE においても同様にして
$\angle ENM = 2\angle NCE = 2\angle ACE$ …⑤
③，④，⑤より $\angle EMN = \angle ENM$
よって，△EMN は，EM=EN の二等辺三角形である。
解説 (1) △ABC≡△CDA から③を示してもよい。
(2) △AME≡△CNE から EM=EN を示してもよい。

▶**114** (例)△BDF と △BHF において
仮定より $\angle BDF = \angle BHF = 90°$ …①
$BF = BF$(共通) …②
仮定より $\angle DBF = \angle HBF$ …③
①，②，③より，直角三角形で，斜辺と1つの鋭角がそれぞれ等しいから
△BDF≡△BHF
解説 他にも，△BDE≡△BGE，△FBH≡△FCH が成り立つ。
証明しやすいものを選べばよい。

▶**115** △EGD と △FGB において
△ADE≡△ABC であるから
DE=BC
仮定より BC=BF
よって DE=BF …①
また，AE=AC より
$\angle AEC = \angle ACE$
BC=BF より $\angle BCF = \angle BFC$
$\angle AED = \angle ACB = 90°$ であるから
$\angle BFG = \angle BCF$
$= 180° - 90° - \angle ACE$
$= 90° - \angle AEC$
$= \angle DEG$
よって $\angle DEG = \angle BFG$ …②
錯角が等しいから，ED∥BF となり
$\angle EDG = \angle FBG$ …③
①，②，③より，1組の辺とその両端の角がそれぞれ等しいから
△EGD≡△FGB
よって EG=FG

▶**116** RD の D の側の延
長上に，DS＝BQ を満
たす点 S をとる。

△ADS と △ABQ において
　　　DS＝BQ　…①
四角形 ABCD は正方形で
あるから
　　　AD＝AB　…②
　　　∠ADS＝∠ABQ＝90°　…③
①，②，③より，2 組の辺とその間の角がそ
れぞれ等しいから　△ADS≡△ABQ
∠DAS＝∠x とおくと
　　　∠ASD＝180°−90°−∠x
よって　∠RSA＝90°−∠x　…④
∠BAQ＝∠DAS＝∠x で，AQ は ∠BAP の
二等分線であるから　∠BAP＝2∠x
よって　∠RAS＝∠RAD＋∠DAS
　　　　　　　　＝90°−2∠x＋∠x
　　　　　　　　＝90°−∠x　…⑤
④，⑤より　∠RSA＝∠RAS
よって，△RSA は，RS＝RA の二等辺三角
形となる。このとき
　　　BQ＋DR＝DS＋DR＝SR＝AR
よって　BQ＋DR＝AR

トップコーチ
論証は仮定から論理を積み上げて結論に至る
ものだが，証明の難問を解くときには，常に
結論となることがらを言うためには，どんな
仮定が必要となるか考え，仮定条件をつけ加
えることも有効である。補助線は新たな仮定
のつけ加えであることを理解すること。

第**7**回　**実力テスト**

1　(1)　ア　**AB＝AD**
　　イ　**斜辺と他の 1 辺**
(2)　(1)より　∠EAB＝∠GAD
　　また，AE＝EF より　∠EAF＝∠EFA
　　∠AGH＝180°−90°−∠GAH
　　　　　　＝90°−∠GAH
　　　　　　＝∠BAD−∠GAH
　　　　　　＝∠BAF＋∠GAD
　　　　　　＝∠BAF＋∠EAB
　　　　　　＝∠EAF＝∠EFA
　　　　　　＝∠AFB
　　よって　∠AGH＝∠AFB

2　△MAP と △MCQ において
M は AC，PQ の
中点であるから
　　　MA＝MC　…①
　　　MP＝MQ　…②

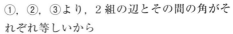

対頂角は等しいから
　　　∠AMP＝∠CMQ　…③
①，②，③より，2 組の辺とその間の角がそ
れぞれ等しいから
　　　△MAP≡△MCQ
これより，∠MAP＝∠MCQ となり，錯角が
等しいから　AB∥QC
∠B＝90° より，∠RCQ＝90° となる。
よって，△CQR は直角三角形である。

3　△ABG と △ADC において
正方形の辺の長さは等しいから
　　　AB＝AD　…①　　　AG＝AC　…②
∠GAC＝∠BAD＝90° であるから

∠BAG＝∠GAC＋∠BAC
　　　　＝∠BAD＋∠BAC
　　　　＝∠DAC
よって　∠BAG＝∠DAC　…③
①，②，③より，2組の辺とその間の角がそれぞれ等しいから　△ABG≡△ADC

4　(1) 点 A を
通り，辺 BC に平
行な直線を引き，
図のように直線上
に点 D，E をとる。

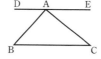

DE∥BC より，錯角は等しいから
　　　∠B＝∠BAD，∠C＝∠CAE
よって　∠BAC＋∠B＋∠C
　　　＝∠BAC＋∠BAD＋∠CAE
　　　＝180°
これより，三角形の内角の和は 180° である。

(2)　五角形 ABCDE の 5 つの内角を ∠a，
∠b，∠c，∠d，∠e とし，対応する外角
をそれぞれ ∠p，∠q，∠r，∠s，∠t とする。
　　内角と外角の和は 180° であるから
　　　∠a＋∠b＋∠c＋∠d＋∠e
　　　　＋∠p＋∠q＋∠r＋∠s＋∠t
　　　＝180°×5＝900°
　　五角形の内角の和は　180°×(5－2)＝540°
　　よって　∠p＋∠q＋∠r＋∠s＋∠t
　　　　　＝900°－540°＝360°
　　すなわち，五角形の外角の和は 360° である。

5　$\dfrac{35}{13}$cm

解説　△AFE と △BCE において
AC⊥BE より　∠AEF＝∠BEC＝90°　…①
∠BAC＝45° より，△ABE は直角二等辺三
角形であるから　AE＝BE　…②
△AFE と △BFD の内角について
AD⊥BC より　∠BDF＝90°
よって　∠AEF＝∠BDF
対頂角は等しいから　∠AFE＝∠BFD
　　　∠FAE＝180°－∠AEF－∠AFE
　　　　　　＝180°－∠BDF－∠BFD
　　　　　　＝∠DBF
よって　∠FAE＝∠CBE　…③
①，②，③より，1組の辺とその両端の角が
それぞれ等しいから
△AFE≡△BCE　…④
△ABC の面積を 2 通りで計算して
　　$\dfrac{1}{2}$×BC×AD＝$\dfrac{1}{2}$×AC×BE
　　13×(AF＋FD)＝(AE＋EC)×12
④より　AF＝BC＝13
　　　　AE＝BE＝12
よって　13×(13＋FD)＝(12＋5)×12
　　　　169＋13FD＝204
　　　　13FD＝35　　FD＝$\dfrac{35}{13}$

6　45°

解説　△AEF と △DFC において
　　　∠A＝∠D＝90°　…①
E は辺 AB の中点であるから　AE＝2cm
DF＝AD－AF＝6－4＝2(cm) より
　　　AE＝DF　…②
DC＝AB＝4cm であるから
　　　AF＝DC＝4cm　…③
①，②，③より，2組の辺とその間の角がそ
れぞれ等しいから　△AEF≡△DFC

よって FE＝FC …④
また ∠DFC＝∠AEF＝∠a
∠AFE＝180°－∠A－∠a
＝180°－90°－∠a
＝90°－∠a
よって ∠EFC＝180°－∠DFC－∠AFE
＝180°－∠a－(90°－∠a)
＝180°－∠a－90°＋∠a
＝90° …⑤
④，⑤より，△FEC は FE＝FC の直角二等辺三角形であるから ∠FCE＝45°
∠DCF＝∠AFE＝90°－∠a であるから，
∠DCF＋∠FCE＋∠ECB＝∠DCB より
(90°－∠a)＋45°＋∠b＝90°
よって ∠a－∠b＝45°

7 △AEC と △ABD において
仮定より AE＝AB …①
AC＝AD …②
∠EAB＝∠CAD＝90° であるから
∠EAC＝∠EAB＋∠BAC
＝∠CAD＋∠BAC
＝∠BAD
よって ∠EAC＝∠BAD …③
①，②，③より，2組の辺とその間の角がそれぞれ等しいから △AEC≡△ABD
よって ∠AEC＝∠ABD
AB と EF の交点を G とすると，対頂角は等しいから ∠EGA＝∠BGF
∠BFG＝180°－∠BGF－∠ABD
＝180°－∠EGA－∠AEC
＝∠EAB＝90°
よって，∠BFG＝90° であるから，
BD⊥CE となる。

8 いろいろな四角形

▶**117** 平行四辺形の性質は
① AB∥DC，AD∥BC
② AB＝DC，AD＝BC
③ ∠BAD＝∠DCB，∠ABC＝∠CDA
④ OA＝OC，OB＝OD
平行四辺形になるための条件は，①〜④の他に⑤ AB＝DC，AB∥DC
(または，AD＝BC，AD∥BC)

(解説) 平行四辺形の性質は
① 2組の対辺がそれぞれ平行である。(定義)
② 2組の対辺の長さがそれぞれ等しい。
③ 2組の対角の大きさがそれぞれ等しい。
④ 対角線がそれぞれの中点で交わる。
平行四辺形になるための条件は，①〜④の他に
⑤ 1組の対辺が平行で，その長さが等しい。

▶**118** 長方形… イ，エ
ひし形… ア，ウ，オ

(解説) ア 平行四辺形の対辺の長さは等しいから，AB＝BC のとき，4辺の長さはすべて等しくなる。よって，アのとき，ひし形となる。
イ AC＝BD のとき，△ABC≡△DCB となり，∠B＋∠C＝180°，∠B＝∠C から∠B＝∠C＝90° となる。よって，4つの角がすべて 90° になるから，イのとき，長方形となる。
ウ AC⊥BD のとき，対角線の交点を O とすると，△AOB≡△AOD となり，AB＝AD となる。よって，4辺の長さがすべて等しくなるから，ウのとき，ひし形となる。
エ ∠A＋∠C＝180° のとき，これと

∠A＝∠C から，∠A＝∠C＝90° となる。
よって，4 つの角がすべて 90° になるから，
エのとき，長方形となる。

オ　∠BAC＝∠DAC のとき，AD／BC より，
　　錯角は等しいから　∠DAC＝∠BCA
　　よって，∠BAC＝∠BCA となり，△BAC
　　は BA＝BC の二等辺三角形となる。これ
　　より，4 辺の長さがすべて等しくなるから，
　　オのとき，ひし形となる。

トップコーチ

＜長方形の性質＞
長方形は 4 つの内角がすべて等しい平行四
辺形なので，平行四辺形の性質
①2 組の対辺がそれぞれ平行である。
②2 組の対辺の長さがそれぞれ等しい。
③2 組の対角の大きさがそれぞれ等しい。
④対角線がそれぞれの中点で交わる。
が成り立つとともに，
⑤4 つの内角はそれぞれ 90° で等しい。
⑥対角線の長さが等しい。
が成り立つ。

＜ひし形の性質＞
ひし形は 4 つの辺の長さがすべて等しい平
行四辺形なので，平行四辺形の性質（上記の
①～④）の他に，
⑦4 つの辺の長さがすべて等しい。
⑧対角線が直交する。
が成り立つ。

＜正方形の性質＞
正方形は，長方形，ひし形の性質をすべて持
った平行四辺形なので，上記の①～⑧のすべ
てが成り立つ。

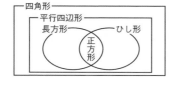

▶ **119** 40°

解説 AD／BC より，錯角は等しいから
　　∠BCA＝∠CAD＝35°
OC＝OA＝OE より，△OCE は二等辺三角形
であるから　∠OEC＝∠OCE＝35°
OF／DC より，同位角は等しいから
　　∠OFE＝∠DCB＝70°＋35°＝105°
よって　∠EOF＝180°－∠OEF－∠OFE
　　　　　　　＝180°－35°－105°＝40°

▶ **120** △ABC と △CDA において
AB／DC より，錯角は等しいから
　　∠BAC＝∠DCA　…①
AD／BC より，錯角は等しいから
　　∠ACB＝∠CAD　…②
　　AC＝CA（共通）　…③
①，②，③より，1 組の辺とその両端の角が
それぞれ等しいから　△ABC≡△CDA
よって　AB＝DC，AD＝BC

▶ **121** △OAP と △OCQ において
平行四辺形の対角線はそれぞれの中点で交わ
るから　OA＝OC　…①
対頂角は等しいから　∠AOP＝∠COQ　…②
AB／DC より，錯角は等しいから
　　∠OAP＝∠OCQ　…③
①，②，③より，1 組の辺とその両端の角が
それぞれ等しいから　△OAP≡△OCQ
よって　OP＝OQ

▶ **122** ア　CDQ　　イ　APB
ウ　CQD　エ　錯角　オ　ABP
カ　CDQ　キ　対辺の長さ　ク　AB
ケ　CD　コ　AP　サ　CQ
シ　1 組の対辺が平行で，その長さが等しい

4

解説 イは BPA，ウは DQC でもよい。
ただし，対応する点の順序をそろえておく。
同様に，オは PBA，カは QDC，クは BA，
ケは DC，コは PA，サは QC でもよい。

▶**123** AD∥BC より　AF∥EC　…①
また，錯角は等しいから
　　　∠AEB＝∠EAF
条件より，∠AEB＝∠CFD であるから
　　　∠EAF＝∠CFD
同位角が等しいから
　　　AE∥FC　…②
①，②より，2 組の対辺が平行であるから，
四角形 AECF は平行四辺形である。

▶**124** (1)　対角線
AC を引く。
△ABC と △CDA
において，条件よ
り
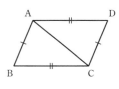
　　　AB＝CD　…①
　　　BC＝DA　…②
　　　AC＝CA(共通)　…③
①，②，③より，3 組の辺の長さがそれぞ
れ等しいから
　　　△ABC≡△CDA
よって，∠BAC＝∠DCA より，錯角が等
しいから
　　　AB∥DC　…④
同様に，∠BCA＝∠DAC より，錯角が等
しいから
　　　AD∥BC　…⑤
④，⑤より，2 組の対辺が平行であるから，
四角形 ABCD は平行四辺形である。

(2)　△AEH と △CGF において，条件より
　　　AE＝CG　…①
　　　DH＝BF　…②
平行四辺形 ABCD の対辺の長さは等しく，
対角の大きさも等しいから
　　　AD＝BC　…③
　　　∠A＝∠C　…④
③－②より　AD－DH＝BC－BF
すなわち　AH＝CF　…⑤
①，④，⑤より，2 組の辺とその間の角が
それぞれ等しいから　△AEH≡△CGF
よって　EH＝GF　…⑥
同様にして，△BFE≡△DHG が示される
から　EF＝GH　…⑦
⑥，⑦より，2 組の対辺がそれぞれ等しい
から，四角形 EFGH は平行四辺形である。

▶**125**　ア　360°　　　イ　180°
　ウ　ABC (CBA でもよい)
　エ　180°
　オ　CBE (EBC でもよい)
　カ　同位角　　キ　AD　　ク　BC
　ケ　AB　　　コ　DC
(キとク，ケとコは逆でもよい。)

▶**126** (1)　△OAB と △OCD において，
条件より
　　　AO＝CO　…①　　　BO＝DO　…②
対頂角は等しいから
　　　∠AOB＝∠COD　…③
①，②，③より，2 組の辺とその間の角が
それぞれ等しいから　△OAB≡△OCD
よって　∠OAB＝∠OCD
錯角が等しいから　AB∥DC　…④
同様にして，△OAD≡△OCB より

∠OAD＝∠OCB
錯角が等しいから　AD∥BC　…⑤
④, ⑤より, 2組の対辺が平行であるから,
四角形 ABCD は平行四辺形である。

(2) △OAE と △OCF において,
Oは平行四辺形の対角線の交点であるか
ら　OA＝OC　…①
AD∥BC より, 錯角は等しいから
∠OAE＝∠OCF　…②
対頂角は等しいから
∠AOE＝∠COF　…③
①, ②, ③より, 1組の辺とその両端の角
がそれぞれ等しいから　△OAE≡△OCF
よって　OE＝OF　…④
①, ④より, 対角線がそれぞれの中点で交
わるから, 四角形 AFCE は平行四辺形で
ある。

▶**127** (1) △ABC と △CDA において,
条件より　BC＝DA　…①
AD∥BC より錯角は等しいから
∠BCA＝∠DAC　…②
AC＝CA(共通)　…③
①, ②, ③より, 2組の辺とその間の角が
それぞれ等しいから　△ABC≡△CDA
よって　∠BAC＝∠DCA
錯角が等しいから　AB∥DC
これと, AD∥BC より, 2組の対辺が平行
であるから, 四角形 ABCD は平行四辺形
である。

(2) 平行四辺形の対辺の長さは等しいから
AB＝DC, DC＝CE より　AB＝CE　…①
AB∥DC より　AB∥CE　…②
①, ②より, 1組の対辺が平行で, 長さが
等しいから, 四角形 ABEC は平行四辺形
である。

▶**128** (1) 対角線の交点を O とすると,
平行四辺形の対角線は, それぞれの中点で
交わるから
OA＝OC　…①　　OB＝OD　…②
条件より
AE＝CG　…③　　BF＝DH　…④
①－③より　OA－AE＝OC－CG
すなわち　OE＝OG　…⑤
②－④より　OB－BF＝OD－DH
すなわち　OF＝OH　…⑥
⑤, ⑥より, 対角線がそれぞれの中点で交
わるから, 四角形 EFGH は平行四辺形で
ある。

(2) ① 四角形 ABCD は平行四辺形である
から
AD∥BC より　AE∥FC　…㋐
AD＝BC より
$AE＝\frac{1}{2}AD＝\frac{1}{2}BC＝FC$　…㋑
㋐, ㋑より, 1組の対辺が平行で, 長さ
が等しいから, 四角形 AFCE は平行四
辺形である。
よって, AF∥EC より
PF∥EQ　…㋒
同様にして, 四角形 EBFD は平行四辺
形であり, EB∥DF より
EP∥QF　…㋓
㋒, ㋓より, 2組の対辺が平行であるか
ら, 四角形 PFQE は平行四辺形である。

② 平行四辺形 AFCE の対角線の交点を
O とすると, O は AC, EF の中点であ
る。また, 四角形 PFQE は平行四辺形
であるから, 対角線 PQ は, 対角線 EF
の中点 O で EF と交わる。
すなわち, AC, PQ, EF は, 1点 O で
交わる。

▶ **129** (1) 点 D を通り，辺 AB に平行な
直線と辺 BC との交点を E とする。
AD∥BE，AB∥DE より，四角形 ABED
は平行四辺形である。よって AB＝DE
AB＝DC より，DE＝DC であるから，
△DEC は二等辺三角形となり
　　　∠DEC＝∠C
また，AB∥DE より，同位角は等しいか
ら　∠B＝∠DEC
よって　∠B＝∠C
(逆)「AD∥BC である台形 ABCD におい
て，∠B＝∠C ならば，AB＝DC である。」
これは，正しい。証明は次の通りである。
(証明) 点 D を通り，辺 AB に平行な直線
と辺 BC との交点を E とする。
AB∥DE より，同位角は等しいから
　　　∠B＝∠DEC
条件より，∠B＝∠C であるから
　　　∠DEC＝∠C
よって，△DEC は二等辺三角形であり
　　　DE＝DC
AD∥BE，AB∥DE より，四角形 ABED
は平行四辺形であるから　AB＝DE
ゆえに　AB＝DC
(2) 長方形は，4 つの角がすべて等しいから，
2 組の対角もそれぞれ等しくなり，平行四
辺形である。
　ひし形は，4 つの辺の長さがすべて等しい
から，2 組の対角もそれぞれ等しくなり，
平行四辺形である。
(3) 長方形の対角線は，同じ長さで，それぞ
れの中点で交わる。
(証明) 右の図の長方形
で，△ABC と △DCB に
おいて，AB＝DC，
BC＝CB(共通)，

∠ABC＝∠DCB＝90°
よって，2 組の辺とその間の角がそれぞれ
等しいから　△ABC≡△DCB
ゆえに，AC＝DB となり，対角線の長さ
は等しい。
また，長方形は平行四辺形でもあるから，
対角線はそれぞれの中点で交わる。
ひし形の対角線は，それぞれの中点で垂直
に交わる。
(証明) ひし形は平
行四辺形でもあるか
ら，対角線はそれぞ
れの中点で交わる。

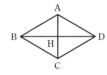

右の図のひし形で，△ABH と △ADH に
おいて，
　　　AB＝AD，BH＝DH，AH＝AH(共通)
よって，3 組の辺がそれぞれ等しいから
　　　△ABH≡△ADH
これより　∠AHB＝∠AHD　…①
一方　∠AHB＋∠AHD＝180°　…②
①，②より　∠AHB＝∠AHD＝90°
よって　AH⊥BD
すなわち，対角線 AC，BD は垂直に交わ
る。
正方形の対角線は，同じ長さで，それぞれ
の中点で垂直に交わる。
(証明) 正方形は長方形でもあるから，対
角線は同じ長さである。
また，正方形はひし形でもあるから，対角
線はそれぞれの中点で垂直に交わる。

▶ **130** (1) 平行四辺形の対角は等しいか
ら
　　　∠C＝∠A＝90°
　　　∠B＝∠D
　　　　＝(360°－∠A－∠C)÷2

$= (360° - 90° - 90°) ÷ 2$

$= 180° ÷ 2 = 90°$

よって，4 つの角がすべて 90° であるから，1 つの角が直角である平行四辺形は長方形である。

(2) △ABC と △DCB において，条件より

$AC = DB$ …①

$BC = CB$（共通） …②

平行四辺形の対辺は等しいから

$AB = DC$ …③

①，②，③より，3 組の辺の長さがそれぞれ等しいから △ABC ≡ △DCB

よって ∠B = ∠C

平行四辺形の対角は等しいから

∠A = ∠C = ∠B = ∠D

4 つの角がすべて等しいから，この平行四辺形は長方形である。

(3) 長方形

解説 (3) ひし形 ABCD において，

AB = AD で，P，S は中点より AP = AS

よって，△APS は二等辺三角形で

$∠APS = \dfrac{1}{2}(180° - ∠A) = 90° - \dfrac{1}{2}∠A$

同様に $∠BPQ = 90° - \dfrac{1}{2}∠B$

∠A + ∠B = 180° であるから

$∠QPS = 180° - ∠APS - ∠BPQ$

$= 180° - \left(90° - \dfrac{1}{2}∠A\right) - \left(90° - \dfrac{1}{2}∠B\right)$

$= \dfrac{1}{2}(∠A + ∠B)$

$= \dfrac{1}{2} × 180° = 90°$

同様にして，∠PQR，∠QRS，∠RSP も 90° となる。

4 つの角がすべて 90° であるから，四角形 PQRS は長方形である。

▶**131** (1) <u>AB = BC のとき</u>

平行四辺形の対辺は等しいから

DC = AB = BC = AD

4 辺がすべて等しいから，四角形 ABCD はひし形である。

<u>AC⊥BD のとき</u>

対角線の交点を O とする。

△AOB と △COB において，条件より

∠AOB = ∠COB = 90° …①

OB = OB（共通） …②

平行四辺形の対角線は，それぞれの中点で交わるから AO = CO …③

①，②，③より 2 組の辺とその間の角がそれぞれ等しいから △AOB ≡ △COB

よって AB = CB

同様にして，4 辺がすべて等しいことがわかるから，四角形 ABCD はひし形である。

(2) AD は ∠BAC の二等分線であるから

∠DAE = ∠DAF …①

DE∥CA より，錯角は等しいから

∠DAF = ∠ADE …②

①，②より，∠DAE = ∠ADE であるから，△AED は AE = ED の二等辺三角形である。また，DE∥FA，DF∥EA より，四角形 AEDF は平行四辺形であり，対辺の長さは等しいから

FD = AE = ED = AF

4 辺がすべて等しいから，四角形 AEDF はひし形である。

▶**132** △AEC と △DCE において

EC = CE（共通） …①

平行四辺形の対辺の長さは等しいから

AB = DC

仮定より，AB = AE であるから

AE = DC …② ∠ABE = ∠AEB …③

AB∥DC より，∠DCE は ∠ABC の外角と等しいから，③より

$$∠DCE=180°-∠ABE$$
$$=180°-∠AEB=∠AEC$$

よって ∠AEC＝∠DCE …④

①，②，④より，2組の辺とその間の角がそれぞれ等しいから △AEC≡△DCE

よって DE＝AC

▶**133** (1) △PBC と △QBA において

△ABC と △QBP は正三角形であるから

$$BC=BA \quad …① \qquad PB=QB \quad …②$$

∠ABC＝∠QBP＝60° であるから

$$∠PBC=∠ABC-∠ABP$$
$$=∠QBP-∠ABP=∠QBA$$

よって ∠PBC＝∠QBA …③

①，②，③より，2組の辺とその間の角がそれぞれ等しいから △PBC≡△QBA

(2) **ひし形，条件 PB＝PC**

(**他に長方形，条件 ∠BPC＝150°**
正方形，条件 PB＝PC，∠BPC＝150°
でもよい。)

（解説） (2) PQ＝PR のとき，平行四辺形 AQPR はひし形となる。

PB＝PQ，PC＝PR であるから，△PBC につけ加える条件は，PB＝PC である。また，∠PBC＝∠PCB をつけ加えても同じである。

∠QPR＝90° のとき，平行四辺形 AQPR は長方形となる。

∠QPB＝∠RPC＝60° であるから

∠BPC＝360°−90°−60°−60°＝150°

よって，△PBC につけ加える条件は，∠BPC＝150° である。

ひし形になる条件と長方形になる条件の両方をつけ加えると，正方形になる。

▶**134** 四角形 ABCD は長方形であるから

AD∥BC より ED∥BF …①

AB∥DC より，錯角は等しいから

$$∠ABD=∠CDB \quad …②$$

△ABE≡△GBE，△CDF≡△HDF であるから，BE，DF はそれぞれ ∠ABD，∠CDB の二等分線である。

②より 2∠GBE＝2∠HDF

よって ∠GBE＝∠HDF

錯角が等しいから

EB∥DF …③

①，③より，2組の対辺がそれぞれ平行であるから，四角形 EBFD は平行四辺形である。

▶**135** △AEF と △DEC において

仮定より AE＝DE …①

AB∥DC より，錯角は等しいから

$$∠EAF=∠EDC \quad …②$$

対頂角は等しいから

$$∠AEF=∠DEC \quad …③$$

①，②，③より，1組の辺とその両端の角がそれぞれ等しいから △AEF≡△DEC

よって EF＝EC …④

①，④より，対角線がそれぞれの中点で交わるから，四角形 ACDF は平行四辺形である。

▶**136** (1) △AFD と △DGC において

仮定より ∠AFD＝∠DGC＝90° …①

四角形 ABCD は正方形であるから

AD＝DC …②

∠AFD＝∠ADC＝90° であるから

$$∠FAD=180°-∠AFD-∠ADF$$
$$=180°-90°-∠ADF$$
$$=90°-∠ADF$$
$$=∠GDC$$

よって ∠FAD＝∠GDC …③

①，②，③より，直角三角形で，斜辺と1つの鋭角がそれぞれ等しいから
$$\triangle\text{AFD} \equiv \triangle\text{DGC}$$

(2) C と F を結ぶ。

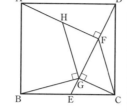

△CDF と △BCG において，四角形 ABCD は正方形であるから
$$\text{CD} = \text{BC} \quad \cdots ④$$
(1)より，
△AFD≡△DGC であるから
$$\text{FD} = \text{GC} \quad \cdots ⑤$$
$$\angle\text{ADF} = \angle\text{DCG} \quad \cdots ⑥$$
∠ADC＝∠DCB＝90° と⑥より
$$\angle\text{CDF} = \angle\text{ADC} - \angle\text{ADF}$$
$$= \angle\text{DCB} - \angle\text{DCG}$$
$$= \angle\text{BCG}$$
よって ∠CDF＝∠BCG …⑦
④，⑤，⑦より，2組の辺とその間の角がそれぞれ等しいから
$$\triangle\text{CDF} \equiv \triangle\text{BCG} \quad \cdots ⑧$$
よって CF＝BG …⑨
△CFG と △HGF において
仮定より ∠CGF＝∠HFG＝90° …⑩
$$\text{FG} = \text{GF}(共通) \quad \cdots ⑪$$
⑧より，∠CFD＝∠BGC であるから
$$\angle\text{HGF} = 360° - \angle\text{BGH} - \angle\text{BGC} - \angle\text{CGD}$$
$$= 360° - 90° - \angle\text{CFD} - 90°$$
$$= 180° - \angle\text{CFD}$$
$$= \angle\text{CFG}$$
よって ∠CFG＝∠HGF …⑫
⑩，⑪，⑫より，1組の辺とその両端の角がそれぞれ等しいから △CFG≡△HGF
よって CF＝HG …⑬
⑨，⑬より BG＝GH

▶137 (1) ア HBC イ HB′C′
ウ BC エ B′C′
オ 3組の辺がそれぞれ等しい
カ △HBC≡△HB′C′ より，
∠BHC＝∠B′HC′ であるから
$$\angle\text{BHB}' = \angle\text{B}'\text{HC}' - \angle\text{BHC}'$$
$$= \angle\text{BHC} - \angle\text{BHC}'$$
$$= \angle\text{CHC}'$$

(2) △HAB と △HA′B′ において
△ABC≡△A′B′C′ であるから
$$\text{AB} = \text{A}'\text{B}' \quad \cdots ③ \quad \angle\text{ABC} = \angle\text{A}'\text{B}'\text{C}' \quad \cdots ④$$
△HBC≡△HB′C′ であるから
$$\text{HB} = \text{HB}' \quad \cdots ⑤ \quad \angle\text{HBC} = \angle\text{HB}'\text{C}' \quad \cdots ⑥$$
④，⑥より
$$\angle\text{ABH} = \angle\text{ABC} - \angle\text{HBC}$$
$$= \angle\text{A}'\text{B}'\text{C}' - \angle\text{HB}'\text{C}'$$
$$= \angle\text{A}'\text{B}'\text{H}$$
よって ∠ABH＝∠A′B′H …⑦
③，⑤，⑦より，2組の辺とその間の角がそれぞれ等しいから △HAB≡△HA′B′
よって HA＝HA′

▶138 △ADD′ は，AD＝AD′ より二等辺三角形である。また，△ACC′ も，AC＝AC′ より二等辺三角形である。
△DAC≡△D′AC′ より，∠DAC＝∠D′AC′ であるから
$$\angle\text{DAD}' = \angle\text{DAC} + \angle\text{CAD}'$$
$$= \angle\text{D}'\text{AC}' + \angle\text{CAD}'$$
$$= \angle\text{CAC}' \quad \cdots ①$$
△ADD′ と △ACC′ は，ともに二等辺三角形で，①より，頂角が等しいから，底角も等しくなる。
よって ∠ADD′＝∠ACC′ …②
長方形 ABCD において，△ADB≡△BCA であるから ∠ADB＝∠BCA …③
②，③より ∠ADD′＝∠ADB
よって，点 B は直線 DD′ 上にある。

▶**139** ア $\frac{1}{2}(180-x)$ イ $180-x$

ウ $\frac{1}{2}x$ エ 90   オ 90

カ 90   キ 90   ク 長方形

解説 $\angle BAE = \frac{1}{2}(180° - \angle BAD)$

$= \frac{1}{2}\{180° - (180° - \angle ABC)\} = \frac{1}{2}\angle ABC$

よって，ウは $\frac{1}{2}x$ となる。

$\angle AEB = 180° - \angle ABE - \angle BAE$

$= 180° - \frac{1}{2}(180° - x°) - \frac{1}{2}x°$

$= 180° - 90° + \frac{1}{2}x° - \frac{1}{2}x° = 90°$

よって，エは 90 となる。

▶**140** ℓ は AE の垂直二等分線であるから

　　EB＝AB　…①

平行四辺形の対辺の長さは等しいから

　　AB＝DC　…②　　　AD＝BC　…③

①，②より　EB＝CD　…④

m は AF の垂直二等分線であるから

　　FD＝AD　…⑤

③，⑤より　BC＝DF　…⑥

対頂角は等しいから　$\angle BAE = \angle DAF$

平行四辺形の対角は等しいから

　　$\angle ABC = \angle ADC$

①，⑤を利用して

　　$\angle EBC = \angle EBA + \angle ABC$

　　　　　$= 180° - 2\angle BAE + \angle ABC$

　　　　　$= 180° - 2\angle DAF + \angle ADC$

　　　　　$= \angle FDA + \angle ADC$

　　　　　$= \angle CDF$

よって　$\angle EBC = \angle CDF$　…⑦

④，⑥，⑦より，2 組の辺とその間の角がそれぞれ等しい。

▶**141** ア AE（または CG）　イ 70

　　ウ AC　エ EL

　　オ ACGE

解説 エ △EBD は二等辺三角形であるから BD への中線 (EL) は BD に垂直になる。

オ エより，AC と EL を含む平面 (ACGE) は，BD に垂直になる。

四角形 BFML において

BD∥FH より　BL∥FM

BD＝FH より　$\frac{1}{2}$BD＝$\frac{1}{2}$FH

すなわち　BL＝FM

よって，四角形 BFML は平行四辺形であり，BD⊥LM より　$\angle BLM = 90°$

1 つの角が直角である平行四辺形は，長方形であるから，四角形 BFML は長方形であり，四角形 BDHF は長方形である。

第**8**回 **実力テスト**

1 (1) **41°** (2) **20°**

解説 (1) 平行四辺形の対角は等しいから
∠BCD＝∠A＝112°
BD＝BE より
∠E＝(180°−38°)÷2＝71°
∠EDC＋∠E＝∠BCD であるから
∠EDC＝112°−71°＝41°

(2) DA＝DC，∠ADG＝∠CDG＝45°，
DG＝DG より，2 組の辺とその間の角が
それぞれ等しいから
△ADG≡△CDG
∠CGD＝∠AGD＝∠BGE＝80°
∠EGC＝180°−∠CGD−∠AGD
＝180°−80°−80°
＝20°

2 AC∥QP より，同位角は等しいから
∠QPB＝∠C
AB＝AC より ∠B＝∠C
よって，∠B＝∠QPB であるから，△QBP
は BQ＝PQ の二等辺三角形である。
また，AQ∥RP，AR∥QP より，四角形
AQPR は平行四辺形で，対辺の長さは等し
いから
PR＝QA
よって PQ＋PR＝BQ＋QA＝BA
ゆえに，PQ＋PR は BA に等しく，一定であ
る。

3 (1) △APQ と △CPD において
平行四辺形の対辺の長さは等しく，対角も
等しいから
AQ＝AB＝CD …①

∠AQP＝∠ABC
＝∠CDP …②
対頂角は等しいから ∠APQ＝∠CPD
∠QAP＝180°−∠AQP−∠APQ
＝180°−∠CDP−∠CPD
＝∠DCP
よって ∠QAP＝∠DCP …③
①，②，③より，1 組の辺とその両端の角
がそれぞれ等しいから
△APQ≡△CPD

(2) **15°**

解説 (2) 平行四辺形の隣り合う角の和は
180° であるから
∠BCD＝180°−∠ADC
＝180°−45°＝135°
∠ACB＝∠BCD−∠ACD
＝135°−75°＝60°
∠ACQ＝∠ACB＝60° であるから
∠PCD＝∠ACD−∠ACQ
＝75°−60°＝15°

4 △ADE と △DCG において
仮定より ∠AED＝∠DGC＝90° …①
正方形の辺の長さは等しいから
AD＝DC …②
∠AED＝∠ADC＝90° であるから
∠EAD＝180°−∠AED−∠ADE
＝180°−90°−∠ADE
＝90°−∠ADE
＝∠ADC−∠ADE
＝∠GDC
よって ∠EAD＝∠GDC …③
①，②，③より，直角三角形で，斜辺と 1
つの鋭角がそれぞれ等しいから
△ADE≡△DCG

5 | a　P は CD の中点であるから
　　　PD＝PC　…①
対頂角は等しいから
　　　∠APD＝∠FPC　…②
AE∥BF より，錯角は等しいから
　　　∠ADP＝∠FCP　…③
①，②，③より，1 組の辺とその両端の角
がそれぞれ等しいから　△APD≡△FPC

b　**対角線がそれぞれの中点で交わる**

6 | 平行四辺形
(証明)　△ABC と △PBR において
正三角形の辺の長さは等しいから
　　　AB＝PB　…①
　　　BC＝BR　…②
正三角形の 1 つの内角は 60° であるから
　　　∠PBA＝∠RBC＝60°
　　　∠ABC＝∠RBC＋∠ABR
　　　　　　＝∠PBA＋∠ABR
　　　　　　＝∠PBR
よって　∠ABC＝∠PBR　…③
①，②，③より，2 組の辺とその間の角がそ
れぞれ等しいから　△ABC≡△PBR
同様にして　△ABC≡△QRC
よって　PR＝AC＝QC＝AQ
　　　　AP＝AB＝QR
2 組の対辺の長さが等しいから，四角形
APRQ は平行四辺形である。

9 | 確　率

▶*142*　**21 試合**

解説　1 チームに
つき，対戦相手は
6 チームあるから
7×6＝42(試合)
ただし，A 対 B と
B 対 A のように，

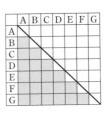

同じ試合が 2 回ずつ数えられているから
42÷2＝21(試合)

▶*143*　(1)　**5040 通り**　　(2)　**7290 通り**
　　　　(3)　**768 通り**

解説　(1)　1 文字目の選び方は 10 通り，2
文字目は 1 文字目以外の 9 通り，3 文字目
は 8 通り，4 文字目は 7 通りであるから
　　10×9×8×7＝5040(通り)

(2)　1 文字目は 10 通り，2 文字目は 1 文字
目以外の 9 通り，3 文字目は 2 文字目以外
の 9 通り(1 文字目と同じでもよい)，4 文
字目も 3 文字目以外の 9 通りであるから
　　10×9×9×9＝7290(通り)

(3)　3 を何文字目に使うかが 4 通り，9 を 3
以外の何文字目に使うかが 3 通り，残り
の 2 文字は 3 と 9 以外の 8 通りずつある
から
　　4×3×8×8＝768(通り)

トップコーチ

<順　列>
　異なる n 個のものから r 個を取り出して 1
列に並べたものを，n 個から r 個とる順列と
いい，その総数を $_n\mathrm{P}_r$ と表すと
$$_n\mathrm{P}_r＝\underbrace{n×(n-1)×(n-2)×\cdots×(n-r+1)}_{r\ 個}$$

▶**144** (1) 15 個
   (2) 324 個

解説 (1) 樹形図をかいて数え上げる。

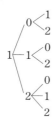

よって，15 個である。

(2) (ⅰ) 0 を使わない場合

3 つの同じ数の選び方が 9 通り，別の数の選び方が 8 通り，1115，1151，1511，5111 のように，選んだ 4 つの数の並べ方は 4 通りであるから

$9 \times 8 \times 4 = 288$（個）

(ⅱ) 0 を 3 個使う場合

1000，2000，…，9000 の 9 個ある。

(ⅲ) 0 を 1 個使う場合

3 つの同じ数の選び方は 9 通り，8088，8808，8880 のように，選んだ 4 つの数の並べ方は 3 通りであるから

$9 \times 3 = 27$（個）

よって，全部で

$288 + 9 + 27 = 324$（個）

よって，6 通りある。

(2) 右の○のところ □○□○□○□ に白球 2 個と青球 2 個を並べる並べ方は，(1)で求めた 6 通りで，赤球は 5 か所の□のどこかに並べ，空いた□は間をつめると考えると，5 個の球の並べ方は

$6 \times 5 = 30$（通り）

(3) 赤球の位置を固定し，残りの 4 個の球を時計回りに並べていくと考えると，並べ方は(1)と同じ 6 通りとなる。

トップコーチ

＜円順列＞

異なる n 個のものを円形に並べたものを円順列といい，その並べ方は，どれか 1 個を固定して考えれば，残り $(n-1)$ 個を 1 列に並べる並べ方に等しい。

＜数珠順列＞

異なる n 個のものを数珠や首飾りのように裏返しができる状態に並べたものを数珠順列といい，その並べ方は，n 個の円順列の $\dfrac{1}{2}$ になる。

▶**145** (1) 6 通り
   (2) 30 通り
   (3) 6 通り

解説 (1) 樹形図をかいて数え上げる。

▶**146** 15 通り

解説 1 人につき，図書委員に選ばれるか選ばれないかの 2 通りずつあるから

$2 \times 2 \times 2 \times 2 = 16$（通り）

全員が選ばれない場合を除いて

$16 - 1 = 15$（通り）

<重複順列>

異なる n 個のものをくり返し取ることを許して r 個取り出し，1 列に並べたものを，n 個から r 個とる重複順列といい，その並べ方の総数は，n^r となる。**146** では（選ぶ，選ばない）の 2 個のものからくり返し取ることを許して 4 個取り出して並べると考える。

<組合せ>

異なる n 個のものから r 個選んで 1 組にしたものを，n 個から r 個とる組合せといい，組合せの総数を $_nC_r$ と表すと

$_nC_r = \dfrac{_nP_r}{_rP_r}$ という関係になる。

142 は，7 チームから対戦する 2 チームを選ぶ組合せを考えて $_7C_2 = \dfrac{7 \times 6}{2 \times 1} = 21$（通り）

146 は，選ぶ人数で場合分けをして

$_4C_1 + _4C_2 + _4C_3 + _4C_4$
$= 4 + 6 + 4 + 1 = 15$（通り）

となる。

▶**147**　(1)　①　**126 通り**　　②　**18 通り**

　　　　　　③　**87 通り**　　④　**24 通り**

　　　(2)　ア　**20**　イ　**40**　ウ　**384**

解説　(1)　①

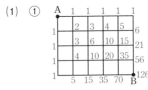

図より 126 通り

②

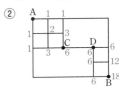

図より 18 通り

③

C を通る最短経路は 60 通りある。

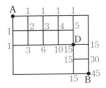

D を通る最短経路は 45 通りある。

重複しているのは②より 18 通りあるから　$60 + 45 - 18 = 87$（通り）

④

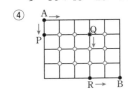

ちょうど 3 回曲がるには最初は下に行くか右に行くかの 2 択があり，周囲を除いた十字路（図中の○印の 12 か所）のうちの 1 つを選び，周囲の三叉路を曲がって B に向かえばよい。

（例 A $\xrightarrow{}$ P $\xrightarrow{1}$ Q $\xrightarrow{2}$ R $\xrightarrow{3}$ B）

したがって，全部で
$2 \times 12 = 24$（通り）

(2)　①　下の左の図から，20 通りである。

　　②　下の右の図から，40 通りである。

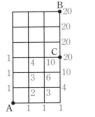

③ Aから1辺の長さが3の正方形の向かい合う頂点へ進み，そこから立方体の辺上を点Bまで進む場合，①より，20通りある。最初の面の選び方が3通りあるから，全体では

$20 \times 3 = 60$（通り）　…ⓐ

逆に，Aから1辺の長さが3の正方形の隣り合う頂点まで立方体の辺上を進み，そこから点Bまで正方形の面上を進む場合，①と同様にして，20通りである。最初の立方体の辺の選び方が3通りあるから，全体では

$20 \times 3 = 60$（通り）　…ⓑ

ただし，ⓐとⓑでは，立方体の辺上だけを通る場合が重複して数えられている。これは，最初の辺の選び方が3通りで，そこからBへ向かう辺の選び方が2通りであるから

$3 \times 2 = 6$（通り）　…ⓒ

もとの立方体のA，B以外の頂点を通らない場合，AからBへ進むときに通る2面での最短経路は，右の図より45通りある。最初の面の選び方は3通りで，そこからBへ向かう面の選び方が2通りであるから，全体では

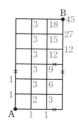

$45 \times 3 \times 2 = 270$（通り）　…ⓓ

ⓐ～ⓓより

$60 + 60 - 6 + 270 = 384$（通り）

▶**148** (1) **120通り**
　　　　(2) **6通り**

解説　地図は次のように変形できる。

京都		
大阪	奈良	三重
和歌山		

(1) 色のぬり方を京都→大阪→奈良→三重→和歌山の順で5色でぬると

$5 \times 4 \times 3 \times 2 \times 1 = 120$（通り）

(2) 京都のぬり方は3通り。

大阪と三重は同じ色となるが，（大阪と三重）と（奈良）で色の交換ができるから

$3 \times 2 = 6$（通り）

和歌山は京都と同じ色となるから結局全部で，6通り。

▶**149** (1) **220個**　　(2) **52個**
　　　　(3) **12種類**

解説　(1) 12個の点から，順に3点を選ぶ選び方は　$12 \times 11 \times 10 = 1320$（通り）

選んだ3点がA，B，Cのとき　△ABC，△ACB，△BAC，△BCA，△CAB，△CBAは同じ三角形であるから，同じものを6通りずつ数えている。よって，求める三角形の数は　$1320 \div 6 = 220$（個）

(2) 等しい長さの弧に対する弦の長さは等しい。

$12 \div 3 = 4$ より，正三角形は △AEI，△BFJ，△CGK，△DHL の4個である。

∠Aを頂角とする二等辺三角形のうち，正三角形ではないものは，△ABL，△ACK，△ADJ，△AFH の4個であり，頂角を変えることで，そのような三角形の個数は全体で

$4 \times 12 = 48$（個）

よって，二等辺三角形は，全部で

$4 + 48 = 52$（個）

(3) A～Lから3個の頂点を選び三角形をつ

くる。このときにできる3個の弧の長さ
の比を $x:y:z$ とする。ただし $x \leqq y \leqq z$ と
する。このとき,

$x+y+z=12$

を満たす自然数 x, y, z の組の数だけ,異
なる三角形ができる。その組を (x, y, z)
で表すと,次のようになる。

$(1, 1, 10)$, $(1, 2, 9)$, $(1, 3, 8)$,
$(1, 4, 7)$, $(1, 5, 6)$, $(2, 2, 8)$,
$(2, 3, 7)$, $(2, 4, 6)$, $(2, 5, 5)$,
$(3, 3, 6)$, $(3, 4, 5)$, $(4, 4, 4)$

よって,互いに合同でない三角形は全部で
12種類できる。

▶*150* (1) **2通り** (2) **44通り**

解説 (1) 樹形図をかいて考える

(赤箱) (青箱) (黄箱)

青球──黄球──赤球

黄球──赤球──青球

よって,2通りである。

(2) 赤球を青箱に入れたとする。

(赤箱) (黄箱) (白箱) (黒箱)

青球〈 白球──黒球──黄球
      黒球──黄球──白球

黄球〈 青球──黒球──白球
      黒球──青球──白球
      白球──黒球──青球

白球〈 青球──黒球──黄球
      黒球〈 青球──黄球
            黄球──青球

黒球〈 青球──黄球──白球
      白球〈 青球──黄球
            黄球──青球

このとき,11通りである。

赤球を他の3つの箱に入れたときも同様

に11通りずつあるから,全部で

$11 \times 4 = 44$(通り)

トップコーチ

<完全順列>

各自の名刺を袋に入れて1枚ずつ引き,自分
自身の名刺を引き当てない場合の数を求める
「名刺配り」の別名がある順列。

2個の完全順列は1通り,3個の完全順列
(*150*(1))は2通り,4個の完全順列は9通
り,5個の完全順列(*150*(2))は44通りであ
る。

▶*151* (1) **2通り** (2) **30通り**
         (3) **1680通り**

解説 (1) 回転して一致する色のぬり方を
重複して数えないように,底面の色を固定
する。さらに,3面ある側面のうちの1面
の色を固定する。残り2色で2面をぬる
から,ぬり方は2通りである。

(2) 下の面の色を固定すると,上の面の色の
ぬり方は5通りある。4面ある側面のうち
の1面の色を固定し,残り3面を3色で
ぬる。そのぬり方は $3 \times 2 \times 1 = 6$(通り)

よって,求めるぬり方は $5 \times 6 = 30$(通り)

(3) 1つの面を下にして色を固定する。その
面と向かい合う面の色のぬり方は7通り
である。残りの6面の色のぬり方は

$6 \times 5 \times 4 \times 3 \times 2 \times 1 = 720$(通り)

ただし,120°回転させると回転させる前
とぴったり重なるから,

$360° \div 120° = 3$

より,3通りずつ同じぬり方がある。

よって,ぬり方は $720 \div 3 = 240$(通り)

これより,ぬり方は全部で

$7 \times 240 = 1680$(通り)

トップコーチ

正四面体は 1 つの面を底面として平面上に置くと、側面が 3 つでき、120° 回転させるごとに、回転させる前とぴったり重なるから、全部で 4×3＝12 の回転対称性をもっている。したがって、すべての面を異なった色でぬり分けるぬり方は

$$\frac{{}_4\mathrm{P}_4}{12}=\frac{4\times3\times2\times1}{12}=2(通り)$$

同様に、正六面体は 6×4＝24 の回転対称性をもっているので

$$\frac{{}_6\mathrm{P}_6}{24}=\frac{6\times5\times4\times3\times2\times1}{24}=30(通り)$$

正八面体は、正六面体の各面の対角線の交点を頂点とする図形であるから、回転対称性に関しては正六面体の 24 に等しい。よって

$$\frac{{}_8\mathrm{P}_8}{24}=\frac{8\times7\times6\times5\times4\times3\times2\times1}{24}$$

$$=1680(通り)$$

ちなみに正十二面体を 12 色でぬるぬり方は

$$\frac{{}_{12}\mathrm{P}_{12}}{60}=7983360(通り)$$

▶ **152** (1) ① $\dfrac{1}{3}$　② $\dfrac{1}{3}$

(2) ① $\dfrac{1}{27}$　② $\dfrac{4}{27}$　③ $\dfrac{2}{9}$

解説 (1) 3 人のグー、チョキ、パーの出し方は、全部で 3×3×3＝27(通り)

① A がグーで勝つのは
B がグー、C がチョキ
B がチョキ、C がグー
B、C がともにチョキ
の 3 通りである。
A がチョキ、パーで勝つ場合もそれぞれ 3 通りずつあるから、全部で
3＋3＋3＝9(通り)

よって、求める確率は $\dfrac{9}{27}=\dfrac{1}{3}$

② あいこになるのは
3 人とも同じ場合は 3 通り
3 人とも異なる場合は
3×2×1＝6(通り)
合わせて　3＋6＝9(通り)

よって、求める確率は $\dfrac{9}{27}=\dfrac{1}{3}$

(2) 4 人のグー、チョキ、パーの出し方は、全部で　3×3×3×3＝81(通り)

① A だけが勝つのは
A がグーで、B と C と D がチョキ
A がチョキで、B と C と D がパー
A がパーで、B と C と D がグー
の 3 通りである。

よって、求める確率は $\dfrac{3}{81}=\dfrac{1}{27}$

② B、C、D が 1 人だけ勝つ確率もそれぞれ $\dfrac{1}{27}$ であるから、1 人だけが勝つ確率は　$\dfrac{1}{27}\times4=\dfrac{4}{27}$

③ A と B だけが勝つのは
A と B がグーで、C と D がチョキ
A と B がチョキで、C と D がパー
A と B がパーで、C と D がグー
の 3 通りである。
A と C、A と D、B と C、B と D、C と D だけが勝つ場合もそれぞれ 3 通りずつあるから、2 人だけが勝つ場合は
3×6＝18(通り)

よって、求める確率は $\dfrac{18}{81}=\dfrac{2}{9}$

トップコーチ

<確　率>

起こりうるすべての場合の数が n 通りあり、ある事柄 X が起こる場合の数が a 通りであるとき、$p=\dfrac{a}{n}$ とおき、p を事柄 X の起こる確率という。確率 p は $0\leqq p\leqq1$ の分数で表すのがふつうである。

▶**153** (1) $\dfrac{2}{3}$　　(2) $\dfrac{5}{9}$

(3) $\dfrac{5}{12}$　　(4) $\dfrac{17}{18}$

解説 (1) 全部で
36 通りのうち，条
件を満たすのは右の
表の 24 通りである。
よって，求める確率
は

$\dfrac{24}{36}=\dfrac{2}{3}$

a\b	1	2	3	4	5	6
1	○	○	○	×	×	×
2	×	○	○	○	×	×
3	×	○	○	○	○	×
4	×	×	○	○	○	○
5	×	×	×	○	○	○
6	×	×	×	×	○	○

(2) 出る目の数の差が
2 以上となるのは，
右の表の 20 通りで
ある。よって，求め
る確率は

$\dfrac{20}{36}=\dfrac{5}{9}$

大\小	1	2	3	4	5	6
1	×	×	○	○	○	○
2	×	×	×	○	○	○
3	○	×	×	×	○	○
4	○	○	×	×	×	○
5	○	○	○	×	×	×
6	○	○	○	○	×	×

(3) $\dfrac{ab}{4}$ が整数となる
のは，右の表の 15
通りである。よって，
求める確率は

$\dfrac{15}{36}=\dfrac{5}{12}$

a\b	1	2	3	4	5	6
1	×	×	×	○	×	×
2	×	○	×	○	×	○
3	×	×	×	○	×	×
4	○	○	○	○	○	○
5	×	×	×	○	×	×
6	×	○	×	○	×	○

(4) $ax+by=4$ で，$b\neq0$ より

$by=-ax+4$　　$y=-\dfrac{a}{b}x+\dfrac{4}{b}$

$-\dfrac{a}{b}=-\dfrac{2}{3}$，すなわち，$\dfrac{a}{b}=\dfrac{2}{3}$ のとき，2
直線は平行であるか一致するから，グラフ
は 1 点で交わらない。
このようになるのは，$a=2$，$b=3$ の場合
と $a=4$，$b=6$ の場合の 2 通りであるから，
それ以外の $36-2=34$（通り）は，グラフ
がただ 1 点で交わる。

よって，求める確率は　$\dfrac{34}{36}=\dfrac{17}{18}$

▶**154** (1) $\dfrac{4}{9}$　(2) $\dfrac{1}{3}$　(3) $\dfrac{1}{3}$

解説 (1) 目のつい
ていない面の数を 0
として，和が奇数に
なるのは，右の表の
16 通りである。よ
って，求める確率は

$\dfrac{16}{36}=\dfrac{4}{9}$

	1	2	3	0	0	0
1		○		○	○	○
2	○		○			
3		○		○	○	○
0	○		○			
0	○		○			
0	○		○			

(2) 目の数の和が 7 に
なるのは，右の表の
12 通りである。よ
って，求める確率は

$\dfrac{12}{36}=\dfrac{1}{3}$

大\小	1	1	1	2	4	6
1						○
3					○	
5				○		
6	○	○	○			
6	○	○	○			
6	○	○	○			

(3) 目の出方は全部で
$4\times6=24$（通り）
そのうち，条件を満
たすのは，右の表の
8 通りである。

よって，求める確率は　$\dfrac{8}{24}=\dfrac{1}{3}$

	1	2	3	4	5	6
1		○		○		○
2	○			○		
3			○			○
4	○	○				○

▶**155** (1) $\dfrac{1}{54}$

(2) ア $\dfrac{85}{1296}$　イ $\dfrac{55}{1296}$

解説 (1) 3 つのさいころの目の出方は，
全部で

$6\times6\times6=216$（通り）

そのうち，条件を満たす
のは，右の表の 4 通りで
ある。

a	1	2	3	4
b	2	3	4	5
c	3	4	5	6

よって，求める確率は　$\dfrac{4}{216}=\dfrac{1}{54}$

(2) 1つのさいころを4回投げたときの目の出方は，全部で

6×6×6×6＝1296（通り）

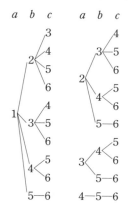

$c=3$ のときは1通りで，d は1, 2
$c=4$ のときは3通りで，d は1〜3
$c=5$ のときは6通りで，d は1〜4
$c=6$ のときは10通りで，d は1〜5
これより，$a<b<c$ かつ $c>d$ を満たす場合は，全部で

1×2＋3×3＋6×4＋10×5
＝2＋9＋24＋50
＝85（通り）

よって，求める確率は $\dfrac{85}{1296}$ …ア

a b(c) a b(c) a b(c)

$b=c=2$ のときは1通りで，d は1
$b=c=3$ のときは2通りで，d は1, 2

$b=c=4$ のときは3通りで，d は1〜3
$b=c=5$ のときは4通りで，d は1〜4
$b=c=6$ のときは5通りで，d は1〜5
これより，$a<b$ かつ $b=c$ かつ $c>d$ を満たす場合は，全部で

1×1＋2×2＋3×3＋4×4＋5×5
＝1＋4＋9＋16＋25
＝55（通り）

よって，求める確率は $\dfrac{55}{1296}$ …イ

▶**156** (1) $\dfrac{4}{7}$　(2) $\dfrac{9}{10}$

(3) ① $\dfrac{3}{5}$　② $\dfrac{12}{25}$

(4) $\dfrac{2}{5}$

解説 (1) 合計8個の球から1球目，2球目と区別して取り出すとき，取り出し方は

8×7＝56（通り）

同時に2個の球を取り出すとき，1球目，2球目の区別はないから，取り出し方は

56÷2＝28（通り）

赤球1個，白球1個の取り出し方は

4×4＝16（通り）

よって，求める確率は $\dfrac{16}{28}=\dfrac{4}{7}$

(2) 5個の球から2個の球を同時に取り出すとき，取り出し方は全部で

5×4÷2＝10（通り）

そのうち，2個とも赤球となるのは1通りであるから，少なくとも1個は白球である場合は　10−1＝9（通り）

よって，求める確率は $\dfrac{9}{10}$

(3) ① 5個の球から2個の球を同時に取り出すとき，取り出し方は全部で
$5 \times 4 \div 2 = 10$(通り)
2個の球の色が異なるのは，白球1個，赤球1個を取り出す場合で，取り出し方は　$3 \times 2 = 6$(通り)

よって，求める確率は　$\dfrac{6}{10} = \dfrac{3}{5}$

② 球を元に戻すから，球の取り出し方は全部で　$5 \times 5 = 25$(通り)
1つ目と2つ目の球の色が異なるのは，白，赤の順に出る場合と赤，白の順に出る場合で，取り出し方は
$3 \times 2 + 2 \times 3 = 12$(通り)

よって，求める確率は　$\dfrac{12}{25}$

(4) 右の表のように，全部で10通りのうち，得点が3の倍数になるのは4通りである。
よって，求める確率は
$\dfrac{4}{10} = \dfrac{2}{5}$

球	得点
白①，白②	3
白①，白③	4
白①，赤②	3
白①，赤②	5
白②，白③	5
白②，赤①	4
白②，赤②	6
白③，赤①	5
白③，赤②	7
赤①，赤②	6

トップコーチ

156(2)「少なくとも1個は白球である確率」は，「$1 -$(2個とも赤球である確率)」と考えることができる。
したがって，$1 - \dfrac{1}{{}_5\mathrm{C}_2} = 1 - \dfrac{1}{10} = \dfrac{9}{10}$
と解いてもよい。
このように，ある事柄 A に対して，事柄 A が起こらない場合を「余事象」といい，「少なくとも～」という表現のときは，1から余事象の確率をひいて求めることが多い。

▶**157** (1) $\dfrac{1}{10}$

(2) ① $\dfrac{8}{15}$　　② $\dfrac{4}{9}$

解説 (1) A，Bの2人がくじをこの順に引くとき，くじの引き方は
$5 \times 4 = 20$(通り)
2人ともあたる場合は
$2 \times 1 = 2$(通り)

よって，求める確率は　$\dfrac{2}{20} = \dfrac{1}{10}$

(2) ① 6本のくじから同時に2本のくじを引くとき，くじの引き方は
$6 \times 5 \div 2 = 15$(通り)
そのうち，あたりとはずれを1本ずつ引く場合は
$2 \times 4 = 8$(通り)

よって，求める確率は　$\dfrac{8}{15}$

② くじの引き方は全部で
$6 \times 6 = 36$(通り)
そのうち，Aからあたり，Bからはずれを引く場合と，Aからはずれ，Bからあたりを引く場合は，合わせて
$2 \times 4 + 4 \times 2 = 16$(通り)

よって，求める確率は　$\dfrac{16}{36} = \dfrac{4}{9}$

▶**158** (1) $\dfrac{1}{10}$　　(2) $\dfrac{3}{5}$　　(3) $\dfrac{1}{20}$

解説 (1) さいころの取り出し方は
$5 \times 4 = 20$(通り)
そのうち，2個とも白いさいころ取り出す場合は　$2 \times 1 = 2$(通り)

よって，求める確率は　$\dfrac{2}{20} = \dfrac{1}{10}$

(2) 白，赤の順に取り出す場合と，赤，白の
順に取り出す場合は，合わせて

2×3＋3×2＝12(通り)

よって，求める確率は $\dfrac{12}{20}＝\dfrac{3}{5}$

(3) 2個とも赤いさいころを取り出す場合は

3×2＝6(通り)

その確率は $\dfrac{6}{20}＝\dfrac{3}{10}$

2個のさいころを投げるとき，同じ目が出

るのは6通りで，その確率は $\dfrac{6}{36}＝\dfrac{1}{6}$

よって，求める確率は $\dfrac{3}{10}×\dfrac{1}{6}＝\dfrac{1}{20}$

▶ **159** (1) $\dfrac{1}{9}$　(2) $\dfrac{7}{24}$　(3) $\dfrac{7}{36}$

解説 (1) 5つ先まで移動するには

(1回目)(2回目)

i) 2つ先→3つ先

(4, 5)　(6)

2×1＝2(通り)

(1回目)(2回目)

ii) 3つ先→2つ先

(6)　(4, 5)

1×2＝2(通り)

よって $\dfrac{2＋2}{6×6}＝\dfrac{4}{36}＝\dfrac{1}{9}$

(2) 5つ先まで移動するには

(1回目)(2回目)(3回目)

i) 1つ先→1つ先→3つ先

(1, 2, 3)(1, 2, 3)　(6)

3×3×1＝(9通り)

これは　1つ先→3つ先→1つ先

　　　　3つ先→1つ先→1つ先

と並べかえができるから

9×3＝27(通り)

(1回目)(2回目)(3回目)

ii) 1つ先→2つ先→2つ先

(1, 2, 3)　(4, 5)　(4, 6)

3×2×2＝12(通り)

これは　2つ先→1つ先→2つ先

　　　　2つ先→2つ先→1つ先

と並べかえができるから

12×3＝36(通り)

よって $\dfrac{27＋36}{6×6×6}＝\dfrac{63}{216}＝\dfrac{7}{24}$

(3) 5つ先または10個先までの移動を考え
る。

5つ先まで，移動するには

(1回目)(2回目)(3回目)(4回目)

1つ先→1つ先→1つ先→2つ先

(1, 2, 3) (1, 2, 3) (1, 2, 3)　(4, 5)

3×3×3×2＝54(通り)

これは4通りの並べかえができるから

54×4＝216(通り)

10個先まで移動するには

(1回目)(2回目)(3回目)(4回目)

i) 3つ先→3つ先→2つ先→2つ先

(6)　(6)　(4, 5)　(4, 5)

1×1×2×2＝4(通り)

これは6通りの並べかえができるから

4×6＝24(通り)

(1回目)(2回目)(3回目)(4回目)

ii) 3つ先→3つ先→3つ先→1つ先

(6)　(6)　(6)　(1, 2, 3)

1×1×1×3＝3(通り)

これは4通りの並べかえができるから

3×4＝12(通り)

よって $\dfrac{216+24+12}{6\times6\times6\times6}$

$=\dfrac{252}{1296}$

$=\dfrac{7}{36}$

▶**160** (1) $\dfrac{3}{11}$ (2) $\dfrac{12}{55}$

【解説】 (1) 12本の中から2本を選ぶとき,
選び方は 12×11÷2＝66(通り)
縦,横,高さの4本ずつに分け,縦の4
本から2本を選ぶと平行になる。選び方
は 4×3÷2＝6(通り)
横,高さについても6通りずつあるから
平行となるのは
6×3＝18(通り)
よって,求める確率は $\dfrac{18}{66}=\dfrac{3}{11}$

(2) Aを除く11本の中から2本を選ぶとき,
選び方は 11×10÷2＝55(通り)
Aの上端から2本つながって点灯する場合
が4通り,下端からの場合も4通り,A
の上端に1本,下端に1本つながって点
灯する場合が 2×2＝4(通り)
これらを合わせて
4＋4＋4＝12(通り)
よって,求める確率は $\dfrac{12}{55}$

▶**161** (1) $P_2=\dfrac{1}{3}$

(2) $W_3=\dfrac{5}{9}$, $G_3=\dfrac{2}{9}$

(3) $O_5=\dfrac{4}{81}$, $B_5=\dfrac{22}{81}$

【解説】 紫色の頂
点をP,白色の頂
点をW,青色の
頂点をB,緑色の
頂点をG,橙色
の頂点をOとす
ると,黄色の頂点

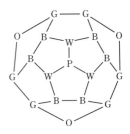

を除いた頂点のつながりぐあいは,上の図の
ようになる。

(1) 1秒後には必ずWにいるから $W_1=1$
Wから Pへもどる確率は$\dfrac{1}{3}$であるから

$$P_2=W_1\times\dfrac{1}{3}=1\times\dfrac{1}{3}=\dfrac{1}{3}$$

(2) 2秒後には,PかBのどちらかにいるか
ら $B_2=1-P_2=1-\dfrac{1}{3}=\dfrac{2}{3}$

3秒後にWにいるのは,P→Wの場合と
B→Wの場合があるから

$$W_3=P_2\times1+B_2\times\dfrac{1}{3}=\dfrac{1}{3}\times1+\dfrac{2}{3}\times\dfrac{1}{3}$$

$$=\dfrac{1}{3}+\dfrac{2}{9}=\dfrac{5}{9}$$

3秒後にGにいるためには,2秒後に必ず
Bにいなければならない。これより

$$G_3=B_2\times\dfrac{1}{3}=\dfrac{2}{3}\times\dfrac{1}{3}=\dfrac{2}{9}$$

(3) 5秒後にOにいるとき,その2秒前,
つまり3秒後にはBかGにいるから,
B→G→Oの場合とG→G→Oの場合を考
える。

$B_3=B_2\times\dfrac{1}{3}=\dfrac{2}{3}\times\dfrac{1}{3}=\dfrac{2}{9}$ であるから

$$O_5=B_3\times\dfrac{1}{3}\times\dfrac{1}{3}+G_3\times\dfrac{1}{3}\times\dfrac{1}{3}$$

$$=\dfrac{2}{9}\times\dfrac{1}{9}+\dfrac{2}{9}\times\dfrac{1}{9}=\dfrac{2}{81}+\dfrac{2}{81}=\dfrac{4}{81}$$

5秒後にBにいるとき，その2秒前，つまり3秒後にはP，W，B，G，Oにいる。しかし，Pには2秒後と4秒後のときにしかいないし，初めてOにいるのは4秒後であるから，PとOは除く。

$$W \to B \to B \quad B \begin{cases} W \to B \\ B \to B \\ G \to B \end{cases} \quad G \begin{cases} B \to B \\ G \to B \end{cases}$$

これより，求める確率は

$$B_5 = W_3 \times \frac{2}{3} \times \frac{1}{3} + B_3 \times \frac{1}{3} \times \frac{2}{3}$$

$$+ B_3 \times \frac{1}{3} \times \frac{1}{3} + B_3 \times \frac{1}{3} \times \frac{1}{3}$$

$$+ G_3 \times \frac{1}{3} \times \frac{1}{3} + G_3 \times \frac{1}{3} \times \frac{1}{3}$$

$$= \frac{5}{9} \times \frac{2}{9} + \frac{2}{9} \times \frac{2}{9} + \frac{2}{9} \times \frac{1}{9}$$

$$+ \frac{2}{9} \times \frac{1}{9} + \frac{2}{9} \times \frac{1}{9} + \frac{2}{9} \times \frac{1}{9}$$

$$= \frac{10}{81} + \frac{4}{81} + \frac{2}{81} + \frac{2}{81} + \frac{2}{81} + \frac{2}{81}$$

$$= \frac{22}{81}$$

第9回 **実力テスト**

1 (1) ア **48**

(2) イ **864** ウ **144**

解説 (1) Bは2番か6番の2通りで，Cは Bが座らなかった方に座るから1通りしかない。残り4人は空席から1つずつ選んで座るから，それぞれ4通り，3通り，2通り，1通りとなる。

1	2	3	4	5	6	7
			A			

よって，6人の着席の仕方は

$2 \times 1 \times 4 \times 3 \times 2 \times 1 = 48$（通り）　…ア

(2) Aが3番に座るとき，Bは5番か6番の2通りで，残り5人は空席から1つずつ選んで座るから

1	2	3	4	5	6	7
		A				

$2 \times 5 \times 4 \times 3 \times 2 \times 1 = 240$（通り）

同様に，Aが5番に座るときも240通りである。

Aが2番に座るとき，Bが4番に座るとCは6番となり，残り4人は空席から1つずつ選んで座るから

1	2	3	4	5	6	7
	A					

$1 \times 1 \times 4 \times 3 \times 2 \times 1 = 24$（通り）

Bが6番に座るときも同様に24通りである。

Bが5番に座るとき，残り5人は空席から1つずつ選んで座るから

$5 \times 4 \times 3 \times 2 \times 1 = 120$（通り）

よって，Aが2番に座るとき，全部で

$24 + 24 + 120 = 168$（通り）

Aが6番に座るときも同様に168通りである。

以上より，7人の着席の仕方は全部で

$48 + 240 \times 2 + 168 \times 2 = 864$（通り）　…イ

次に，Gが真ん中の席に座る場合を考える。つまり，真ん中の席を空けておいて，他の6人が座ることになる。

Aが3番に座るときBは5番か6番の2通りで

$2×4×3×2×1=48$（通り）

Aが5番に座るときも48通りである。

Aが2番に座るとき，Bが6番に座ればCが4番に座ることになるので，Bは5番に座ることになるから

$4×3×2×1=24$（通り）

Aが6番に座るときも24通りである。

以上より，Gが真ん中に着席する場合は

$48×2+24×2=144$（通り）　…ウ

---

2 (1) $\dfrac{3}{5}$

(2) ① **6通り**　　② **18通り**

解説 (1) 右の図から，AからBまでの最短コースは全部で10通りで，そのうちPを通るものは6通りである。

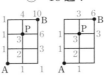

よって，求める確率は $\dfrac{6}{10}=\dfrac{3}{5}$

(2) ① Aから隣り合う頂点への進み方は3通りで，その頂点からBまではそれぞれ2通りずつ進み方があるから，全部で

$3×2=6$（通り）

② BからDまでは右の図のように，3通りであるから，AからBを通ってDまでのコースは全部で

$6×3=18$（通り）

---

3 $\dfrac{13}{25}$

解説 右の表より，全部で25通りのうち，Aの番号がBの番号より大きいのは13通りである。よって，求める確率は $\dfrac{13}{25}$

A\B	2	3	5	7	10
1	×	×	×	×	×
4	○	○	×	×	×
6	○	○	○	×	×
8	○	○	○	○	×
9	○	○	○	○	×

---

4 $\dfrac{7}{36}$

解説 2つの条件を同時に満たすのは，全部で36通りのうちの7通りである。よって，求める確率は $\dfrac{7}{36}$

a\b	1	2	3	4	5	6
1	×	○	×	×	○	×
2	×	×	×	×	×	×
3	×	×	○	×	×	○
4	×	○	×	×	×	×
5	×	×	×	×	×	×
6	×	×	×	×	×	○

---

5 ア $\dfrac{1}{8}$　イ $\dfrac{5}{54}$

解説 目の出方は全部で

$6×6×6=216$（通り）

$a×b×c$ が奇数となるのは，3個とも奇数の場合であるから　$3×3×3=27$（通り）

よって，その確率は $\dfrac{27}{216}=\dfrac{1}{8}$　…ア

$a>b>c$ となる場合を樹形図で数え上げる。

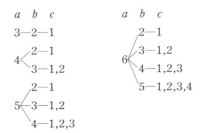

よって，20通りであるから，求める確率は

$\dfrac{20}{216}=\dfrac{5}{54}$　…イ

6 (1) **10 通り** (2) $\dfrac{2}{5}$

解説 (1) 1個目，2個目と区別すると

$5 \times 4 = 20$（通り）

同時に取り出すから，同じ取り出し方を2回ずつ数えていることになる。

よって $20 \div 2 = 10$（通り）

(2) 球をもどすから，球の取り出し方は

$5 \times 5 = 25$（通り）

右の表より，1回目の数より2回目の数の方が大きいのは10通りである。

1回目	2回目
1	2, 3, 4, 5
2	3, 4, 5
3	4, 5
4	5

よって，求める確率は $\dfrac{10}{25} = \dfrac{2}{5}$

7 (1) $\dfrac{2}{9}$ (2) $\dfrac{1}{12}$

解説 2つのさいころを同時に投げるとき，目の出方は全部で $6 \times 6 = 36$（通り）

(1) $QR = 5 - 1 = 4$ であるから

$PQ = QR$ のとき $P(1, 4)$

$PR = QR$ のとき $P(5, 4)$

$PQ = PR$ のとき，点 P は線分 QR の垂直二等分線上にあるから，点 P の座標は

$(3, 1)$, $(3, 2)$, $(3, 3)$, $(3, 4)$,

$(3, 5)$, $(3, 6)$ の 6 通りである。

よって，二等辺三角形となるのは 8 通りであるから，求める確率は $\dfrac{8}{36} = \dfrac{2}{9}$

(2) $\angle P = 90°$ のとき $P(3, 2)$

$\angle Q = 90°$ のとき $P(1, 4)$

$\angle R = 90°$ のとき $P(5, 4)$

よって，直角二等辺三角形となるのは 3 通りであるから，求める確率は $\dfrac{3}{36} = \dfrac{1}{12}$

総合問題

▶*162* (1) $\dfrac{3x-4y}{12}$ (2) $5a-8b$

(3) $\dfrac{3a+14b}{6}$ (4) $\dfrac{2x+15y}{12}$

(5) $\dfrac{x-5y}{6}$ (6) $-\dfrac{3a+14b}{12}$

(7) $-\dfrac{x+7y}{4}$ (8) $\dfrac{x-14y}{12}$

解説 (1) $\dfrac{6x+5y}{3} - \dfrac{7x+8y}{4}$

$= \dfrac{4(6x+5y) - 3(7x+8y)}{12}$

$= \dfrac{24x+20y-21x-24y}{12} = \dfrac{3x-4y}{12}$

(2) $4a - (-a+3b) - 5b$

$= 4a + a - 3b - 5b$

$= 5a - 8b$

(3) $\dfrac{1}{2}(5a+2b) - \dfrac{1}{3}(6a-4b)$

$= \dfrac{3(5a+2b) - 2(6a-4b)}{6}$

$= \dfrac{15a+6b-12a+8b}{6} = \dfrac{3a+14b}{6}$

(4) $\dfrac{2x+y}{4} - \dfrac{x-3y}{3}$

$= \dfrac{3(2x+y) - 4(x-3y)}{12}$

$= \dfrac{6x+3y-4x+12y}{12} = \dfrac{2x+15y}{12}$

(5) $\dfrac{2x-y}{3} - \dfrac{x-y}{2} - y$

$= \dfrac{2(2x-y) - 3(x-y) - 6y}{6}$

$= \dfrac{4x-2y-3x+3y-6y}{6} = \dfrac{x-5y}{6}$

(6) $\dfrac{3a-4b}{6} - a - \dfrac{2b-a}{4}$

$= \dfrac{2(3a-4b) - 12a - 3(2b-a)}{12}$

$$= \frac{6a - 8b - 12a - 6b + 3a}{12}$$

$$= \frac{-3a - 14b}{12} = -\frac{3a + 14b}{12}$$

(7) $2x - 3y - \dfrac{9x - 5y}{4}$

$$= \frac{4(2x - 3y) - (9x - 5y)}{4}$$

$$= \frac{8x - 12y - 9x + 5y}{4}$$

$$= \frac{-x - 7y}{4} = -\frac{x + 7y}{4}$$

(8) $\dfrac{3x - 2y}{4} - 2\left(x - \dfrac{2x - y}{3}\right)$

$$= \frac{3(3x - 2y) - 12 \times 2x + 4 \times 2(2x - y)}{12}$$

$$= \frac{9x - 6y - 24x + 16x - 8y}{12}$$

$$= \frac{x - 14y}{12}$$

▶**163** (1) $a + b - 3$ (2) $-\dfrac{x - 2y}{8}$

(3) $-\dfrac{4x - 7y + 5}{6}$ (4) $\dfrac{3a + b}{3}$

(5) $\dfrac{a}{6}$ (6) $4y - 2$

(7) $8x + 13y$ (8) $2x - 3y + 1$

解説 (1) $2(2a - b + 3) - 3(a - b + 3)$

$$= 4a - 2b + 6 - 3a + 3b - 9$$

$$= a + b - 3$$

(2) $\dfrac{x + 2y}{8} - \dfrac{5x - 4y}{4} - (y - x)$

$$= \frac{(x + 2y) - 2(5x - 4y) - 8(y - x)}{8}$$

$$= \frac{x + 2y - 10x + 8y - 8y + 8x}{8}$$

$$= \frac{-x + 2y}{8} = -\frac{x - 2y}{8}$$

(3) $\dfrac{x + 2y - 1}{3} - \dfrac{2x - y + 1}{2}$

$$= \frac{2(x + 2y - 1) - 3(2x - y + 1)}{6}$$

$$= \frac{2x + 4y - 2 - 6x + 3y - 3}{6}$$

$$= \frac{-4x + 7y - 5}{6} = -\frac{4x - 7y + 5}{6}$$

(4) $\dfrac{4a - b}{2} - \dfrac{2a - 7b}{6} - \dfrac{2a + b}{3}$

$$= \frac{3(4a - b) - (2a - 7b) - 2(2a + b)}{6}$$

$$= \frac{12a - 3b - 2a + 7b - 4a - 2b}{6}$$

$$= \frac{6a + 2b}{6} = \frac{2(3a + b)}{6} = \frac{3a + b}{3}$$

(5) $\dfrac{a + 2b}{3} - \dfrac{3a + 2b}{4} - \dfrac{2b - 7a}{12}$

$$= \frac{4(a + 2b) - 3(3a + 2b) - (2b - 7a)}{12}$$

$$= \frac{4a + 8b - 9a - 6b - 2b + 7a}{12} = \frac{2a}{12} = \frac{a}{6}$$

(6) $6y - 2 - 8\left(\dfrac{2x - 3y}{4} - \dfrac{x - 2y}{2}\right)$

$$= 6y - 2 - \frac{8(2x - 3y)}{4} + \frac{8(x - 2y)}{2}$$

$$= 6y - 2 - 4x + 6y + 4x - 8y$$

$$= 4y - 2$$

(7) $4x - \{3y - 2(2x + 8y)\}$

$$= 4x - (3y - 4x - 16y)$$

$$= 4x - 3y + 4x + 16y = 8x + 13y$$

(8) $3x - 4y + 2 + \{2x - y - (3x - 2y + 1)\}$

$$= 3x - 4y + 2 + (2x - y - 3x + 2y - 1)$$

$$= 3x - 4y + 2 + 2x - y - 3x + 2y - 1$$

$$= 2x - 3y + 1$$

▶**164** (1) $-3x^3y$ (2) $2x^3y^2$

(3) $-x^2y^5$ (4) $216ab^3$

(5) $-18ab^2$ (6) $-2a^2b$

(7) $-\dfrac{8}{3}y$ (8) $-x^3y$

(9) $9ab^4$

解説 (1) $2x^2y \times (-3xy)^2 \div (-6xy^2)$

$= 2x^2y \times 9x^2y^2 \div (-6xy^2)$

$= -\dfrac{18x^4y^3}{6xy^2} = -3x^3y$

(2) $6x^2y^3 \div (-3xy)^3 \times (-9x^4y^2)$

$= \dfrac{6x^2y^3 \times (-9x^4y^2)}{-27x^3y^3} = \dfrac{-54x^6y^5}{-27x^3y^3}$

$= 2x^3y^2$

(3) $8xy^3 \div x^2y^4 \times \left(-\dfrac{1}{2}xy^2\right)^3$

$= \dfrac{8xy^3}{x^2y^4} \times \left(-\dfrac{x^3y^6}{8}\right) = -\dfrac{8x^4y^9}{8x^2y^4}$

$= -x^2y^5$

(4) $-2a^2 \div \dfrac{1}{4}a^4b^3 \times (-3ab^2)^3$

$= -2a^2 \div \dfrac{a^4b^3}{4} \times (-27a^3b^6)$

$= \dfrac{-2a^2 \times 4 \times (-27a^3b^6)}{a^4b^3} = \dfrac{216a^5b^6}{a^4b^3}$

$= 216ab^3$

(5) $\dfrac{1}{2}a^2b^3 \div \left(-\dfrac{1}{4}a^3b\right) \times (-3a)^2$

$= \dfrac{a^2b^3}{2} \div \left(-\dfrac{a^3b}{4}\right) \times 9a^2$

$= \dfrac{a^2b^3 \times (-4) \times 9a^2}{2a^3b} = \dfrac{-36a^4b^3}{2a^3b}$

$= -18ab^2$

(6) $(-3a^2b)^2 \div \dfrac{3}{2}a^3b^2 \times \left(-\dfrac{1}{3}ab\right)$

$= 9a^4b^2 \div \dfrac{3a^3b^2}{2} \times \left(-\dfrac{ab}{3}\right)$

$= \dfrac{9a^4b^2 \times 2 \times (-ab)}{3a^3b^2 \times 3} = \dfrac{-18a^5b^3}{9a^3b^2}$

$= -2a^2b$

(7) $\dfrac{5}{3}xy^2 \div (-x^3y)^2 \times \left(-\dfrac{8}{5}x^5y\right)$

$= \dfrac{5xy^2}{3} \div x^6y^2 \times \left(-\dfrac{8x^5y}{5}\right)$

$= \dfrac{5xy^2 \times (-8x^5y)}{3 \times x^6y^2 \times 5} = \dfrac{-40x^6y^3}{15x^6y^2}$

$= -\dfrac{8}{3}y$

(8) $12x^2y^2 \div (-3xy)^3 \times \left(-\dfrac{3}{2}x^2y\right)^2$

$= 12x^2y^2 \div (-27x^3y^3) \times \dfrac{9x^4y^2}{4}$

$= \dfrac{12x^2y^2 \times 9x^4y^2}{-27x^3y^3 \times 4} = \dfrac{108x^6y^4}{-108x^3y^3}$

$= -x^3y$

(9) $(-9ab^2)^2 \div \left(-\dfrac{1}{3}a^2b\right) \times \left(-\dfrac{1}{27}ab\right)$

$= 81a^2b^4 \div \left(-\dfrac{a^2b}{3}\right) \times \left(-\dfrac{ab}{27}\right)$

$= \dfrac{81a^2b^4 \times (-3) \times (-ab)}{a^2b \times 27}$

$= \dfrac{243a^3b^5}{27a^2b} = 9ab^4$

▶**165** (1) $4ab^3c$ (2) x^4y^4z

     (3) $-24y$ (4) $\dfrac{2b^4}{3y}$ (5) $\dfrac{2}{5}$

     (6) $10a^2b^2$ (7) $-\dfrac{18}{x^2}$

解説 (1) $\dfrac{1}{4}a^2b \times (-2bc)^3 \div \left(-\dfrac{1}{2}abc^2\right)$

$= \dfrac{a^2b}{4} \times (-8b^3c^3) \div \left(-\dfrac{abc^2}{2}\right)$

$= \dfrac{a^2b \times (-8b^3c^3) \times (-2)}{4 \times abc^2}$

$= \dfrac{16a^2b^4c^3}{4abc^2} = 4ab^3c$

(2) $\left(-\dfrac{1}{2}x^3y^2z\right)^2 \div \left(\dfrac{1}{4}xyz\right)^2 \times \left(\dfrac{1}{4}y^2z\right)$

$= \dfrac{x^6y^4z^2}{4} \div \dfrac{x^2y^2z^2}{16} \times \dfrac{y^2z}{4}$

$= \dfrac{x^6y^4z^2 \times 16 \times y^2z}{4 \times x^2y^2z^2 \times 4} = \dfrac{16x^6y^6z^3}{16x^2y^2z^2}$

$= x^4y^4z$

(3) $\left(\dfrac{2}{3}x^2y\right)^2 \div \left(-\dfrac{1}{3}xy\right)^3 \times \dfrac{2y^2}{x}$

$= \dfrac{4x^4y^2}{9} \div \left(-\dfrac{x^3y^3}{27}\right) \times \dfrac{2y^2}{x}$

$= \dfrac{4x^4y^2 \times (-27) \times 2y^2}{9 \times x^3y^3 \times x} = \dfrac{-216x^4y^4}{9x^4y^3}$

$= -24y$

(4) $\dfrac{-5a^2b}{3x^2y} \times \dfrac{b^3}{-y} \div \dfrac{15a^2}{6x^2y}$

$= \dfrac{-5a^2b \times b^3 \times 6x^2y}{3x^2y \times (-y) \times 15a^2}$

$= \dfrac{-30a^2b^4x^2y}{-45a^2x^2y^2} = \dfrac{2b^4}{3y}$

(5) $\dfrac{8a^4}{15b} \times \left(-\dfrac{ab^2}{6}\right)^2 \div \left(\dfrac{a^2b}{3}\right)^3$

$= \dfrac{8a^4}{15b} \times \dfrac{a^2b^4}{36} \div \dfrac{a^6b^3}{27}$

$= \dfrac{8a^4 \times a^2b^4 \times 27}{15b \times 36 \times a^6b^3}$

$= \dfrac{216a^6b^4}{540a^6b^4} = \dfrac{2}{5}$

(6) $ab^2 \div \left\{(-ab)^3 \div \left(-\dfrac{2}{5}a^2b\right)\right\} \times (5ab)^2$

$= ab^2 \div \left\{(-a^3b^3) \times \dfrac{-5}{2a^2b}\right\} \times 25a^2b^2$

$= ab^2 \div \dfrac{5a^3b^3}{2a^2b} \times 25a^2b^2$

$= ab^2 \div \dfrac{5ab^2}{2} \times 25a^2b^2$

$= \dfrac{ab^2 \times 2 \times 25a^2b^2}{5ab^2} = \dfrac{50a^3b^4}{5ab^2}$

$= 10a^2b^2$

(7) $\left(-\dfrac{5}{2}\right) \times \left(\dfrac{3}{y}\right)^2 \div \left(\dfrac{35x}{y^2}\right) \times \dfrac{28}{x}$

$= -\dfrac{5}{2} \times \dfrac{9}{y^2} \times \dfrac{y^2}{35x} \times \dfrac{28}{x}$

$= -\dfrac{18}{x^2}$

▶**166** (1) $a=2$，解は $x=6$，$y=9$

(2) ① $\dfrac{x}{z}=\dfrac{5}{3}$，$\dfrac{y}{z}=\dfrac{13}{3}$

② $x:y:z=5:13:3$

(3) $a=3$，$b=-4$

(4) $x=\dfrac{a-1}{2}$，$y=\dfrac{3a+11}{4}$，$a=\dfrac{1}{3}$

(5) $a=2$，$b=\dfrac{1}{3}$

解説 (1) $\begin{cases} 5x+ay=48 & \cdots① \\ ax-3y=-15 & \cdots② \end{cases}$

$x:y=2:3$ より $2y=3x$ $y=\dfrac{3}{2}x$ $\cdots$⑦

⑦を①に代入して $5x+\dfrac{3}{2}ax=48$

$10x+3ax=96$ $\cdots$①′

⑦を②に代入して $ax-\dfrac{9}{2}x=-15$

$2ax-9x=-30$ $\cdots$②′

①′×2−②′×3 より $47x=282$

よって $x=6$ $y=\dfrac{3}{2}\times6=9$

②より $6a-27=-15$ $6a=12$ $a=2$

よって $a=2$，解は $x=6$，$y=9$

(2) ① $\begin{cases} 2x-y+z=0 & \cdots⑦ \\ x-2y+7z=0 & \cdots④ \end{cases}$

⑦×2−④ より $3x-5z=0$

$3x=5z$ よって $\dfrac{x}{z}=\dfrac{5}{3}$

⑦−④×2 より $3y-13z=0$

$3y=13z$ よって $\dfrac{y}{z}=\dfrac{13}{3}$

② ①より $x:z=5:3$，$y:z=13:3$
よって $x:y:z=5:13:3$

(3) ①の解を $(x, y)=(X, Y)$ とすると，②の解は $(x, y)=(Y, X)$ となる。ゆえに
$\begin{cases} X+2Y=4 & \cdots⑦ \\ aX+Y=7 & \cdots④ \end{cases}$

$$\begin{cases} 2Y-3X=b & \cdots ⑦ \\ 3Y+2X=7 & \cdots ① \end{cases}$$

⑦×2−①より　$Y=1$

⑦に代入して　$X+2=4$　　$X=2$

①より　$2a+1=7$　　$a=3$

⑨より　$2-6=b$　　$b=-4$

(4) $\begin{cases} \dfrac{x+1}{2}=\dfrac{y-2}{3}=\dfrac{a+1}{4} & \cdots① \\ x+y+a-3=0 & \cdots② \end{cases}$

①より　$\dfrac{x+1}{2}=\dfrac{a+1}{4}$　　$x+1=\dfrac{a+1}{2}$

よって　$x=\dfrac{a+1}{2}-1=\dfrac{a+1-2}{2}=\dfrac{a-1}{2}$

また，①より　$\dfrac{y-2}{3}=\dfrac{a+1}{4}$

$y-2=\dfrac{3(a+1)}{4}$

よって　$y=\dfrac{3a+3}{4}+2=\dfrac{3a+3+8}{4}$

$\qquad =\dfrac{3a+11}{4}$

②に代入して

$\dfrac{a-1}{2}+\dfrac{3a+11}{4}+a-3=0$

$2(a-1)+(3a+11)+4(a-3)=0$

$2a-2+3a+11+4a-12=0$

$9a=3$　　よって　$a=\dfrac{1}{3}$

(5) ①の連立方程式の解を (X, Y) とすると，②の連立方程式の解は $(X+1, Y+1)$ となるので，

$\begin{cases} 9bX-2Y=-6a & \cdots ⑦ \\ 5X+3Y=-1 & \cdots ① \end{cases}$

$\begin{cases} 3(X+1)+4(Y+1)=13 & \cdots ⑨ \\ a(X+1)-3b(Y+1)=-6 & \cdots ① \end{cases}$

⑨より　$3X+4Y=6$　　$\cdots ⑨'$

①×4−⑨'×3 より

$11X=-22$　　$X=-2$

①より　$-10+3Y=-1$　　$3Y=9$　　$Y=3$

⑦より　$-18b-6=-6a$

よって　$a-3b=1$　　$\cdots ⑦'$

①より　$-a-12b=-6$　　$\cdots ①'$

⑦'+①'より　$-15b=-5$　　$b=\dfrac{1}{3}$

⑦'より　$a-1=1$　　$a=2$

よって　$a=2,\ b=\dfrac{1}{3}$

▶**167** (1) $\begin{cases} 450+y=33x \\ 760-y=22x \end{cases}$

(2) $x=22,\ y=276$

(解説) (1) 列車が鉄橋を渡り始めてから渡り終わるまでに，列車は鉄橋の長さと列車の長さを合わせた距離を進むから

$450+y=33x$　$\cdots①$

列車がトンネルにかくれているのは，トンネルに入り終わってから出始めるまでの間で，列車はトンネルの長さから列車の長さをひいた距離を進むから

$760-y=22x$　$\cdots②$

(2) ①+②より　$1210=55x$　　$x=22$

①より　$y=33\times22-450=276$

よって　$x=22,\ y=276$

▶**168** $a=340,\ b=120$

(解説) 食塩水の量に着目して

$a+b+2b=300+400$

すなわち　$a+3b=700$　$\cdots①$

食塩の量に着目して

$\dfrac{6}{100}a+\dfrac{7}{100}b+\dfrac{8}{100}\times2b$

$\qquad =\dfrac{4}{100}\times300+\dfrac{9}{100}\times400$

$6a+7b+16b=1200+3600$

よって　$6a+23b=4800$　$\cdots②$

②−①×6 より　$5b=600$　　$b=120$

①に代入して　$a+360=700$　　$a=340$

よって　$a=340,\ b=120$

▶**169** $x=10.5$, $y=4.2$

解説 2人がC地点で出会うまでの時間は等しいから

$$\frac{x+(x-y)}{11.2}+\frac{15}{60}=\frac{x+y}{8.4} \quad \cdots ①$$

最初に出会った地点がCより1.8kmだけBに近いとき $\frac{y+1.8}{11.2}=\frac{x-y-1.8}{8.4}$ $\cdots ②$

最初に出会った地点がCより1.8kmだけAに近いとき $\frac{y-1.8}{11.2}=\frac{x-y+1.8}{8.4}$ $\cdots ③$

①+②より

$$\frac{2x+1.8}{11.2}+\frac{1}{4}=\frac{2x-1.8}{8.4}$$

$$\frac{x+0.9}{5.6}+\frac{1}{4}=\frac{x-0.9}{4.2}$$

両辺を168倍して
$30(x+0.9)+42=40(x-0.9)$
$30x+27+42=40x-36$
$10x=105$　よって　$x=10.5$
②に代入して

$$\frac{y+1.8}{11.2}=\frac{10.5-y-1.8}{8.4}$$

両辺を2.8倍して　$\frac{y+1.8}{4}=\frac{8.7-y}{3}$

$3(y+1.8)=4(8.7-y)$
$3y+5.4=34.8-4y$
$7y=29.4$　よって　$y=4.2$
また，①+③より

$$\frac{2x-1.8}{11.2}+\frac{1}{4}=\frac{2x+1.8}{8.4}$$

$$\frac{x-0.9}{5.6}+\frac{1}{4}=\frac{x+0.9}{4.2}$$

両辺を168倍して
$30(x-0.9)+42=40(x+0.9)$
$30x-27+42=40x+36$
$10x=-21$　よって　$x=-2.1$
$x>0$より，これは不適。
したがって　$x=10.5$, $y=4.2$

▶**170** (1)　$\ell=30$ または $\ell=330$
　　　　(2)　$\ell=30$ のとき $x=7$, $y=3$
　　　　　　　$\ell=330$ のとき $x=77$, $y=33$

解説 (1)　乙は乗り物を交換したことで，予定より早く1周したから，出発時の速さは甲の方が早い。

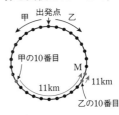

よって　$x>y$
これより，M地点は乙の9番目の道しるべである。
甲の10番目の道しるべからM地点まで11kmのとき，$30-9-10=11$ より，道しるべの間の数は11であるから

$$\ell=\frac{11}{11}\times30=30(km)$$

乙の10番目の道しるべからM地点まで11kmのとき，$10-9=1$ より，道しるべの間の数は1であるから

$$\ell=\frac{11}{1}\times30=330(km)$$

ゆえに　$\ell=30$ または $\ell=330$

(2)　2人はM地点で出会うことから

$$\frac{30-9}{30}\ell\div x=\frac{9}{30}\ell\div y$$

$$\frac{21\ell}{30x}=\frac{9\ell}{30y} \quad よって　y=\frac{3}{7}x \quad \cdots ①$$

乙が，予定より4時間早く1周したことから

$$\frac{\ell}{y}-\left(\frac{9}{30}\ell\div y+\frac{21}{30}\ell\div x\right)=4$$

$$\frac{30\ell-9\ell}{30y}-\frac{21\ell}{30x}=4$$

$$\frac{7\ell}{10}\left(\frac{1}{y}-\frac{1}{x}\right)=4 \quad \cdots ②$$

①より　$\frac{1}{y}-\frac{1}{x}=\frac{7}{3x}-\frac{3}{3x}=\frac{4}{3x}$

②に代入して $\dfrac{7\ell}{10}\times\dfrac{4}{3x}=4$

よって $x=\dfrac{7}{30}\ell,\ y=\dfrac{1}{10}\ell$

ゆえに

$\ell=30$ のとき $x=7,\ y=3$

$\ell=330$ のとき $x=77,\ y=33$

▶**171** (1) $a=15-3x$

(2) $x=2,\ y=1$ (求め方は，解説参照)

解説 (1) 第1問の正解者の得点は，5点，12点，13点，20点のいずれかで，第2問の正解者の得点は，7点，12点，15点，20点のいずれかである。差が14人であるから

$(a+12+4x+15)-(x+12+1+15)=14$

$a+4x-x-1=14$

よって $a=15-3x$

(2) 人数の合計が50人であるから

$x+(15-3x)+x+y+12+4x+1+15=50$

すなわち $3x+y=7$ …①

合計点は

$0\times x+5(15-3x)+7x+8y+12\times 12$
$\qquad +13\times 4x+15\times 1+20\times 15$

$=75-15x+7x+8y+144+52x+15+300$

$=44x+8y+534$

平均点は12.6点であるから

$44x+8y+534=12.6\times 50$

$44x+8y=96$

すなわち $11x+2y=24$ …②

②－①×2 より $5x=10$ $x=2$

①に代入して $6+y=7$ $y=1$

よって $x=2,\ y=1$

▶**172** 35段

解説 3階から2階に降りたときに，エスカレーターが動いた段数を x 段，動いていないときのエスカレーターの段数を y 段とする。

下りについて $y=x+21$ …①

上りは，歩数は $42\div 21=2$ より，2倍であるが，4倍の速さで上がるから，かかる時間は $2\div 4=\dfrac{1}{2}$ となる。このとき，エスカレーターが動いた段数は $\dfrac{x}{2}$ である。

よって $y=42-\dfrac{x}{2}$ …②

①，②より $x+21=42-\dfrac{x}{2}$ $\dfrac{3}{2}x=21$

よって $x=14$ ①より $y=35$

ゆえに，35段である。

▶**173** (1) 189分

(2) $a=50,\ b=650,\ c=250$

(3) $x=65$

解説 ボートと遊覧船の時間と距離の関係をグラフに表すと，次のようになる。

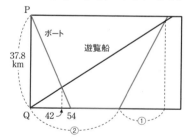

(1) ボートの速さは

$37800\div(42+12)=37800\div 54=700$

より，毎分700mである。

ボートと遊覧船は42分後にすれ違うから，遊覧船の速さは

$37800-42\times 700=8400$

$8400\div 42=200$

より，毎分 200m である。

よって，遊覧船が P に到着するまでに要した時間は

$37800 \div 200 = 189$（分）

(2) (1)より

$b + a = 700$ …①

$c - a = 200$ …②

ボートが Q を出発してから遊覧船を追い越すまでに要した時間は，遊覧船が Q を出発してからボートに追い越されるまでに要した時間の $\dfrac{1}{3}$ であるから，ボートの速さは遊覧船の速さの 3 倍である。

よって $b - a = 200 \times 3 = 600$ …③

①＋③より $2b = 1300$ $b = 650$

①より $a = 700 - b = 700 - 650 = 50$

②より $c = 200 + a = 200 + 50 = 250$

よって $a = 50, b = 650, c = 250$

(3) ボートが Q から P へ進むのに要する時間に着目して

$189 - 7 - (54 + x) = 37800 \div 600$

$128 - x = 63$ よって $x = 65$

▶**174** (1) $(2, 3)$ (2) $y = -\dfrac{12}{17}x + \dfrac{60}{17}$

解説 (1) 点 P の座標を $\left(a, \dfrac{3}{2}a\right)$ とおくと，$Q(a, 0)$ となる。四角形 PQRS は正方形であるから

$PQ = QR$

よって $\dfrac{3}{2}a = 5 - a$ $\dfrac{5}{2}a = 5$

ゆえに $a = 2$

したがって，P の座標は $(2, 3)$

(2) 台形 PQRS の面積は，$PQ = PS = 3$ より

$\dfrac{1}{2}(PS + QR) \times PQ = \dfrac{1}{2}(3 + 5) \times 3 = 12$

2 直線 $y = \dfrac{3}{2}x$，ℓ の交点の y 座標を t とすると

$\dfrac{1}{2} \times QR \times t = 12 \div 2$ $\dfrac{5}{2}t = 6$

よって $t = \dfrac{12}{5}$

$\dfrac{12}{5} = \dfrac{3}{2}x$ より $x = \dfrac{8}{5}$

よって，交点の座標は $\left(\dfrac{8}{5}, \dfrac{12}{5}\right)$ であり，線分 OP 上にあるから，題意を満たす。

直線 ℓ の式を $y = mx + n$ とおく。

点 R(5, 0) を通るから $5m + n = 0$ …①

点 $\left(\dfrac{8}{5}, \dfrac{12}{5}\right)$ を通るから

$\dfrac{8}{5}m + n = \dfrac{12}{5}$ …②

①－②より $\dfrac{17}{5}m = -\dfrac{12}{5}$ $m = -\dfrac{12}{17}$

①より $n = -5m = \dfrac{60}{17}$

よって，直線 ℓ の式は $y = -\dfrac{12}{17}x + \dfrac{60}{17}$

▶**175** $a = -1, b = -2$

解説 ③は，傾きが $\dfrac{2-5}{0-(-3)} = \dfrac{-3}{3} = -1$，$y$ 切片が 2 の直線であるから $y = -x + 2$

④は，傾きが $\dfrac{-1-5}{0-(-3)} = \dfrac{-6}{3} = -2$，$y$ 切片が -1 の直線であるから $y = -2x - 1$

④で，$y = 0$ のとき $0 = -2x - 1$

$x = -\dfrac{1}{2}$

①は 2 点 $\left(-\dfrac{1}{2}, 0\right)$，$(0, 1)$ を通る直線で，傾きは $(1 - 0) \div \left\{0 - \left(-\dfrac{1}{2}\right)\right\} = 1 \div \dfrac{1}{2} = 2$，$y$ 切片は 1 であるから $y = 2x + 1$

ℓ と m の y 切片の和は $3 + b + (-b) = 3$

傾きは ℓ の方が $(a+3)-a=3$ だけ大きいから，ℓ は①，m は③である。

よって　$a=-1$，$b=-2$

▶**176** (1) $\dfrac{p-1}{2}$　　(2) $p=a+b+1$

(3) $m=\dfrac{1}{2}$

解説 (1) 線分 AB は x 軸に平行であるから，中点の y 座標は p である。中点は $y=2x+1$ 上にあるから，x 座標は

$p=2x+1$　　$x=\dfrac{p-1}{2}$

(2) 線分 AB の中点の x 座標は，a，b を用いて $\dfrac{a+b}{2}$ と表されるから，(1)より

$\dfrac{p-1}{2}=\dfrac{a+b}{2}$

よって　$p=a+b+1$　…①

(3) 線分 BC の中点の座標は $\left(b, \dfrac{p+c}{2}\right)$

$y=mx+3$ がこの点を通るから

$\dfrac{p+c}{2}=mb+3$　…②

また，点 A を通るから　$p=ma+3$　…③

$y=2x+1$ は点 C を通るから

$c=2b+1$　…④

①，④を②に代入して

$\dfrac{a+b+1+2b+1}{2}=mb+3$

$\dfrac{a+3b}{2}=mb+2$　…②′

①を③に代入して　$a+b+1=ma+3$

$a+b=ma+2$　…③′

②′−③′より　$\dfrac{-a+b}{2}=m(b-a)$

$(b-a)m=\dfrac{b-a}{2}$

$a<b$ より，$a\neq b$ であるから　$m=\dfrac{1}{2}$

▶**177** (1) $a=-2$

(2) $a=\dfrac{7}{2}$，$c=-\dfrac{29}{12}$

(3) ア　$(2, 1)$

イ　$a=-\dfrac{5}{4}$，$-\dfrac{1}{8}$

(4) $a=-\dfrac{3}{4}$，$b=-3$

解説 (1) $y=x+1$　…①

$y=-2x+7$　…②　　$y=ax+4$　…③

3 直線が三角形をつくることができないのは 2 直線が平行な場合と，3 直線が 1 点で交わる場合である。

①と②は交わり，交点の座標は　$(2, 3)$

①と③が平行なとき　$a=1$

②と③が平行なとき　$a=-2$

③が①と②の交点を通るとき，

$3=2a+4$ より　$a=-\dfrac{1}{2}$

よって，最小の a の値は　$a=-2$

(2) $y=\dfrac{2}{3}x+\dfrac{1}{4}$ は点 C$(-4, c)$ を通るから

$c=-\dfrac{8}{3}+\dfrac{1}{4}=\dfrac{-32+3}{12}=-\dfrac{29}{12}$

直線 BC の式を $y=mx+n$ とおく。

点 B を通るから　$\dfrac{1}{2}m+n=-\dfrac{2}{3}$　…①

点 C を通るから　$-4m+n=-\dfrac{29}{12}$　…②

①−②より　$\dfrac{9}{2}m=\dfrac{21}{12}$　　$m=\dfrac{7}{18}$

①に代入して　$\dfrac{7}{36}+n=-\dfrac{2}{3}$　　$n=-\dfrac{31}{36}$

よって　$y=\dfrac{7}{18}x-\dfrac{31}{36}$

点 A もこの直線上にあるから

$\dfrac{1}{2}=\dfrac{7}{18}a-\dfrac{31}{36}$　　$18=14a-31$

$14a=49$　　よって　$a=\dfrac{49}{14}=\dfrac{7}{2}$

(3) $x+2y-4=0$ …①

$x-y-1=0$ …②

①−②より $3y-3=0$ $y=1$

②より $x-1-1=0$ $x=2$

よって，点 P の座標は $(2, 1)$ …ア

$y=ax-1$ の y 切片は -1 であり，②の y 切片も -1 であるから，点 B の座標は $(0, -1)$ である。

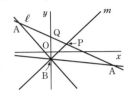

①より $y=-\dfrac{1}{2}x+2$

そこで，点 Q$(0, 2)$ をとり，点 A の x 座標を t とすると $A\left(t, -\dfrac{1}{2}t+2\right)$

$QB=2-(-1)=3$ であるから

$\triangle PQB=\dfrac{1}{2}\times3\times2=3$

(i) $t<0$ のとき

$\triangle PAB=\triangle AQB+\triangle PQB$ より

$9=\dfrac{1}{2}\times3\times(-t)+3$

よって $t=-4$

このとき，$y=ax-1$ は点 A$(-4, 4)$ を通るから

$4=-4a-1$ $a=-\dfrac{5}{4}$

(ii) $t>0$ のとき

$\triangle PAB=\triangle AQB-\triangle PQB$ より

$9=\dfrac{1}{2}\times3\times t-3$

よって $t=8$

このとき，$y=ax-1$ は点 A$(8, -2)$ を通るから

$-2=8a-1$ $a=-\dfrac{1}{8}$

(i), (ii)より $a=-\dfrac{5}{4}$, $-\dfrac{1}{8}$

(4) $y=ax-b$ …①

$y=\left(a+\dfrac{17}{12}\right)x+b+1$ …②

②の方が①より傾きが大きいから，

①は 2 点 $(0, 3)$, $(4, 0)$ を通り，

②は 2 点 $(0, -2)$, $(3, 0)$ を通る。

①が $(0, 3)$ を通るから $-b=3$

よって $b=-3$

また，点 $(4, 0)$ を通るから

$0=4a-b$ $4a+3=0$

よって $a=-\dfrac{3}{4}$

このとき，②は $y=\left(-\dfrac{3}{4}+\dfrac{17}{12}\right)x-3+1$

すなわち $y=\dfrac{2}{3}x-2$

これは，2 点 $(0, -2)$, $(3, 0)$ を通るから題意を満たす。

▶**178** (1) $m>2$, $m<-2$

(2) $2<m<6$ (3) $3<m<4$

解説 (1) 直線 OA の傾きは $\dfrac{8}{4}=2$

直線 OB の傾きは $\dfrac{-8}{4}=-2$

よって $m>2$, $m<-2$

(2) $-8-AD=-8-8\times2=-24$ より，

$D'(-4, -24)$ とすると，点 OP が点 D′ を通るとき，玉は点 D に到達する。

このとき $m=\dfrac{24}{4}=6$

傾きがこれより大きくなると，玉は辺 CD（両端を含まない）に到達する。

よって，求める m の値の範囲は，

$2<m<6$

(3) 点 E, F を，直線 AD を軸として対称に移動した点を E′, F′ とすると

E′$(-5, 4)$, F′$(-7, 5)$

点 E′, F′ を, 直線 AB を軸として対称に
移動した点を E″, F″ とすると
E″(−5, −20), F″(−7, −21)

直線 OE″ の傾きは $\dfrac{20}{5}=4$

直線 OF″ の傾きは $\dfrac{21}{7}=3$

よって, 玉が点 E, F の間を通りぬけるた
めの m の値の範囲は $3<m<4$

▶**179** (1) **12.5℃**

(2) $y=-6x+10$
グラフは右の図

(3) $10:(10-h)$

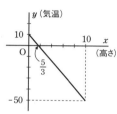

解説 (1) 地表からの高さ x km の気温を
y℃とすると, y は x の1次関数であるか
ら, $y=mx+n$ とおける。
$x=10$ のとき $y=-50$ より
$10m+n=-50$ …①
$x=2$ のとき $y=0$ より
$2m+n=0$ …②

①−②より $8m=-50$ $m=-\dfrac{25}{4}$

②より $n=-2m=\dfrac{25}{2}$

よって $y=-\dfrac{25}{4}x+\dfrac{25}{2}$

地表では, $x=0$ であるから, 気温は
$y=\dfrac{25}{2}=12.5$(℃)

(2) y は x の1次関数であるから,
$y=cx+d$ とおく。
$x=10$ のとき $y=-50$ より
$10c+d=-50$ …③
$x=0$ のとき $y=10$ より $d=10$

③に代入して $10c+10=-50$ $c=-6$
よって $y=-6x+10$

(3) 地表での夜の気温を p℃とすると, 夜の
気温のグラフは, 2点 $(0, p)$, $(10, -50)$
を通る。この直線の式を $y=qx+p$ とおく
と, 点 $(10, -50)$ を通るから

$10q+p=-50$ $q=-\dfrac{p+50}{10}$

よって $y=-\dfrac{p+50}{10}x+p$

地表での昼の気温は $(p+a)$℃で, 昼の気
温のグラフは2点 $(0, p+a)$, $(10, -50)$
を通る。この直線の式を
$y=rx+p+a$ とおくと, 点 $(10, -50)$ を通
るから $10r+p+a=-50$

$r=-\dfrac{p+a+50}{10}$

よって $y=-\dfrac{p+a+50}{10}x+p+a$

これより, 地表から h km の高さでの温度
差は
$b=-\dfrac{p+a+50}{10}h+p+a-\left(-\dfrac{p+50}{10}h+p\right)$

$=a-\dfrac{ah}{10}=\dfrac{10-h}{10}a$

よって
$a:b=a:\dfrac{10-h}{10}a=10:(10-h)$

▶**180** (1) $y=-\dfrac{3}{2}x+4$

(2) ① $\left(-\dfrac{4}{3}a, -\dfrac{1}{2}a+2\right)$

② $\dfrac{28}{29}$

解説 (1) 点 A$(0, 4)$ を通るから, 直線
AE の式は $y=mx+4$ とおける。
AE:ED=3:1で, y 座標に着目すると,

A は 4, D は 0 であるから, E は 1 となる。

点 E は直線 $y=-\frac{1}{2}x+2$ 上の点であるから

$1=-\frac{1}{2}x+2$ $\frac{1}{2}x=1$ $x=2$

よって, 点 E の座標は (2, 1)

$y=mx+4$ が点 (2, 1) を通るから

$1=2m+4$ $2m=-3$ $m=-\frac{3}{2}$

ゆえに, 直線 AE の式は $y=-\frac{3}{2}x+4$

(2) ① 直線 BE の傾きは

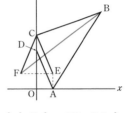

傾き2

傾き $-\frac{1}{2}$

$-\frac{1}{2}$ で, AB⊥BE よ

り, 直線 AB の傾きは

2 である。よって, 直線 AB の式は

$y=2x+4$

これより, P$(a, 2a+4)$, Q$\left(a, -\frac{1}{2}a+2\right)$

となる。

点 S の y 座標は $2a+4$ で, x 座標は

$2a+4=-\frac{3}{2}x+4$ より $x=-\frac{4}{3}a$

よって, 点 R の座標は

$\left(-\frac{4}{3}a, -\frac{1}{2}a+2\right)$

② PQ$=2a+4-\left(-\frac{1}{2}a+2\right)=\frac{5}{2}a+2$

PS$=-\frac{4}{3}a-a=-\frac{7}{3}a$

四角形 PQRS は正方形であるから,

PQ=PS より $\frac{5}{2}a+2=-\frac{7}{3}a$

$15a+12=-14a$ $29a=-12$

よって $a=-\frac{12}{29}$

ゆえに, 正方形 PQRS の 1 辺の長さは

PS$=-\frac{7}{3}\times\left(-\frac{12}{29}\right)=\frac{28}{29}$

▶**181** (1) $y=\frac{5}{3}x-\frac{5}{3}$ (2) $\left(0, \frac{9}{5}\right)$

解説 (1) 直線 BA の式を $y=ax+b$ とする。2 点 A(1, 0), B(4, 5) を通るから

$\begin{cases} a+b=0 & \cdots① \\ 4a+b=5 & \cdots② \end{cases}$

②－①より $3a=5$ $a=\frac{5}{3}$

これを①に代入して $\frac{5}{3}+b=0$ $b=-\frac{5}{3}$

よって $y=\frac{5}{3}x-\frac{5}{3}$

(2) AB と CD の長さは変わらないから, BC＋AD の長さが最小となるときを考える。

CD＝1 であるから, 点 E(1, 1) をとると, AD＝EC となる。さらに, y 軸について点 E と対称な点 F(−1, 1) をとると, EC＝FC となる。

このとき, BC＋AD＝BC＋FC であるから, これが最小となるのは点 C が直線 BF 上にあるときである。

直線 BF の式を $y=mx+n$ とおくと, 2 点 B(4, 5), F(−1, 1) を通るから

$\begin{cases} 4m+n=5 & \cdots③ \\ -m+n=1 & \cdots④ \end{cases}$

③－④より $5m=4$ $m=\frac{4}{5}$

これを④に代入して

$-\frac{4}{5}+n=1$ $n=\frac{9}{5}$

よって, 直線 BF の式は $y=\frac{4}{5}x+\frac{9}{5}$ で,

点 C は直線 BF と y 軸との交点であるから,

その座標は $\left(0, \frac{9}{5}\right)$

▶**182** (1) 34°　(2) 540°

　　　(3) $x=59$

解説 (1) 右の図で

$\angle a=43°+45°$

$\quad=88°$

$\angle b=\angle a+56°$

$\quad=88°+56°$

$\quad=144°$

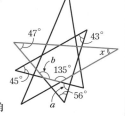

青い線で示した四角
形に着目して

$\angle x=360°-(47°+144°+135°)$

$\quad=360°-326°=34°$

(2)

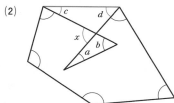

上の図の青い線のように補助線を引くと

$\angle a+\angle b=\angle x$，$\angle c+\angle d=\angle x$ より

$\angle a+\angle b=\angle c+\angle d$

よって，求める角の大きさの和は，五角形
の内角の和に等しいから

$180°\times(5-2)=540°$

(3) 折り返した図形ともとの図形は合同であ
るから　台形 FCDE ≡ 台形 FGHE

よって　$\angle FED=\angle FEH=x°$　…①

AD∥BC より，錯角は等しいから

$\angle IFE=\angle FED=x°$　…②

四角形 EHGF において内角の和が 360° で
あるから

$x°+90°\times2+62°+x°=360°$

$2x°+242°=360°$

$2x°=118°$

よって　$x°=59°$

すなわち　$x=59$

▶**183** (1) 正 $\dfrac{7}{3}$ 角形　(2) $\angle x=144°$

　　　(3) 1080°

解説 (1) 円周上を 3 回転して，7 個の点
をとっているから，手順③の中心角を求め
る式は

$$360°\times3\div7=360°\times\dfrac{3}{7}=360°\div\dfrac{7}{3}$$

となる。よって，正 $\dfrac{7}{3}$ 角形である。

(2) 右の図のように点をとる。

$\angle P_1OP_2=144°$ で，

$OP_1=OP_2$ より

$\angle OP_1P_2$

$=(180°-144°)\div2$

$=18°$

同様に，$\angle OP_1P_5=18°$ であるから

$\angle x=180°-\angle P_2P_1P_5$

$\quad=180°-18°\times2=144°$

(3) 図は，正 $\dfrac{8}{3}$ 角形で，手順③の中心角は

$$360°\div\dfrac{8}{3}=360°\times\dfrac{3}{8}=135°$$

(2)と同様に考えて，1 つの内角は

$(180°-135°)\div2\times2=45°$

よって，外角の和は

$(180°-45°)\times8=135°\times8=1080°$

(注意) この問題では，P_1，P_2，P_3，…
の頂点のところにできる角についてのみ考
えている。

▶**184** △ADE と △CDE において，

　　　　DE＝DE（共通）　…①

正方形 ABCD の辺の長さは等しいから

　　　　AD＝CD　…②

対角線 BD は $\angle ADC$ を 2 等分するから

　　　　$\angle ADE=\angle CDE=45°$　…③

①，②，③より，2 組の辺とその間の角が

それぞれ等しいから　△ADE≡△CDE
よって　∠EAD＝∠ECD　…④
また，AD∥BF より，錯角は等しいから
　　∠EFC＝∠EAD　…⑤
④，⑤より　∠EFC＝∠ECD

▶**185**　△ACD と △BCE において，
C は線分 AB の中点であるから
　　AC＝BC　…①
条件より　CD＝CE　…②
△CDE は二等辺三角形であるから
　　∠CDE＝∠CED　…③
AB∥DE より，錯角は等しいから
　　∠ACD＝∠CDE　…④
　　∠BCE＝∠CED　…⑤
③，④，⑤より　∠ACD＝∠BCE　…⑥
①，②，⑥より，2 組の辺とその間の角が
それぞれ等しいから　△ACD≡△BCE
よって　AD＝BE

▶**186**　AP は ∠CAX の二等分線であるか
ら
　　∠CAP＝∠PAX　…①
BX∥CP より，錯角は等しいから
　　∠PAX＝∠CPA　…②
①，②より　∠CAP＝∠CPA
よって，△PAC は CA＝CP の二等辺三角
形である。

▶**187**　C と F を直線で結ぶ。
△CEF と △CBF において
　　CF＝CF（共通）　…①
正方形の辺の長さは等しいから
　　DC＝BC＝EC
すなわち　EC＝BC　…②
また，∠CEM＝∠CDM＝90° より
　　∠CEF＝∠CBF＝90°　…③

①，②，③より，直角三角形で，斜辺と他
の 1 辺がそれぞれ等しいから
　　△CEF≡△CBF
よって　FE＝FB

▶**188**　△BMD と △CME
において，
条件より
　　BM＝CM　…①
　　MD＝ME　…②
　　∠BDM＝∠CEM＝90°　…③

①，②，③より，直角三角形で，斜辺と他
の 1 辺がそれぞれ等しいから
　　△BMD≡△CME
よって　∠B＝∠C
ゆえに，△ABC は AB＝AC の二等辺三角
形である。

▶**189**　(1)　△DPF と △DQG において，
正方形の対角線は長さが等しく，それぞれ
の中点で垂直に交わるから
　　DF＝DG　…①
正方形の対角線は，正方形の角を 2 等分
するから　∠PFD＝∠QGD＝45°　…②
∠PDF＝∠ADC－∠FDQ＝90°－∠FDQ
∠QDG＝∠FDG－∠FDQ＝90°－∠FDQ
よって　∠PDF＝∠QDG　…③
①，②，③より，1 組の辺とその両端の角
がそれぞれ等しいから　△DPF≡△DQG
(2)　四角形 DPFQ
　＝△DPF＋△DFQ
　＝△DQG＋△DFQ
　＝△DFG
　＝8×8÷4＝16(cm²)
よって，四角形 DPFQ の面積は一定で，
16cm² である。

▶**190** (1) △BCG と △DCE において，
四角形 ABCD と四角形 CEFG は，ともに
正方形であるから

$\quad$ BC＝DC，CG＝CE，

$\qquad$ ∠BCG＝∠DCE＝90°

2 組の辺とその間の角がそれぞれ等しいから

$\qquad$ △BCG≡△DCE

よって　BG＝DE

(2) BG の延長と DE との交点を H とする。

$\qquad$ ∠GBC＋∠GCB＝∠BGD

$\qquad$ ∠GDH＋∠GHD＝∠BGD

すなわち

$\qquad$ ∠GBC＋∠GCB＝∠GDH＋∠GHD

(1)より　∠GBC＝∠EDC＝∠GDH

また，∠GCB＝90° であるから

$\qquad$ ∠GBC＋90°＝∠GBC＋∠GHD

すなわち　∠GHD＝90°

よって　BG⊥DE

▶**191** 点 E を通り，
AB に平行な直線を
引き，BC との交点
を F とする。
△PBD と △PFE
において，

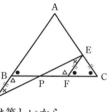

AD∥EF より，錯角は等しいから

$\qquad$ ∠PDB＝∠PEF　…①

$\qquad$ ∠PBD＝∠PFE　…②

また，同位角は等しいから

$\qquad$ ∠ABC＝∠EFC　…③

△ABC は，AB＝AC の二等辺三角形であ
るから　∠ABC＝∠ACB　…④

③，④より　∠EFC＝∠ECF

よって，△EFC は FE＝CE の二等辺三角
形であり，条件より，BD＝CE であるか
ら　BD＝FE　…⑤

①，②，⑤より，1 組の辺とその両端の角

がそれぞれ等しいから　△PBD≡△PFE

よって，PD＝PE となり，点 P は線分 DE
の中点である。

▶**192** (1) △AEF と △AEG において

$\qquad$ AE＝AE（共通）　…①

$\qquad$ ∠AFE＝∠AGE＝90°　…②

AE は ∠FAG の二等分線であるから

$\qquad$ ∠EAF＝∠EAG　…③

①，②，③より，直角三角形で，斜辺と 1
つの鋭角がそれぞれ等しいから

$\qquad$ △AEF≡△AEG

よって　EF＝EG　…④

(2) △EDB と △EDC において

$\qquad$ ED＝ED（共通）　…⑤

ED⊥BC より

$\qquad$ ∠EDB＝∠EDC＝90°　…⑥

点 D は辺 BC の中点であるから

$\qquad$ DB＝DC　…⑦

⑤，⑥，⑦より，2 組の辺とその間の角が
それぞれ等しいから　△EDB≡△EDC

よって　EB＝EC　…⑧

△EBF と △ECG において

$\qquad$ ∠EFB＝∠EGC＝90°　…⑨

④，⑧，⑨より，直角三角形で，斜辺と他
の 1 辺がそれぞれ等しいから

$\qquad$ △EBF≡△ECG　　よって　BF＝CG

▶**193** (1) ① $\dfrac{1}{27}$　② $\dfrac{4}{9}$　③ $\dfrac{14}{27}$

$\qquad$ (2) ① $\dfrac{1}{18}$　② $\dfrac{1}{3}$　③ $\dfrac{4}{9}$

解説 (1) 球の取り出し方は全部で
$3×3×3×3＝81$（通り）

① 1 色の球だけが取り出されるのは，赤
だけの場合，青だけの場合，白だけの場
合の 3 通りあるから，求める確率は

$\dfrac{3}{81}=\dfrac{1}{27}$

② 3色の球すべてが取り出されるとき，どれか1色の球が2個，残りの2色の球は1個ずつとなる。

赤が2個のとき，青の取り出される箱の選び方は4通り，白の取り出される箱の選び方は3通りで，残りの2箱から赤が取り出される。よって，取り出し方は 4×3＝12(通り)

青が2個，白が2個の場合も，それぞれ12通りずつあるから，求める確率は

$\dfrac{12\times3}{81}=\dfrac{4}{9}$

③ 球の色は，1色，2色，3色の3つの場合しかないから，2色の球が取り出されるのは，①，②より

81−3−12×3＝42(通り)

よって，求める確率は $\dfrac{42}{81}=\dfrac{14}{27}$

(2) 目の出方は全部で 6×6＝36(通り)

1回目に x，2回目に y の目が出ることを (x, y) と表すことにする。

① Aを頂点にもつ正三角形は，△ACE だけであり，目の出方は (2, 4)，(4, 2) の2通りであるから，求める確率は

$\dfrac{2}{36}=\dfrac{1}{18}$

② Aを頂点にもつ直角三角形は，△ABD，△ABE，△ACD，△ACF，△ADE，△ADF の6個あり，目の出方はそれぞれ2通りずつあるから，求める確率は

$\dfrac{6\times2}{36}=\dfrac{1}{3}$

③ AとPだけが一致するのは，(6, 1)，(6, 2)，…，(6, 5) の5通り。

AとQだけが一致するのは，(1, 6)，(2, 6)，…，(5, 6) の5通り。PとQが一致するのは，3点が一致する場合も含めて，(1, 1)，(2, 2)，…，(6, 6) の6通り。

よって，三角形ができない確率は

$\dfrac{5+5+6}{36}=\dfrac{16}{36}=\dfrac{4}{9}$

▶**194** (1) **127万円** (2) **6人**

(3) **35000円**

解説 賞金，総額 (その試合で敗退した人がもらえる賞金総額)，人数，総額×人数を表にすると，次のようになる(金額の単位は万円)。

	賞金 (万円)	総額 (万円)	人数 (人)	総額×人数 (万円)
1回戦敗退	0	0	64	0
2回戦敗退	1	1	32	32
3回戦敗退	2	3	16	48
4回戦敗退	4	7	8	56
5回戦敗退	8	15	4	60
6回戦敗退	16	31	2	62
7回戦敗退	32	63	1	63
優 勝	64	127	1	127
合 計			128	448

(1) 表の，優勝者の総額から，127万円。

(2) 5回戦敗退と6回戦敗退の人数の和で 4＋2＝6(人)

(3) 総額×人数の合計を人数で割って 4480000÷128＝35000(円)

▶**195** (1) **5枚**

(2) **3のカード1枚，4のカード3枚**

(3) **4通り**

解説 (1) カードは全部で

3＋4＋5＝12（枚）

カードに書かれた数の和は

3×3＋4×4＋5×5＝9＋16＋25＝50

書かれた数の和が等しくなるように，7枚

と5枚の2組に分けるから，1組の数の和

は　50÷2＝25

5枚で和が25になるのは，5が5枚のと

きだけである。

(2) 6枚のカードに書かれた数の和は25で，

5が2枚あるから，残りの4枚のカードに

書かれた数の和は

25－5×2＝15

ここで，15＝3＋4＋4＋4であるから，3

のカードが1枚，4のカードが3枚である。

(3) 和が5になるのは，5のカードを1枚使

う場合だけである。残りのカードで，和が

12と13になる場合を考えると，次のよう

になる。

和が 12	和が 13
5＋4＋3	5＋5＋3，5＋4＋4
4＋4＋4	5＋5＋3，4＋3＋3＋3

よって，4通りである。

▶ **196** (1)　**6通り**

(2)　**18通り**

(3)　**66通り**

解説 (1) 玉を2回取り出して原点に戻る

のは，－3と3，－2と2，－1と1を取

り出す場合で，取り出す順序を考えて

3×2＝6（通り）　…①

(2) 3回目が0のとき

2回取り出したときに原点に戻っているか

ら，(1)より，6通り。

3回目が0でないとき

1と2と－3，－1と－2と3を取り出す

場合で，取り出す順序を考えて

2×（3×2×1）＝12（通り）　…②

よって，全部で　6＋12＝18（通り）

(3) 3回目が0のとき

玉に書かれた数が－3，－2，－1，0，1，

2，3であるから，2回取り出して点Aが

原点より右にある場合と，左にある場合は

同じ数だけある。2回の玉の取り出し方は，

0は取り出さないから

6×5＝30（通り）

2回で原点に戻る場合を除いた半分が求め

る場合の数であるから，①より

（30－6）÷2＝12（通り）

3回目が0でないとき

同様に考える。3回の玉の取り出し方は，

0は取り出さないから

6×5×4＝120（通り）

3回で原点に戻る場合を除いた半分が求め

る場合の数であるから，②より

（120－12）÷2＝108÷2＝54（通り）

よって，全部で12＋54＝66（通り）

（補足） 例えば，1と3と－2を取り出す

と，点Aは原点よりも右にあるが，符号

をすべて変えた－1と－3と2を取り出

すと，点Aは原点よりも左にある。この

ように，原点よりも右にある取り出し方に

対して，符号をすべて変えた取り出し方で

は，原点よりも左にあるから，場合の数は

同じになる。

▶**197** (1) **18 通り** (2) **45 通り**
(3) **165 通り**

解説 さいころを投げて，
1の目が出たら $+1$
2，3の目が出たら $+2$
4，5，6の目が出たら
　0段目のときは 0
　それ以外の段のときは -1
を並べると考える。

(1) 1回目に1の目が出たとき
　残り2回で3段上がるから，$+1$ と $+2$
　を並べる。並べ方は　$2×1=2$（通り）
　よって，残り2回については
　$1×2×2=4$（通り）　…①
　1回目に2，3の目が出たとき
　残り2回で2段上がるから，$+1$ と $+1$
　を並べる。並べ方は1通り。
　よって，残り2回については
　$1×1×1=1$（通り）　…②
　1回目に4，5，6の目が出たとき
　残り2回で4段上がるから，$+2$ と $+2$
　を並べる。並べ方は1通り。
　よって，残り2回については
　$2×2×1=4$（通り）　…③
　①，②，③より，全部で
　$1×4+2×1+3×4=18$（通り）

(2) 1回目に1の目が出たとき
　残り2回で1段上がるから，$+2$ と -1
　を並べる。並べ方は　$2×1=2$（通り）
　よって，残り2回については
　$2×3×2=12$（通り）　…④
　1回目に2，3の目が出たとき
　残り2回で0段であるから，$+1$ と -1
　を並べる。並べ方は　$2×1=2$（通り）
　よって，残り2回については
　$1×3×2=6$（通り）　…⑤

1回目に4，5，6の目が出たとき
残り2回で2段上がる。
$+1$ と $+1$ を並べる場合，並べ方は1通
り。
0 と $+2$ を並べる場合，0 は0段にい
るときしか使えないから，並べ方は1通
り。よって，残り2回については
$1×1×1+3×2×1=7$（通り）　…⑥
④，⑤，⑥より，全部で
$1×12+2×6+3×7=45$（通り）

(3) さいころを3回投げたのち，1段目にい
る場合を考える。
1回目に1の目が出たとき
残り2回で0段であるから，⑤より，
6通り。　…⑦
1回目に2，3の目が出たとき
残り2回で -1 段であるが，これはあり
得ないから，0通り。　…⑧
1回目に4，5，6の目が出たとき
残り2回で1段上がる。
$+2$ と -1 を並べる場合，-1 は0段に
いるときは使えないから，並べ方は1通
り。
0 と $+1$ を並べる場合，0 は0段にい
るときだけ使えるから，並べ方は1通り。
よって，残り2回については
$2×3×1+3×1×1=9$（通り）　…⑨
⑦，⑧，⑨より，全部で
$1×6+2×0+3×9=33$（通り）　…⑩
よって，4回投げたのち，3段目にいるの
は，3回投げたのち，
　　1段目にいて4回目が $+2$
　　2段目にいて4回目が $+1$
　　4段目にいて4回目が -1
の場合を合わせて，⑩，(2)，(1)より
$33×2+45×1+18×3=165$（通り）